메카니즘부터 제어, 시스템까지

알기 쉬운 로봇시스템 입문

개정2판

마쓰히라 노부토 · 오아키 준지 지음

허 유 · 장승호 옮김

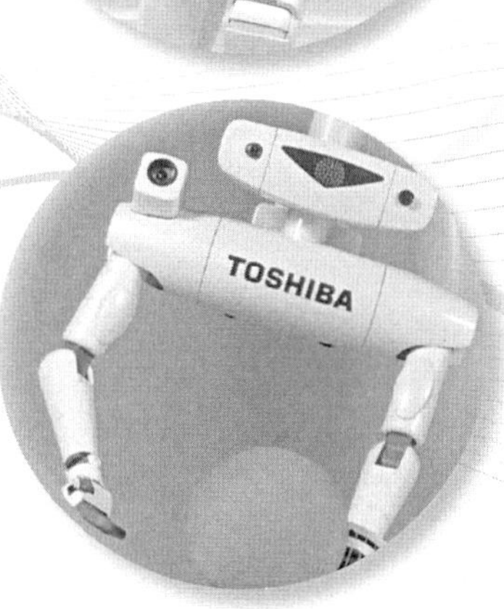

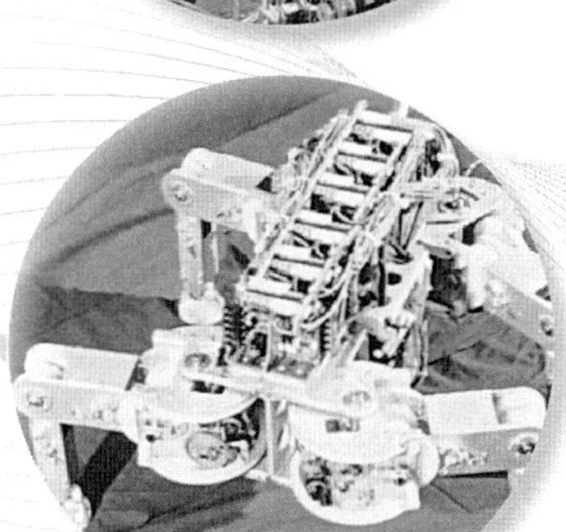

홍릉과학출판사

わかりやすいロボットシステム入門（改訂2版）

by 마쓰히라 노부토(松日楽信人) / 오아키 준지(大明準治) 공저

Original Japanese language edition
Wakariyasui Robot System Nyumon
−Mechanism kara Seigyo, System made (Kaitei 2 Han)−
By Nobuto Matsuhira and Junji Oaki

Published by Ohmsha, Ltd.
This Korean Language edition co-published by Ohmsha, Ltd. and HongReung Science Publishing Company

역자서문

인류의 역사는 신기술의 등장에 따라 커다란 변화를 겪게 되며, 이를 산업혁명이라고 부른다. 일찍이 영국에서 시작된 1차 산업혁명은 증기기관의 발명에 기인하며, 전기의 발명, 반도체 발명에 따라 2차, 3차 산업혁명이 일어났다고 볼 수 있으며, 지금은 인터넷의 발달에 따른 정보기술에 의한 4차 산업혁명이 진행 중이다. 4차 산업혁명은 앞에서 발달된 기술 내용을 모두 포함할 뿐만 아니라 인문, 사회, 예술적 영역에 걸친 타 영역과의 정보 교류와 기술적 융합을 통하여 정보의 효율적 활용이 가능하게 되어 인류사회에 새로운 변혁을 유도하고 있다. 이에는 대표적으로 사물인터넷(IoT), 로봇기술, 그리고 바이오기술이 자리하고 있으며, 공히, 정보와 자동화 개념의 융합에 의하여 구현된다는 특징이 있다. 따라서 로봇기술은 이러한 기술혁신의 핵심을 이룬다.

이 책은 마쓰히라노부토(松日樂信人)와 오아키준지(大明準治) 두 분의 엔지니어가 2010년 개정 2판으로 출간된 것으로 산업현장과 대학에서의 활동을 바탕으로 로봇공학과 관련된 개괄적이며 동시에 경험적 구체성을 지닌 핵심내용을 간명하게 요약하여, 전반적인 로봇기술을 이해하기 쉽게 쓰여졌으며, 실제와 이론과의 연관성을 잘 다루고 있다. 다른 전문서적에서 다루는 로봇 관련 서적과 달리 이 책은 우선 로봇의 구성과 요소기술을 제시하고, 그리고 각 링크와 말단효과기의 움직임을 묘사하기 위한 이론을 적절히 적용하는 과정을 간단하게 보여준다.

전반적으로 이해하기 용이하도록 설명되어 있으며, 일부 이론적 내용은 전문성이 요구되지도 하지만 독자들의 선택에 따라 난해한 부분은 생략하고, 전체적으로 이 책이 제시하고 있는 기술과 이론의 상호 연관성을 이해하려고 한다면, 오히려 독자 여러분들이 로봇기술에 쉽게 접할 수 있으며, 동시에 보완이 필요한 부분을 명확히 할 수 있다고 판단된다.

역자는 손쉽게 로봇기술에 접할 수 있도록 쓰여진 이 책의 번역을 통하여 미흡하나마 대한민국의 로봇기술 발전에 작은 도움이 되고자 한다. 로봇공학에 관심이 많은 후학들이 현재 진행 중인 4차 산업혁명에 동참할 수 있는 발판을 마련할 수 있기를 기대하며…….

2016년 2월

역자 허 유, 장승호 배상

머리말

로봇은 창조력을 향상시키는데 훌륭한 소재라 생각한다. …(을)하는 로봇을 고안해 내는 일부터 설계, 기구, 제어, 실험까지 모든 요소가 포함된다. 특히 최초로 …(을)를 하는 로봇에 대한 정의, 혹은 사양을 결정하는 것이 무엇보다 중요하다. 물론 이에 대한 해답은 하나가 아니며, 움직이는 물체를 제작하는 즐거움이 로봇의 매력이라 해도 과언이 아닐 것이다. 아직 우주소년 아톰과 같은 지능로봇을 만드는 것은 불가능하지만 착실히 조금씩 진보해 가고 있다.

이러한 배경을 바탕으로 본서에서는 로봇을 움직이게 하기 위해서는 어떻게 하면 되는지, 로봇의 구성에서부터 제어방법에 이르기까지 구체적으로 해설하고자 한다. 제어하기 위해서는 제어 대상이 어떤 구조와 부품으로 이루어져 있으며, 어떻게 사용되고 있는지 이해해야 한다. 본서에서는 이와 같은 로봇에 대한 소박한 의문에 부응할 수 있도록 다음과 같이 구성하였다. 전문서가 아닌 입문서로써, 로봇기술에 대해 로봇의 설계에서부터 동작(움직임)에 이르기까지 일관되게 구성하고 이해하기 쉽도록 해설하였다. 로봇은 시스템이며 매우 다양한 지식으로 이루어져 있다. 그러나 이것들은 로봇을 구성하기 위한 하나의 시나리오에 따라 각 지식에는 각각 정해진 위치가 있으며, 다양한 기술에 의해 짜여져 있다. 본서를 통해 로봇의 설계·기구·제어에 대한 시나리오가 이해되신 독자분이라면 필요에 따라 전문서적을 통해 지식을 보충하기 바란다.

- 로봇은 어떤 목적으로 사용되고 있을까?
- 로봇에는 어떤 형태가 있을까?
- 로봇 관절은 어떤 구조와 부품으로 이루어져 있을까?
- 로봇에는 많은 관절이나 모터가 있다. 어떻게 제어하면 움직이는 것일까?

- 로봇에게 일을 시키기 위해서는 어떻게 명령하면 좋을까?
- 향후 로봇은 어떻게 응용될 것인가?

지금까지 로봇에 대해 연구한 서적은 많았지만, 로봇을 시스템 시나리오라는 시점에서 해설한 책은 없었던 것 같다. 이에 본서가 일조할 수 있다면 다행이라고 생각한다

또한 본서는 마쓰히라(松日楽)가 쇼난(湘南)공과대학 전기공학과 3학년을 대상으로 1998년 후반기부터 실시한 「메카트로닉스」(로봇공학입문) 수업에서 강의한 내용을 모아 정리하였으며, 제어시스템에 대해서는 오아키(大明)가 다시 작성하였다. 본서를 집필하면서 로보틱스는 매우 넓은 범위에 걸쳐 있다는 점에 대해 새삼스레 실감할 수 있었다.

마지막으로 (주)도시바 고무카이(小向) 공장의 주임인 이쿠라 쇼이치(飯倉省一)씨가 본서를 집필할 수 있는 계기를 마련해 주었다. 또한 본서에서는 (주)도시바 연구개발센터에서 개발된 다수의 로봇 사진이 소개하고 있다. 모든 선배·동료들의 귀중한 연구 성과이다. 또한 도쿄공업대학 교수인 히로세 시게오(広瀬茂男)씨, 와세다대학 교수 간노 시게키(菅野重樹)씨, 혼다기술공업(주), 소니(주)로부터 흥미로운 로봇 사진을 제공받아 내용이 한층 더 충실해 질 수 있었다. 이 밖에도 도움을 많이 주신 (주)옴사 출판부 여러분들에게도 진심으로 감사를 표한다.

1999년 10월
마쓰히라 노부토(松日楽信人)
오아키 준지(大明準治)

제2판에 즈음하여

제1판 최종 원고를 마무리하고 있을 때 원자력시설사고가 발생했다. 이듬해에는 밀레니엄이라 잊을 수 없는 시기였다. 원래 필자만의 비망록이란 심정으로 썼던 부족한 책이었음에도 불구하고 의외로 대학교수님들이 교과서로 사용해 주었다. 10년이나 지속되리라고는 생각하지도 못했다. 처음부터 지지해주시던 여러분들의 지적을 받으며 수없이 수정했다. 연구논문과 달리 신경 쓰이는 작업이 매우 많았으며, 감사도 끊이지 않았다. 물론 지금도 비망록 정도의 수준이라고 생각되므로 이 점 양해 바란다.

제2판에서는 집필 후 10년이 경과되었기 때문에 기술 동향과 시장 등에 대해 다시 살펴보았다. 새로운 로봇도 속속 연구 개발되고 있으며, 시장도 변화가 심하다는 것을 깨닫는 계기가 되기도 하였다. 각 기술이 진보하고 있기는 하지만, 무엇을 하기 위한 로봇/기계이며, 이를 위한 사양이 무엇인지에 대한 의문은 변하지 않는 기본요소이다. 10장에 추가한 경제산업성의 로봇개발 로드맵을 보면, 만국박람회, 공통기반, 요소기술, 지능화, 생활지원과 개발 단계에 따라 시책이 시행되고 있음을 알 수 있다. 또한 이러한 시책이 지금까지 설명한 기술개발에 큰 버팀목이 되고 있는 것은 명백한 사실이며, 본서가 이와 같은 발전시기에 다소나마 공헌할 수 있기를 바란다. 제1판에서 1페이지밖에 할애되지 않았던 10장에서는 향후 중요시될 것으로 여겨지는 기술 등에 대해 필자가 임의로 판단, 기술하였다. 10장에 대한 집필이 가능했던 것은 지난 필자의 10년의 세월이 큰 몫을 차지하였다. 앞으로 10년마다 로봇기술이 확대되어 갈 것이라는 점에 대해서는 믿어 의심치 않는다.

마지막으로 종합과학기술회의 과학기술연계시책군에서 차세대 로봇에 대해 생각할 수 있는 귀중한 기회를 주셨던 고 슈토(首都)대학 도쿄 다니에 가즈오(谷江和雄) 교수님께 제2판을 바친다.

2010년 6월

마쓰히라 노부토(松日楽信人)

최근 10년 동안 차세대 로봇 콘셉트나 플랫폼 제작이 발전하여 로봇에 사용할 수 있는 요소기술이 크게 발전하였다. 또한 많은 로봇 콘테스트가 개최되었고, 로봇 교재도 증가하였으며, 인재육성 측면에서도 로봇에 대한 연구 개발이 심도 있게 진행되었다. 그러나 외부에서 지켜보고 있는 분들에게는 실생활에 도움이 될 만한 로봇이 좀처럼 개발되고 있지 않다는 인상이 강할 것이다. 현재 로봇에 대한 연구개발은 인간과 동일한 업무를 시키고자하는 측면이 주류를 이루지만, 단순한 작업이나 동작밖에 할 수 없는 실정이다. 긴 안목으로 본다면 이러한 연구개발이 매우 필요하다는 것은 틀림없지만, 지금 가장 절실히 요구되는 것은 현재 사용할 수 있는 요소 기술로 제작이 가능하며, 실제 도움이 될 수 있는 로봇을 어떻게 정의할 것인지에 대한 점이다. 여기에는 1에 아이디어, 2에 아이디어, 3, 4가 없이 5에 시스템을 통합시키는 센스이다. 가령, 현재 실용화가 진행되고 있는 로봇은 자율적이 아니라 인간을 어시스트하는 로봇이거나, 인간형과는 전혀 다른 로봇이다.

그러나 시스템으로써의 로봇은 요소기술 연구개발 플랫폼에 매우 적합하다. 젊은 연구자들이라면 먼저 요소기술 연구개발에 대해 철저히 익히기를 바란다. 로봇 콘테스트는 취미정도로 참가하고 본업은 수학(수리)이나 물리(역학) 등과 같은 새로운 이론이나 수식모델을 만들 수 있는 기초를 단단히 학습하도록 한다. 바람직한 연구 자세는 낮에는 수식 모델을 만들고, 밤에는 로봇 모델을 만든다. 그리고 전문성을 높여 요소 기술에 대해 일정 수준까지 끌어 올린 후 맘껏 아이디어를 가미하여 로봇 시스템 연구개발에 매진하기 바란다. 이때 로봇의 형태에 구애받을 필요는 전혀 없다.

20세기에서 21세기에 걸쳐 하드웨어가 눈부시게 발전하였다. 물론 소프트웨어(알고리즘)도 진보하였으나, 이것은 기존의 리얼타임으로는 불가능하다고 여겨졌던 알고리즘이 오늘날의 CPU 파워나 메모리 용량에 의해 실현 가능해졌기 때문이라고 생각된다. 다시 말하면 새로운 알고리즘을 실현시키기 위해서는 온고이지신(溫故而知新)의 정신으로 접근해 보는 것도 힌트가 될 수 있을 것 같다. 분야를 불문하고 다양한 문헌이나 Web 정보를 접하기 바란다.

2010년 6월

오아키 준지(大明準治)

차례

CHAPTER 1 로봇과 메카니즘

CHAPTER 2 로봇의 형태

CHAPTER 3 로봇의 메카니즘

CHAPTER 4 로봇 센서

CHAPTER 6 로봇 관절의 피드백 제어

CHAPTER 7 로봇 운동학

CHAPTER 8 로봇 운동제어

CHAPTER 9 로봇의 지능화 – 자율제어와 원격 조작 –

CHAPTER 10 로봇의 과제와 미래

CHAPTER 1

로봇과 메카니즘

로봇이라는 단어는 신문, 잡지, 텔레비전 등을 통해 자주 접하고 있다. 그렇다면 로봇이란 무엇을 가리키는 것일까? 로봇과 메카트로닉스와의 차이점은 무엇일까? 로봇이라고는 하는데 주변 어디에 존재하고 있을까?

본 장에서는 로봇 연구의 최든 동향에 대하여 소개하고자 한다.

1-1 로봇과 메카트로닉스의 관계

현재 대부분의 전기제품에 마이크로컴퓨터가 사용되고 있는 것처럼 최근의 기계는 그림 1·1에서와 같이 컴퓨터로 제어되기 때문에 이전에 비해 제어가 정밀해졌다. 가령 선풍기조차도 바람의 강약조절에서부터 회전방식에 이르기까지 자유자재로 제어할 수 있으며, 인간이 쾌적하다고 느끼는 운전 패턴을 프로그래밍할 수 있다.

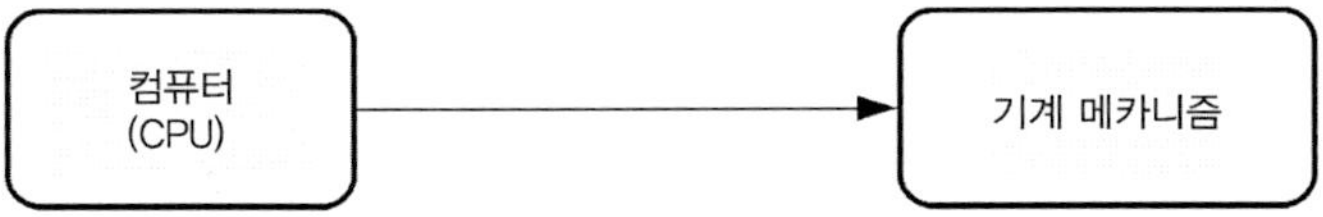

그림 1·1 메카트로닉스의 기본

REFRESH 1 **메카트로닉스의 어원**

메카트로닉스(Mechatronics)는 메카니즘(Mechanism)과 일렉트로닉스(Electromics)가 조합된 일본에서 탄생한 신조어로 현재 전 세계에서 사용되고 있다. 이 단어가 의미하고 있는 것은 「**메카트로닉스**란 기계와 전자의 일체화기술이며, 단순히 결합뿐만 아니라 상호 융합하여 서로의 장점을 살리고, 서로 영향을 주고받음으로써 최적화를 도모하는 것」[1)]이다.

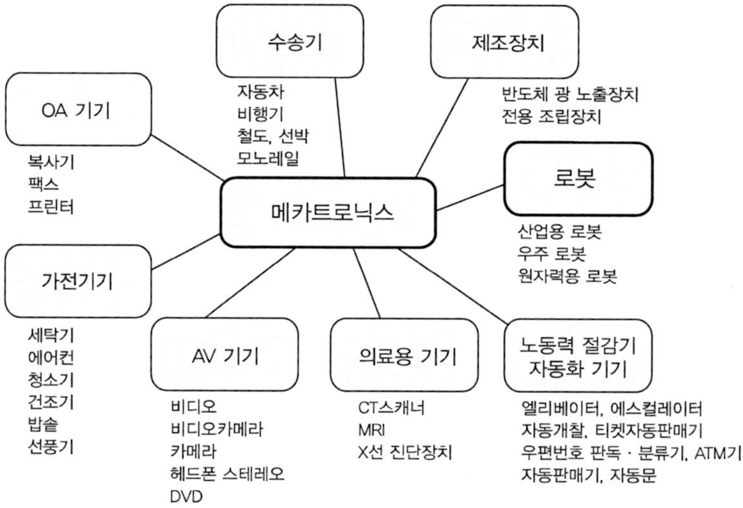

그림 1 · 2 메카트로닉스 기기

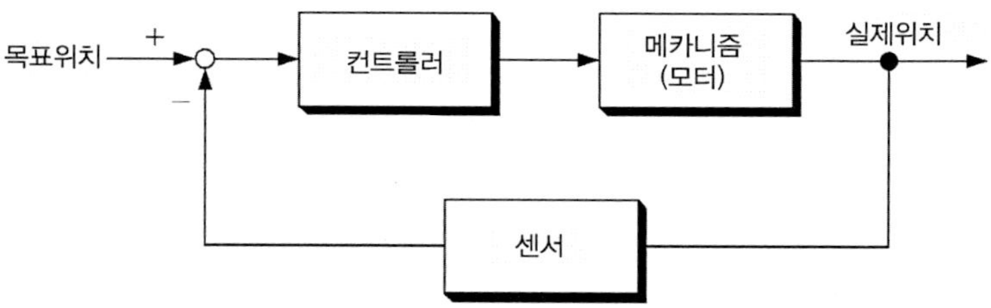

그림 1 · 3 피드백 제어의 기본 개념

여기에서 로봇은 메카트로닉스 기술 중 하나이며, 아래의 다음과 같은 점에서 일반 메카트로닉스 기기와는 구별된다. 특히 고도 혹은 첨단 메카트로닉스의 이미지가 강하다.

- 범용성이 높다.
- 다관절 구조이다.
- 장치 밖에서 작업을 한다.
- 인간 대신 일한다.
- 인간의 손이나 팔과 같이 인간(생물)과 닮은 형태를 하고 있다.

1-2 로봇의 정의

로봇에는 다음과 같은 다양한 정의가 있다.[2)3)]

- 지적인 기계, 부드러운 기계, 인간과 유사한 기계
- 감각기(Sensor)와 효과기(Effector)가 있으며 두뇌(Brain)에서 판단하여 환경에 적응할 수 있는 행동을 취하는 기계
- 생체 운동부의 기능과 유사한 유연한 동작을 하는 운동기관과 감각, 인식, 판단, 적응, 학습 등의 지적기능을 갖추고 인간의 요구에 따라 작업하는 기계

산업응용 이외에도 다양한 로봇이 개발되면서 다음과 같이 정의되고 있다.

경제산업성의 로봇정책연구회에서는, 「센서, 지능·제어시스템, 구동계의 3가지 요소기술을 갖춘 지능화된 기계시스템」이라고 폭넓게 정의하고 있으며, 특허청에서는 다음과 같이 로봇의 정의를 확장시키고 있다.

- 기구조작기능을 갖춘 기계

REFRESH 2 로봇의 어원과 로봇 공학의 3원칙

로봇(Robot)은 체코의 희곡 「로섬의 만능 로봇회사 R.U.R」(카렐 차펙, 1921년)에서 인조인간을 나타내는 Robota가 어원이다. 인간을 노동으로부터 해방시키기 위해 제작된 로봇이 인간에 대해 반역을 꾀한다는 내용은, 오늘날에도 당시의 선견지명에 놀라울 뿐이다.
또한 「우리는 로봇」(아이작 아시모프, 1950년)에는 로봇 공학의 3원칙이 제시되어 있다. 미래의 로봇을 상상하면서 의미를 잘 생각해보도록 하자.

[로봇 공학의 3원칙]

- 제1조 : 로봇은 인간에게 위해를 가해서는 안 된다. 또한 인간에게 위해를 초래하는 것을 묵인해서도 안 된다.
- 제2조 : 로봇은 인간으로부터 주어진 명령에 복종해야 한다. 다만, 주어진 명령이 제1조에 반하는 경우에는 이에 해당하지 않는다.
- 제3조 : 로봇은 제1조 및 제2조에 반하지 않는 한 자신을 지켜야 한다.

- 이동기능을 가지고 스스로 외부 정보를 취득하여 스스로의 행동을 결정하는 기능을 갖춘 기계
- 커뮤니케이션 기능을 가지고 스스로 외부 정보를 취득하고 스스로의 행동을 결정하여 행동하는 기능을 갖춘 기계

참고로 산업용 로봇은 다음과 같이 정의한다.

「자동제어에 의한 기구조작 기능 또는 이동기능을 갖고, 각종 작업을 프로그램에 따라 실행할 수 있으며 산업에 사용 가능한 기계」(JIS B 0134부터)

1-3 로봇은 시스템기술이다

로봇은 그림 1 · 4에서와 같이 매우 다양한 전문분야로 이루어져 있다. 예를 들면 전자공학, 정보공학, 기계공학, 제어공학, 전기공학, 인간공학, 정보과학, 그 밖에도 최근에는 로봇에 감정을 이입하는 연구나 사회행동학 등도 언급되고 있다. 이러한 점에서 로봇에 대해 시스템적으로 생각하는 것이 중요하다. 또한 그 요소 기술도 로봇의 이미지를 정확히 이해한 다음 연구해야할 필요가 있다. 가령 로봇용 작동장치를 연구하더라도 어떤 일을 담당할 로봇을 위한 작동장치인지에 따라 사이즈나 성능이 달라지기 때문이다.

1-4 로봇은 어디에 적용되고 있을까?

로봇을 응용 대상 분야별로 분류해 보면, 크게 공장 내 생산라인용인 이른바 산업용 로봇, 우주, 원자력 등과 같은 특수 환경에서 보수작업을 실시하는 특수

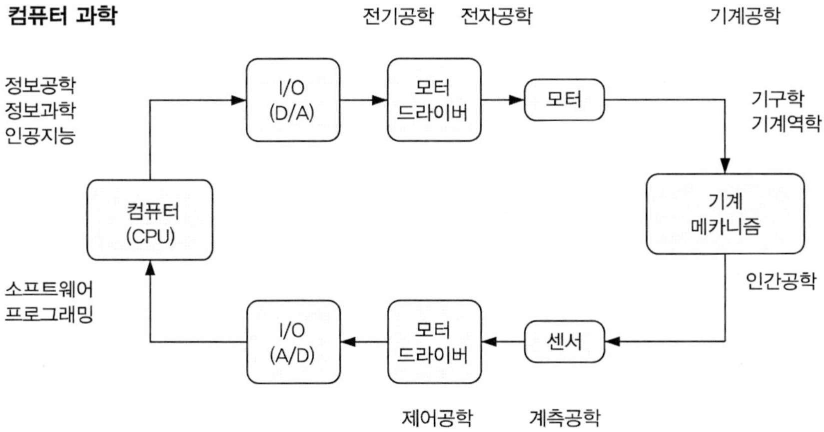

그림 1 · 4 로봇은 시스템 기술이다

환경용 로봇, 공장 밖에서 작업하는 사회지원용 로봇(서비스 로봇이라고도 한다), 이렇게 3 종류로 분류할 수 있다. 지금까지는 공장 내의 산업용 로봇, 인간이 근접할 수 없는 특수 환경용 로봇을 중심으로 개발되어 왔다. 최근의 우주 로봇 개발에서는 기술시험위성 Ⅶ형 「기쿠7호」(ETS-Ⅶ), 애칭 「견우직녀」의 우주 로봇 실험(1997년), 우주왕복선의 로봇 팔에 의한 위성 포획(1996년), 화성탐사 소형 로버(1997년) 등이 신문 등에서 크게 다루어졌다[6)~8)]. 또한, 2009년부터는 국제 우주정거장 「기보」에서 일본의 로봇 팔이 활약하고 있다. 그러나 앞으로는 실생활과 한층 가까워진 로봇으로 공장 밖에서 활약할 로봇, 특히 의료·복지 분야에서의 로봇응용에 대한 기대가 크다. 사회지원용 로봇으로 병원 내를 이동하며 진료기록카드 등을 운반하는 로봇, 배전선 공사용 로봇, 빌딩 청소 로봇 등이 이미 개발되어 있다[9),10)]. 특히 수술 지원 로봇은 전세계적으로 1000대 이상 보급되어 있다. 아래와 같이 로봇을 분류, 목적, 과제별로 정리해 보았다.

- 산업용 로봇 : 주로 공장 안에서 작업
  … 생산성 향상, 숙련기능; 다품종 소량생산에 대한 융통성
- 특수 환경용 로봇 : 우주, 원자력, 심해 등에서 작업
  … 인간이 갈 수 없는 장소에서의 작업; 안전성, 신뢰성, 내환경성
- 사회지원용 로봇 : 일반사회, 홈, 의료·복지, 농업 등에서 활약
  … 인간 곁에서 일한다; 인간에 대한 안전성, 자립성

1-5 최근의 로봇기술의 동향

인간형 로봇도 눈부시게 발전하고 있지만, 수술지원 로봇, 우주로봇, 가정용 청소로봇 등이 실용화되어 왔다. 이처럼 로봇에 대한 연구 개발은 매우 다양하지만 실제 사용되고 있는 로봇은 공장 안에서 일하는 산업용 로봇을 제외하면 여전히 그 수가 적다. 특히 일본은 로봇연구가 매우 활발하며 실제 응용과의 갭이

크다. 그 이유로는 새로운 분야로 연구대상이 되기는 쉽지만, 반면에 실용화할 경우 사람에 비해 비용이 높고, 요구에 부응할 만한 수준이 아닌 점 등을 들 수 있다. 또한 국민성이 로봇을 좋아하기 때문인지도 모른다. 기술적으로는 인간이 하는 작업을 로봇에게 교시(教示)할 수 있는 체계가 되어있지 않기 때문이라고 생각된다.

다음으로 그림 1 · 5와 같이 생산대수의 추이를 통해 시장동향을 살펴보도록 하겠다. 산업용 로봇은 유지성, 제어성의 관점에서, 유압에서 전동모터로 대체되었고, 양산용으로 자동차 산업을 중심으로 많은 로봇 기업이 성장하였다. 특히 1980년은 로봇의 원년이라고도 불린다. 이후 소량다품종 생산시대에 들어서자 로봇으로는 변화하는 작업 내용을 따라가지 못하면서, 시장은 한계상황에 처해 있다. 로봇라인을 원래의 작업자용 라인으로 다시 되돌린 공장도 있다. 한편에서는 이러한 셀 생산방식에 대응할 수 있는 기술개발도 진행되고 있다. 산업용 로봇 시장은 2008년도에 약 6,400억 엔(2015년 12월 기준 100엔은 약 960원임)이며, 새로운 시장을 향한 개발이 기대된다[12)]. 특히 2015년에는 4명 중 1명이 65세 이상의 고령자로, 고령자가 고령자를 개호하는 사회가 된다. 이와 같은 분야

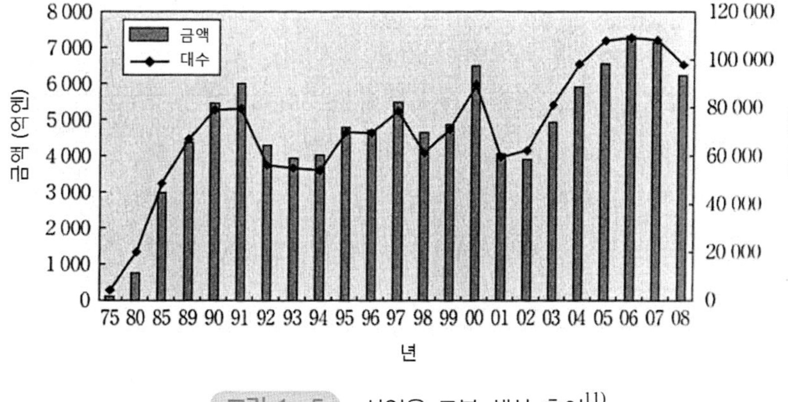

그림 1 · 5 산업용 로봇 생산 추이[11)]

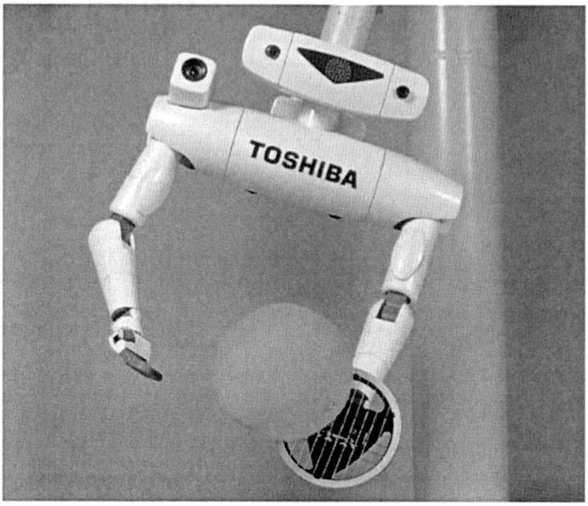

그림 1 · 6 사람과 비치발리볼을 하는 로봇[15)]
(인간 공존형 로봇)

에 로봇기술이 크게 기대되는 것이다[13),14)]. 따라서 앞으로는 인간과 공존할 수 있는 로봇기술이 중요한 키포인트가 될 것이다. 그림 1 · 6은 이와 같은 개념을 바탕으로 「보고」, 「듣고」, 「만지는」 기술을 중심으로 개발된 인간 공존형 로봇의 예이다.

트라이얼 1

1-1 주변에 있는 메카트로닉스 제품에 대해 조사해 보자.

1-2 어떤 로봇이 실용화 되어 있는지 조사해 보자.

1-3 자기 나름대로 로봇을 정의해 보자.

1-4 로봇 관절은 어떤 부품으로 이루어져 있는지 생각해 보자.

1-5 로봇이 사람과 비치발리볼을 하기 위해서는 무엇이 필요하며, 어떤 순서로 이루어지는지 생각해 보자.

1-6 그림 1 · 7은 세계의 산업용 로봇 가동대수이다. 일본의 위치에 대해 생각해 보자.

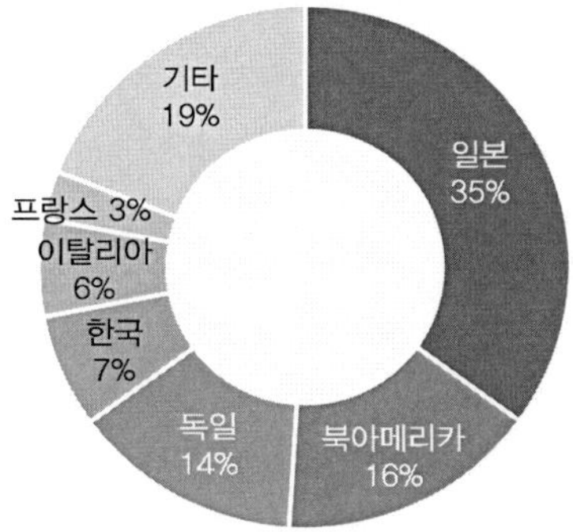

그림 1 · 7 세계에서 가동되고 있는 산업용 로봇의 시장 점유율[16)]

로봇의 형태

2
CHAPTER

로봇의 형태는 천차만별인데 여기에서는 형태를 바탕으로 로봇을 분류해 하기로 한다. 크게 인간형, 생물형, 전용기계로 분류할 수 있다. 특히 산업용 로봇은 인간의 팔을 기계화한 것으로 로봇 팔, 매니퓰레이터로 불리며 다양한 기구가 있다.

2-1 로봇은 어떤 형태를 하고 있을까?

로봇 팔의 형태는 그림 2 · 1과 같이 **직교좌표형**, **원통좌표형**, **극좌표형**, 일반적인 **다관절형**, **수평다관절형**으로 분류되며, 각각 특징이 있다. 여기서 수평다관절형은 **스카라형 로봇**(**스카라로봇**이라고도 불린다)이라고도 불리는데 일본에서

REFRESH 3 **매니퓰레이터**

사전에 의하면 아래와 같이 정의되며, 조작하는 팔이라고 해석하는 것이 바람직하며, 여기서는 로봇 매니퓰레이터를 의미한다.

Manipulate: ma·nip·u·late 【타동사】
vt. 능숙하게 다루다, 조종(조작)하다; 잔꾀를 부리다; 조종하다.
Manipulator: ma·nip·u·la·tor 【명사】n.조종하는 사람, 조종사

개발된 것이다. 관절의 회전축이 수직방향으로 되어 있기 때문에 수평방향으로 컴플라이언스가 크며(유연하다), 수직방향으로는 단단하므로 특히 수직방향

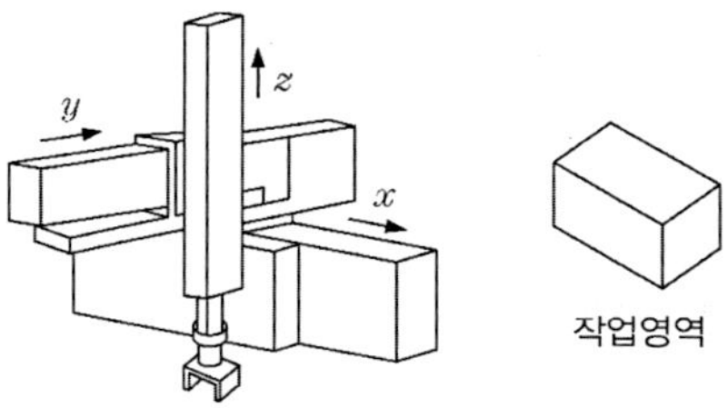

(a) 직교좌표형 로봇

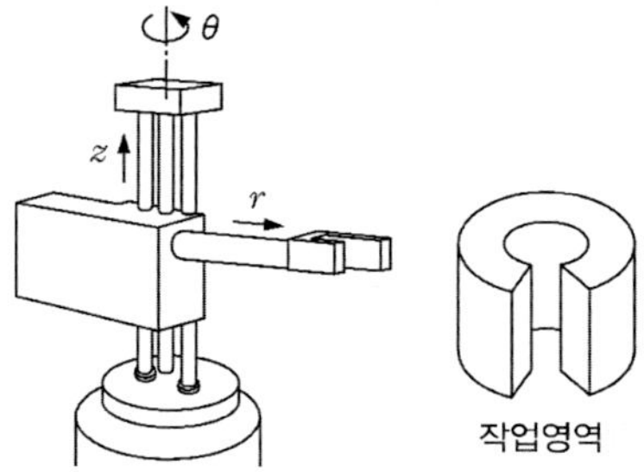

(b) 원통좌표형 로봇

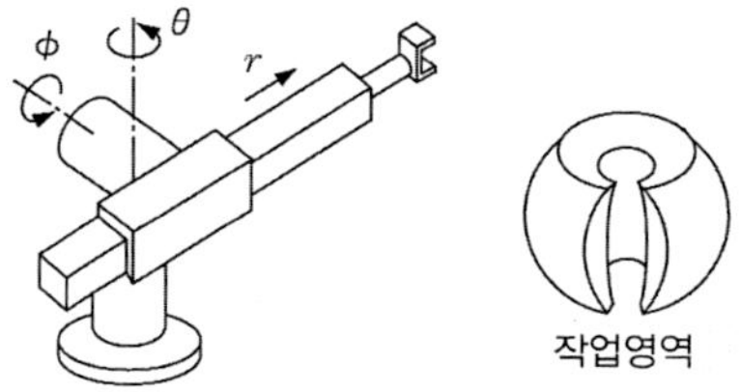

(c) 극좌표형 로봇

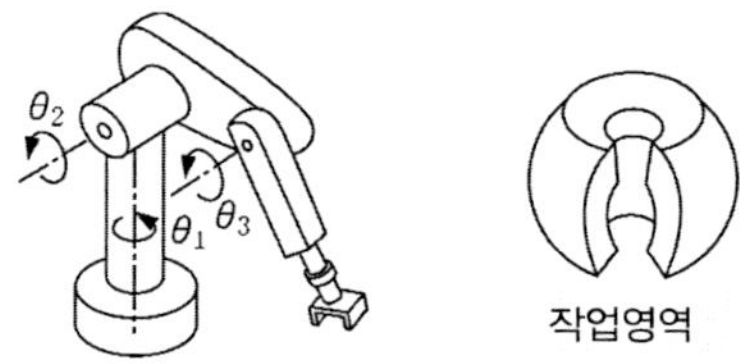

(d) 다관절 로봇

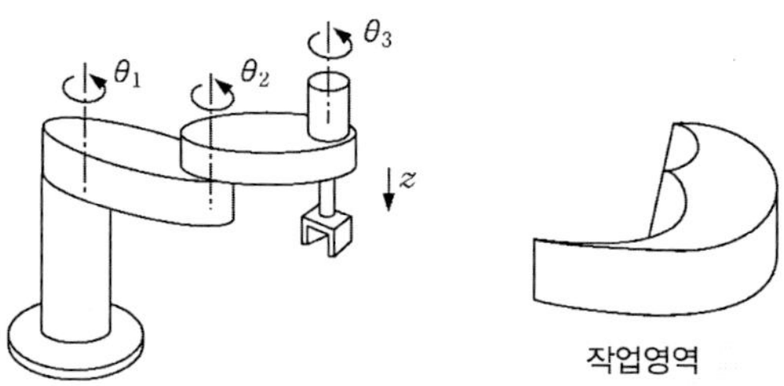

(e) 스카라형 로봇

그림 2·1 로봇의 형태(문헌[17]에 (e)를 추가하였다)

REFRESH 4 스카라형 로봇

스카라형 로봇(SCARA: Selective Compliance Assembly Robot Arm)은 야마나시대학(山梨大學)의 마키노 요(牧野洋) 명예교수가 중심인 그룹에서 개발된 것이다. 구조가 간단하여 조립작업에 전 세계적으로 많이 이용되고 있다. 특히 스카라 로봇은 2006년에 미국 카네기 멜론 대학의 로봇의 전당에 입성하였다.

조립작업에 적합한 구조이다. 여기에서 컴플라이언스란 강성(剛性)의 역수(逆數)로 유연함을 나타내는 물리계수이다.

또한, 이러한 로봇의 대다수는 관절이 순서대로 이어진 구조(**개루프구조**)이지만, 하나의 end plate(말단효과기)을 복수의 팔로 지지하고 있는 구조(**폐루프구조**)도 있으며, **패러렐 메카니즘**이라고 불린다(그림 2 · 2). 패러렐 구조에서는 강성이 높고, 고속으로 작동하는 반면 동작범위가 좁다는 특징이 있다. 항공기 비행시뮬레이터나 오락기기에 응용되고 있다.

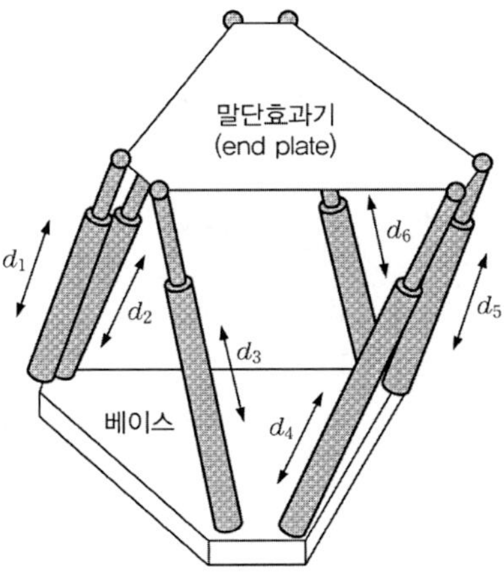

그림 2 · 2 패러렐 메카니즘

이 밖에도 액추에이터(모터와 같은 의미)에 직접구동방식의 다이렉트 드라이브(DD) 모터를 사용한 고속동작용 **DD 로봇**도 있다.

한편, 생물형 로봇은 연구용에 많으며, 4족형, 6족형, 다족형의 이동로봇 연구가 있다. 뱀이나 코끼리 코처럼 움직이는 **초다관절 팔**도 있다. 배관 내를 이동하는 로봇에는 인치웜 방식(자벌레 방식)을 적용한 것이 개발되었다[18]. 차륜방식에 비해 소형화가 가능하고 견인력이 크다는 장점이 있다.

인간형으로는 2다리 2팔 형태의 **휴머노이드 로봇(인간형 로봇)**이 1996년에 발표되어 큰 화제가 되었다. 그림 2 · 3에는 이후 발표된 ASIMO를 나타내었다. 국가 프로젝트가 된 이후에도 휴머노이드 연구는 계속 진행되고 있다[19),20)].

이처럼 로봇의 형태에 대해 다양하게 생각해 볼 수 있는데, 어떤 작업에 사용될지에 따라 최적의 형태가 있다(표 2 · 1). 예를 들면, 그림 2 · 4와 같이 코끼리 코 모양 로봇은 플랜트 내의 배관을 피해 가며 이상이 없는지 내부를 점검하는

그림 2 · 3 인간형 로봇 ASIMO(사진제공: 혼다(주))

표 2.1 로봇의 형태와 특징 (여기서는 기구적 특징으로 분류해 보았다)

형태	특징
직교좌표형	좌표변환이 간단(작업좌표–관절좌표), 대형 갠트리로봇(문형(門形) 로봇)
원통좌표형	하단부가 콤팩트하고 강성이 높다 Versatran(초기(1962)의 산업용 로봇) 그라인더 로봇
극좌표형	좌표변환이 간단하고 콤팩트 유니메이트(초기(1962)의 산업용 로봇)
다관절형	스마트한 형상 Tralfa(초기(1966)의 산업용 로봇) 퓨마 형 로봇, 인간형 로봇
링크형	팔 부위가 경량, 기구는 복잡 파렛타이징 로봇(평행 링크)
스카라형	수평방향의 강성이 낮고, 조립작업에 적합 스카라형 로봇
DD (디렉트 드라이브)형	감속기를 사용하지 않는 저속고토크 모터 저마찰, 무거움, 스카라형 로봇으로 시판
평행형	평행링크(폐루프 링크) 고속, 고정밀도(高精度), 고출력이지만 동작 범위는 좁다 항공기 시뮬레이터, 공작기계
초다관절형	용장 관절을 갖추고 있어 장애물을 피할 수 있으며, 6 자유도 이상 가반중량(可搬重量) (페이로드)이 작은 코끼리 코 모양 로봇

로봇이다. 관절수가 많기 때문에 장애물을 피해 안쪽으로 진입할 수 있지만, 반대로 자신의 관절 중량을 버티기 위해 대부분 모터토크를 사용하고 있어 카메라 정도밖에 들 수 없다.

그림 2·4 다관절 점검 로봇[22)]

2-2 로봇에 필요한 관절 수는?

로봇의 형태는 무엇을 할 것인지에 따라 결정되는데 일반적으로 6 자유도가 되면 공간상 어디에나 위치·자세를 취할 수 있다. **6 자유도**란 그림 2·5에 나타낸 것처럼 *X*, *Y*, *Z*축 방향의 위치 3 자유도와 그 축 주변의 자세 3 자유도이다. 자유도수는 관절수와 거의 유사한 의미이므로 6 관절의 로봇 팔이 필요하다. 또한 관절은 회전축이나 직동축을 가지고 있기 때문에 **6 축 로봇**이라고도 한다.

예제 **로봇의 형태를 정하는 방법** : 여기에서 로봇의 자유도, 사이즈는 어떻게 정해지는 것일까? 생각해 보도록 하자. 예를 들면, 그림 2·6(a)에서처럼 테이블 위에 있는 블록을 점 A에서 점 B로 이동시키기 위한 로봇 팔을 설계한다고 가정해 보자. 이 때 로봇 팔은 그 베이스를 점 0에 두기로 한다. 블록은 점 A에서 점 B로 위치(*X*, *Y*)가 변하며, 더욱이 블록의 자세(방향)도 바뀐다. 즉 기본적으로는

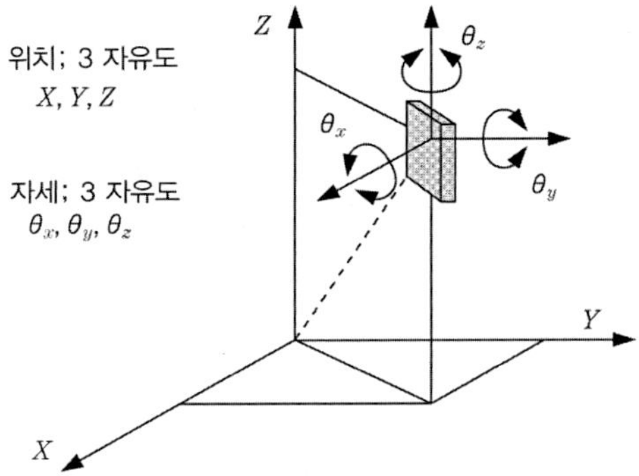

그림 2 · 5 물체의 위치 결정에 필요한 자유도

3 자유도 동작이 필요하다는 것을 알 수 있다. 당연히 블록을 잡기 위해 핸드(집게)가 필요하다는 것은 두 말할 나위가 없다. 또한, 가장 먼 점 A에 두어야 하므로 팔의 길이(링크길이)가 결정된다. 게다가 관절의 동작범위까지 결정되는 것이다. 그 다음에 블록의 질량, 이동속도 등에 따라 관절토크가 결정되고, 모터 등이 결정된다. 이 과정은 다음 장에 나오는 그림 3 · 16에 표시되어 있다. 이와 같은 과정을 통해 결정된 로봇 팔의 일례를 그림 2 · 6(b)로 나타내었다.

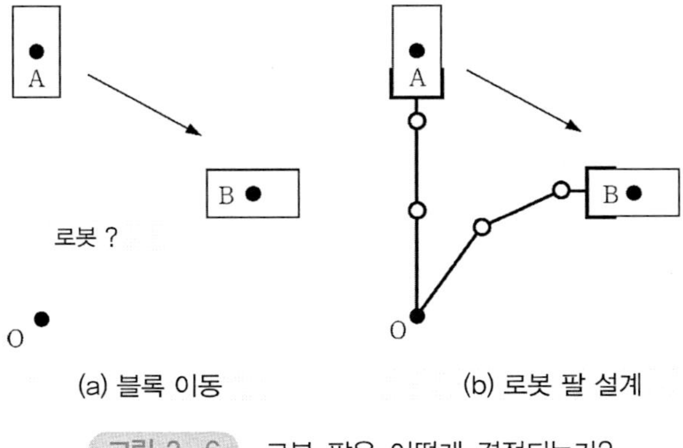

그림 2 · 6 로봇 팔은 어떻게 결정되는가?

2-3 로봇과 전용기계의 차이는 무엇인가?

로봇과 전용기계 및 자동기계의 차이를 생각해 보자. 설계시, 로봇으로 할 것인지, 전용기계로 할 것인지는 그 목적에 의해 결정된다. 예를 들면, 피아노를 치는데 인간의 손처럼 5개의 손가락을 가지게 하는 것이 좋을 것인지, 이에 맞춘 형태의 손가락으로 제작할 것인지는 설계의 분기점이라 할 수 있다. 그림 2·7에서와 같이 인간의 형태로 만들면 인간이 어떻게 손가락을 움직여 피아노를 치는지를 해명할 수 있으며, 손가락이 움직이는 방법을 변경시킴으로써 다른 기계도 조작할 수 있게 될지도 모른다. 또한 전용기로서 피아노 자동연주기와 같이 현을

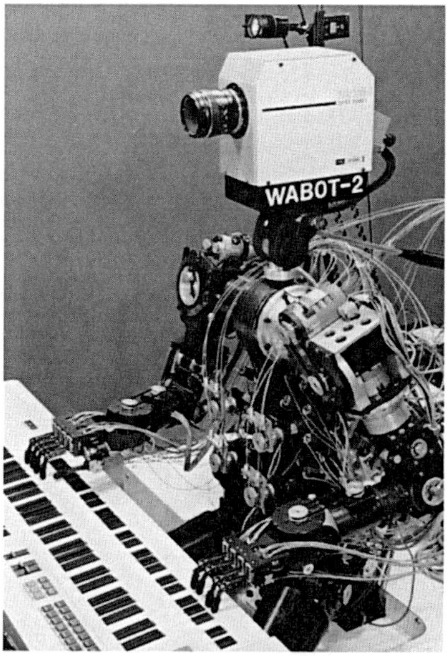

그림 2·7 피아노 연주 로봇 WABOT-2[23]
(사진제공: 와세다대학 스가노 시게키(菅野重樹) 교수)

치는 기구를 장착하면 비교적 간단하고 저렴하게 자동기계를 제작할 수 있지만, 피아노에 밖에 적용할 수 없을 것이다. 어떤 것을 제작하고 싶은지 목적을 확실히 하는 것이 중요하다.

표 2.2 피아노 연주 로봇과 피아노 자동 연주기

	피아노 연주 로봇	피아노 자동 연주기
형 태	인간형	자동기계
동 작	비효율적(복잡)	효율적(단순)
가 격	비싸다	싸다
범용성	범용성 있음	범용성 없음
목 적	범용화, 인간의 연구	전용기계, 작업능률향상

트라이얼 2

2-1 로봇 형태를 도해(図解)해 보면 구조를 쉽게 이해할 수 있다. 예를 들면, 그림 2 · 1(c)에서 극좌표형 로봇을 나타내면 그림 2 · 8처럼 된다. 마찬가지로 다른 로봇을 도해(図解)해 보도록 하자.

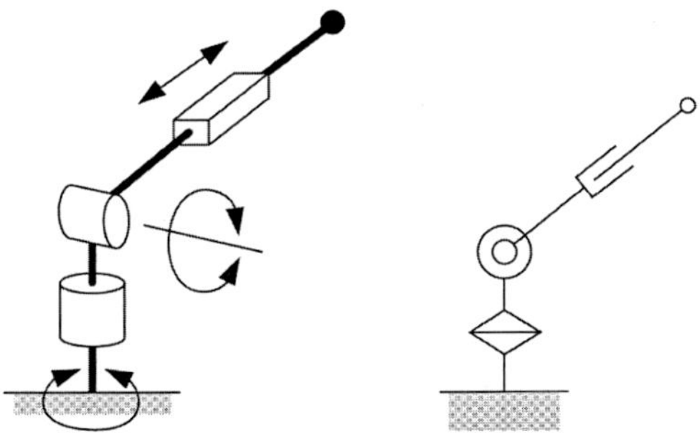

그림 2 · 8 극좌표형 로봇의 구조도

2-2 인간형 로봇의 장점·단점을 생각해 보자.

2-3 생물에게 배우는 장점을 생각해 보자.

2-4 차륜형 이동과 보행형 이동의 특징을 생각해 보자. 그림 2·9에 4족 보행 로봇의 예를 나타내보았다.

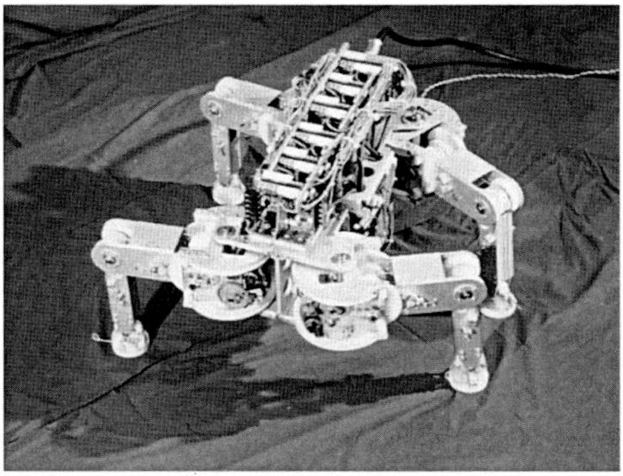

그림 2·9 4족 보행 로봇 TITAN-Ⅷ[24)]
(사진제공: 도쿄공업대학 히로세 시게오(広瀬茂男) 교수)

2-5 코끼리 코 모양의 로봇은 왜 가반중량이 작은지 생각해 보자.

2-6 인치웜 방식(자벌레 방식)의 이동방식에 대해 도해(図解)하고 설명해 보자.

3 CHAPTER

로봇의 메카니즘

지금까지 로봇의 형태가 다양하다는 것에 대하여 설명하였다. 다음으로 로봇의 몸체는 어떻게 구성되어 있는지 설명해 보도록 하겠다. 먼저 로봇을 구성하고 있는 부품에는 어떤 것이 있는지 정리해 보기로 한다. **모터**와 모터의 토크를 증대시키기 위한 **감속기**, 모터에서 가동부까지 동력을 전달하는 **전달기구**, **위치센서**, **속도센서**, 접촉력이나 외력을 검출하기 위한 **힘 토크센서**, 환경을 계측하기 위한 **거리센서**, **CCD 카메라** 등이 주된 부품이다. 표 3·1에 구성요소를 정리하였다. 이때 로봇 자신의 상태를 계측하는 센서를 **내부센서**, 외부와의 상대관계를 계측하는 센서를 **외부센서**라 한다.

표 3.1 로봇의 주요 구성 요소

모터	감속기	전달계	내부센서	외부센서
DC 서보모터 AC 서보모터 스텝핑 모터 DD 모터 초음파 모터 유공압 모터	하모닉 드라이브 사이크로 감속기 RV 감속기 유성기어 감속기 볼 감속기 볼나사 (회전–직선)	기어트레인 랭크 · 피니언 벨트 체인 로프 링크기구 (평행링크, 팬터그래프)	포텐시오미터 엔코더 리졸버 (위치 · 속도) 타코 제너레이터 (속도) 리밋센서 (기계식, 광전식)	CCD 카메라 힘 토크 센서 거리센서 (레이저, 초음파, 와전류, 정전용량)

(비고) 하모닉 드라이브는 (주)하모닉 · 드라이브 · 시스템즈의 등록상표
사이크로 및 사이크로 감속기는 스미토모중기계공업(주)의 등록상표
RV 감속기는 (주)나브테스코의 제품, 볼 감속기는 가모정공(주)의 제품이다.

3-1 로봇 관절은 어떻게 구성되어 있을까?

여기에서는 로봇의 관절구조에 대해 설명하기로 하겠다. 로봇 관절은 기본적으로 모터, 감속기, 위치센서, 속도센서로 구성되어 있다. 모터로는 속응성(速應性)이 좋은 서보모터를 이용하며, 감속기로 모터 토크를 증대시킨다. **위치센서**는 관절각도를 검출하여 위치결정을 하기 위해 필요하며, **속도센서**는 관절을 부드럽게 움직이게 하기 위해 필요하다. 위치·속도센서에는 엔코더가 자주 이용된다. 또 전원을 껐을 때 로봇이 움직이지 않도록 브레이크를 거는 경우도 있다.

그림 3·1에 관절의 구성 예를 나타내었다. 여기에서는 모터축의 엔코더로 출력축의 위치, 속도를 검출한다. 통상 엔코더는 절대위치를 알 수 없기 때문에 관절 출력축에 설치한 리밋센서를 병용하여 절대위치를 산출한다. 혹은 출력축에 포텐시오미터를 장착하는 경우도 있다. 이 예에서는 감속기의 출력 측으로 기어로 감속시켜, 출력축의 팔을 구동하고 있다. 또한, 그림에는 표시되어 있지 않지만 각 회전축은 베어링으로 회전지지 되어 있어야 한다.

이 관절을 임의로 조립하면 원하는 형태의 로봇을 제작할 수 있게 된다.

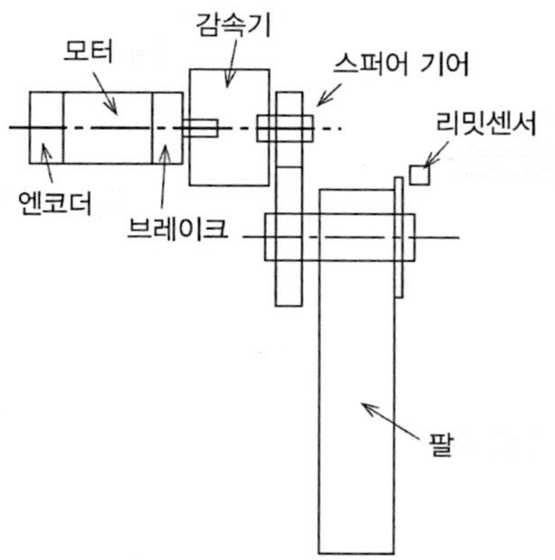

그림 3·1 로봇 관절의 구성 예

3-2 관절은 어떻게 구성되는가?

로봇의 관절에서는 감속비가 부족한 경우 혹은 출력축의 방향을 바꾸기 위해 저감속기구를 하모닉 드라이브 등의 고감속기구의 입력 측에 설치하는 예도 많다. 특히 베벨기어나 스퍼어 기어, 타이밍벨트 등은 백 래시가 커지기도 하고, 강성이 낮기 때문에 출력 측에 하모닉 드라이브 등과 같은 감속기를 두면 이러한 결점을 상당히 커버할 수 있다. 이처럼 실제로 로봇의 관절을 구성하고 있는 경우의 구조를 그림 3·2와 같이 나타내보았다. 또한, 위치유지를 위해 부작동형(負作動形) 브레이크를 이용하는 경우가 많으며, 전원이 켜져 있을 경우에는 브레이크가 풀리고, 전원이 꺼지면 브레이크가 걸리도록 구성되어 있다.

관절 출력축의 위치·속도는 모터축의 엔코더 출력 펄스를 카운트함으로써 모터의 회전각도, 각속도를 계측하여 산출한다. 그림 3·2(D)는 감속기를 이용하지 않은 직접구동(다이렉트 드라이브, DD) 방식의 경우이다. 이 경우 모터축이 출력축이 되기 때문에 고토크 브레이크나 고분해능(高分解能)의 엔코더가 필요하다. 통상적으로 모터축에서의 엔코더는 2048 ppr(펄스/회전) 정도지만, DD 모터

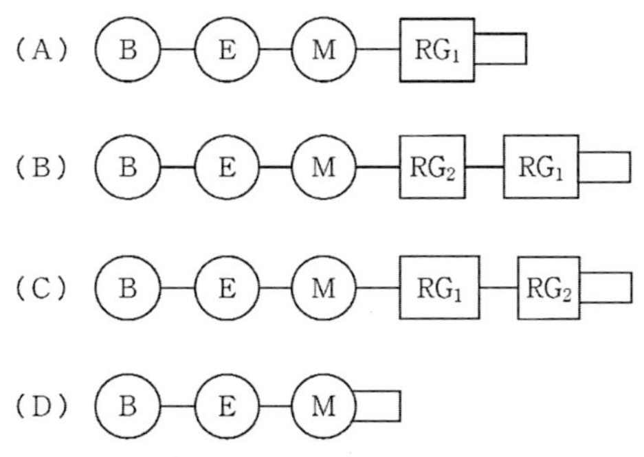

B: 브레이크, E: 위치검출기(예를 들면 엔코더), M: 모터
RG_1: 고감속기구, RG_2: 저감속기구

그림 3·2 관절구성 모식도

에서는 300만 ppr 이상인 엔코더도 있다[25]. 감속기를 사용하면 수천 ppr의 엔코더 및 낮은 토크 브레이크로도 충분하다.

3-3 동력은 어떻게 관절로 전달될까?

모터는 관절에 직접 붙어있지 아니하고 먼 곳에서 전달기구를 거쳐 동력을 전달하는 경우도 많다. 멀리까지 동력을 전달하기 위해서는 도르래와 벨트, 와이어로프, 체인 기어와 체인이 자주 사용된다. 비교적 가까운 경우에는 기어가 사용되며, 출력축의 방향을 바꾸기 위해서는 베벨기어가 사용된다. 벨트나 와이어로프는 경량화에 적합하지만 늘어나거나 미끄러지는 등의 문제가 발생할 수 있다. 기어의 경우에는 백 래시 문제가 발생할 수 있다. 모터는 그 용도에 따라 어디에서 관절을 구동할 것인지 고려해 볼 필요가 있다.

또한 그림 3 · 3에서와 같이 동력전달에는 2 가지의 의미가 있는데, 이는 전달효율과 전달정보이다. 전달효율이 낮은 기구를 사용하면 모터의 파워가 효과적으로 전달되지 않아 보다 큰 모터가 필요하다. 특히 로봇 팔에서는 선단부의 모터 질량이 근원부의 모터에 부하가 되기 때문에 근원부의 모터가 점점 커진다. 또한 전달기구가 덜커덕 거리면 선단부에서는 덜커덕거림이 확대되어 정확한 위치결정이 곤란해진다. 전달요소의 수가 많을수록 강성이 저하되고, 덜커덕거림이 심해진다고 보면 된다.

더욱이 베어링이나 가이드 등의 지지요소도 매우 중요하다. **베어링**은 회전지지(回轉支持)나 직동지지(直動支持)를 행하는데, 마찰이 크면 전달효율이 저하된

그림 3 · 3 모터에서 팔 끝 선단으로의 운동 전달

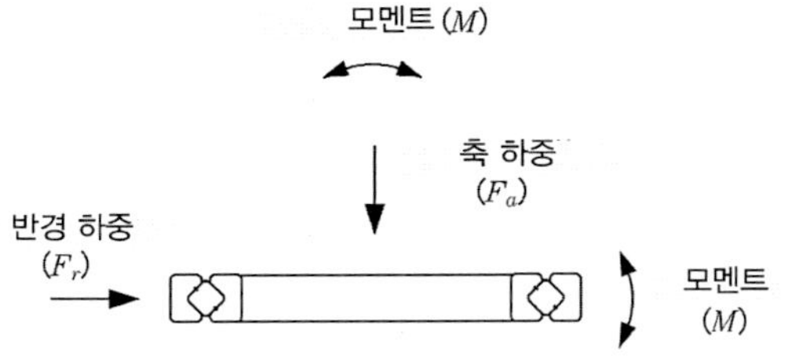

그림 3 · 4 크로스 롤러 베어링

다. **커플링**도 단순히 축과 축을 잇는 것뿐만 아니라 중심축 어긋남을 흡수함으로써 지지부재에 대한 과부하를 방지한다. 중심축이 맞지 않으면 과부하가 될 뿐만 아니라 토크 변동도 발생하므로 기구의 수명이 짧아지거나 센서에 기계노이즈로 중첩되어 기대만큼의 성능이 나오지 않게 된다. 또한 로봇에는 크로스 롤러 베어링(그림 3 · 4)이나 박육형(薄肉形) 베어링 등이 자주 사용되는 경우가 있다. 통상, 원추 베어링이나 앵귤러 베어링 등은 페어로 출력축을 지지하지만, 크로스 롤러

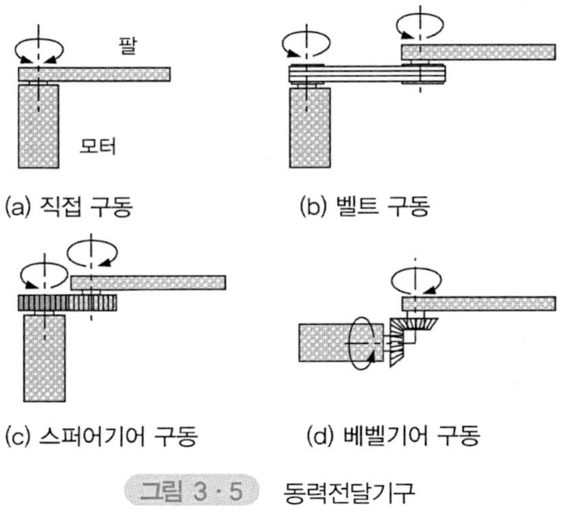

그림 3 · 5 동력전달기구

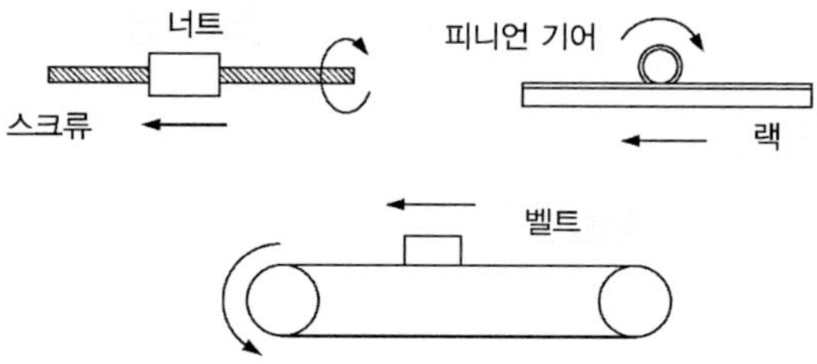

그림 3 · 6 회전–직동 변환기구

베어링으로 지지하면 한 개만으로 모멘트 하중을 이겨낼 수 있기 때문에 공간절약을 할 수 있다. 그리고 박육형(薄肉形) 베어링은 외경을 작게 만들 수 있으며, 부하 측면에서 만족스럽다면 로봇 팔을 소형 경량화할 수 있는 장점이 있다.

그림 3 · 5에는 대표적인 동력전달기구를 나타내었다. 벨트나 체인에는 느슨해지는 것을 방지하기 위해 아이들러 풀리를 이용하여 장력을 거는 경우도 있다. 그림 3 · 6에는 회전운동과 직선운동을 변환하는 기구를 나타내었다. 일반적으로 직동기구는 병렬로 가이드부가 필요하기 때문에 커진다.

그림 3 · 7에는 기어열에 따라 구동되는 관절기구를 나타내었다. 2 개의 모터 동력을 토크튜브와 베벨기어로 관절에 전달하고, 휨과 회전의 2 자유도를 실현하였다. 이러한 기구에서는 구동부와 떨어진 곳에 집중되어 배치되어 있으므로 관

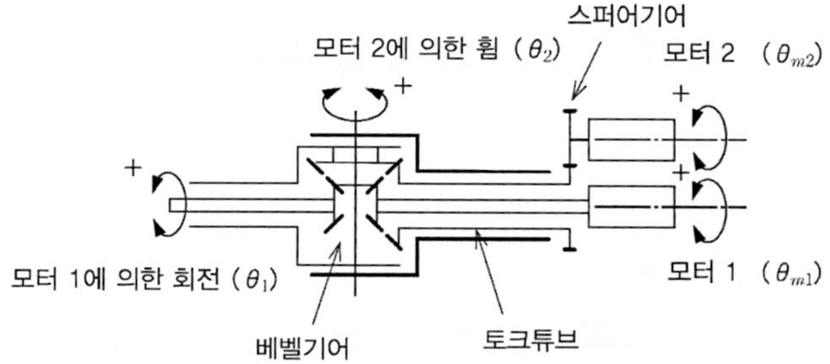

그림 3 · 7 기어전달에 의한 관절기구의 예

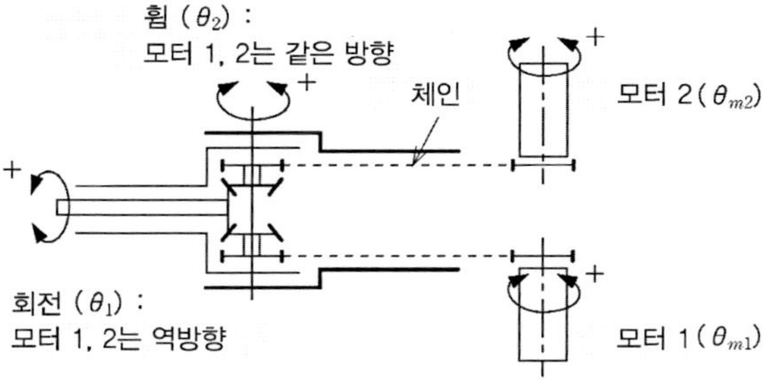

그림 3·8 차동기구에 의한 관절기구의 예

절을 경량화할 수 있으며, 콤팩트하게 만들 수 있다. 반대로 각 관절에 모터를 배치하는 경우에 비해 전달효율이 낮고 백 래시가 크다는 결점이 있다. 토크 튜브 대신에 와이어로프를 사용하면 더욱 경량화 되고 백 래시도 작아지지만 강성은 저하된다. 또한 로프의 경우에는 늘어나거나 끊기는 문제가 발생한다.

그림 3·8에는 체인에 의한 동력전달 예를 나타내었다. 여기에서 주의할 점은 관절에 **차동기구(差動機構)**를 이용한다는 점이다. 모터1과 2가 같은 방향으로 회전하면 관절에서 휘고 서로 다른 방향으로 회전하면 선단부가 회전한다. 2 개의 모터가 협조하여 관절을 구동시키기 때문에 모터 파워를 효과적으로 활용할 수 있다.

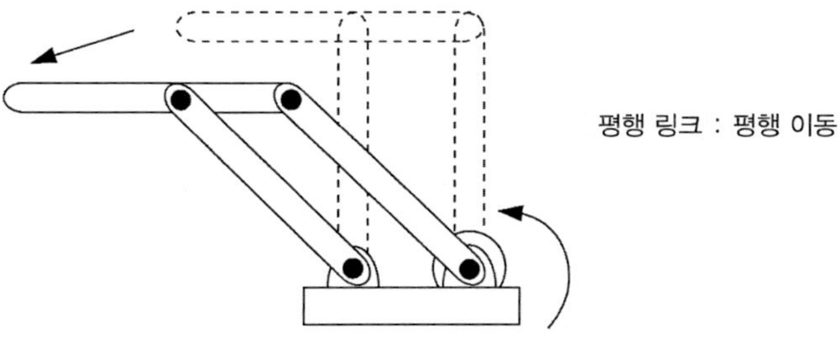

그림 3·9 평행 링크에 의한 전달기구의 예

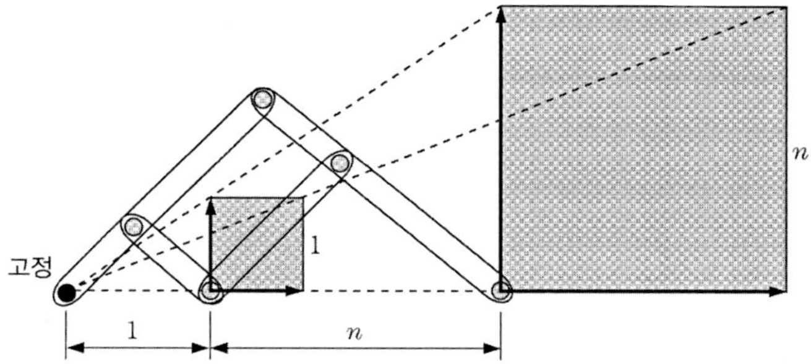

그림 3 · 10 팬터그래프기구

링크기구에 의한 동력전달의 예를 그림 3 · 9에 나타내었다. 링크 중에서도 **평행링크**는 선단부의 자세를 유지한 채 구동할 수 있다는 점, 구동부를 근원부에 설치할 수 있어 경량화가 가능하다는 점, 더욱이 벨트 등에 비해 강성이 높고, 덜커덕거림이 적기 때문에 자주 사용되고 있다. 그리고 그림 3 · 10과 같이 변위를 확대시킨 **팬터그래프기구**도 자주 사용된다. 산업용 로봇이라도 적재용(상자 쌓기 작업) 다관절 로봇에 평행 링크가 이용되고 있다.

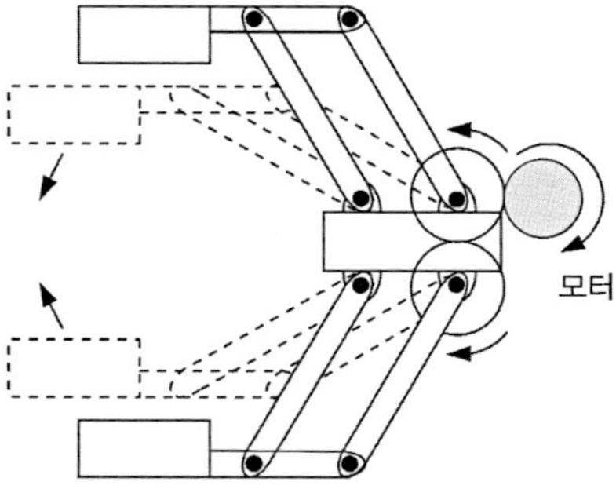

그림 3 · 11 평행링크를 이용한 집게

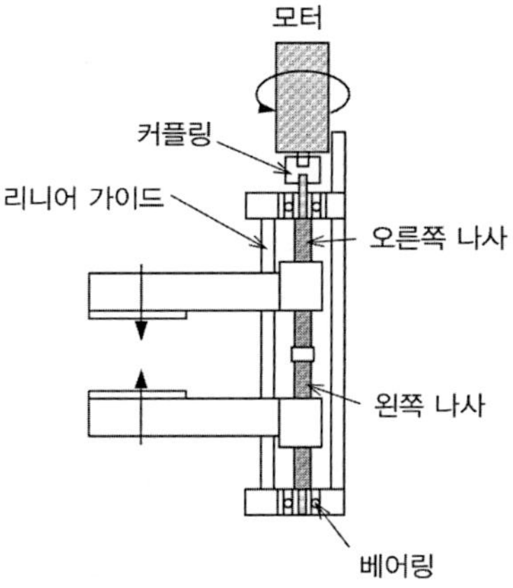

그림 3 · 12 볼나사를 이용한 집게

평행링크를 집게에 응용한 예를 그림 3 · 11에 나타내었다. 물건을 움켜쥐는 경우에는 평행으로 개폐되는 집게가 적합하다. 그림 3 · 12에는 볼나사에 의한 **평행 개폐형 그리퍼**의 예를 나타내었다. 여기에서는 1 개의 축에 오른쪽 나사와 왼쪽 나사를 구성함으로써 각각의 너트가 역방향으로 구동되어 개폐동작이 이루어진다. 또한 볼나사에는 모멘트 등 축력 이외의 힘을 받는 것은 바람직하지 않으므로 리니어가이드를 병용할 필요가 있다. 또한, 링크기구를 이용함으로써 구동부가 소형이 되는 것을 알 수 있다.

3-4 감속기의 역할은 무엇일까?

통상적으로 모터는 고속회전이며 출력토크가 작다. 로봇 관절에 이용하기 위해서는 감속시켜 속도를 줄이고 토크를 크게 하여 사용하고 있다. 그림 3 · 13에서와 같이 지렛대 역할을 담당하는 것이 **감속기**이다. 오늘날 대부분의 로봇에서는 모터와 감속기를 조합하여 사용하고 있을 정도로 모터와 함께 감속기는 매우

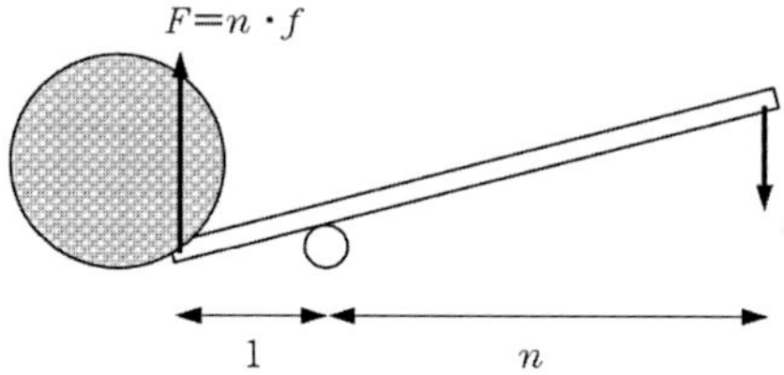

그림 3·13 지렛대의 원리를 이용한 감속기

중요한 기본 장치이다. 로봇 팔의 강성 및 전달효과도 대부분 감속기의 성능으로 결정된다.

로봇 관절에는 감속비 100정도의 감속기가 자주 사용된다. 100의 감속비를 기어열로 얻기 위해서는 그림 3·14에서와 같이 여러 단의 기어를 장착해야 하기 때문에, 감속기구가 커져 버린다. 따라서 감속기라는 것이 필요하다. 로봇 팔은 관절이 연속적으로 구성되기 때문에 선단부 관절의 중량이 근원부 관절에 부하현상을 초래하므로 가능한 가볍게 만들어야 한다. 그림 3·15에는 기어에 의한 감속 원리를 나타내었다.

전달되는 힘을 F, 기어의 피치원 반경을 r_1, r_2, 토크를 T_1, T_2로 한다. 첨자는 각각의 작은 기어, 큰 기어를 나타낸다. 여기서 피치원이란 기어가 맞물리는 대표원이다.

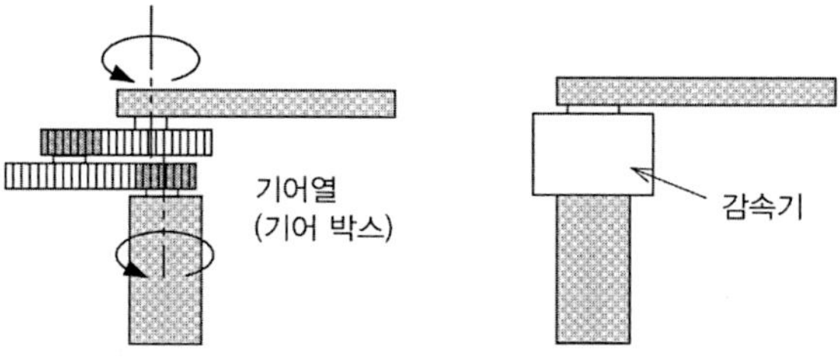

그림 3·14 기어트레인에서 감속기로

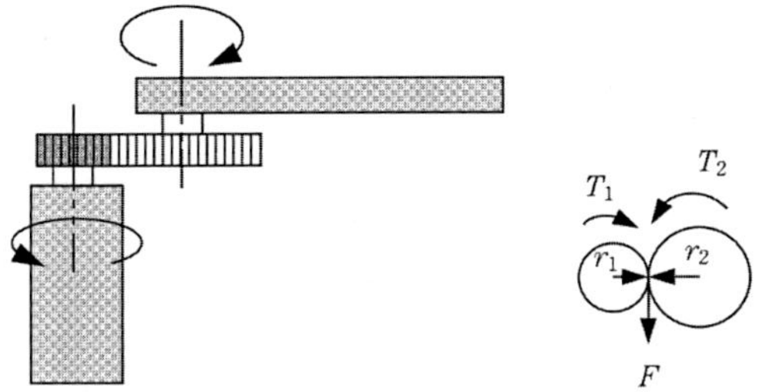

그림 3 · 15 기어에 의한 감속

$$T_1 = F \cdot r_1 \tag{3·1}$$

$$T_2 = F \cdot r_2 \tag{3·2}$$

여기에서 피치원 반경이 큰 쪽이 전달토크가 커지고 있다는 것을 알 수 있다.

또한, 피치원 직경과 톱니 수 Z의 비를 모듈 m이라고 하며, 다음과 같은 식으로 나타낼 수 있다.

$$m = 2r/Z \tag{3·3}$$

더욱이 회전 수, 감속비를 각각 N, n이라 하면,

$$n = r_2/r_1 = Z_2/Z_1 = N_1/N_2 \tag{3·4}$$

$$T_2 = n \cdot T_1 \tag{3·5}$$

가 된다. 단, 실제로는 톱니 수의 맞물림에 의한 동력손실이 발생한다. 전달효율을 η로 하면 다음과 같은 식으로 나타낼 수 있다.

$$T_2 = n \cdot \eta \cdot T_1 \tag{3·6}$$

따라서 전달효율이 좋은 기구를 고안해야 한다. 제품을 만들어도 생각대로 움직이지 않을 때가 있다. 이와 같은 경우에는 어딘가 전달손실이 큰 곳이 있다고 판단해도 좋을 것이다. 더욱이 기어 한 대의 맞물림에 의한 전달효율은 약 98%, 일반 감속기는 60~80% 정도이다.

예제 감속기와 모터의 선택 방법 : 로봇 관절이 저속회전이며, 높은 토크인 것에 비해 모터는 고속회전이며, 낮은 토크이므로 모터와 감속기 선택 방법에 대해 잘 고려해 보아야 한다.

가령, 180°/s, 20 N · m의 관절사양에 대해 정격으로 3000 rpm, 0.16 N · m, 50 W인 모터와 감속비 150, 효율 85%인 감속기로 대응할 수 있는지 생각해 보자.

출력 토크는

$$0.16\ \mathrm{N \cdot m} \times 150 \times 0.85 = 20.4\ \mathrm{N \cdot m} > 20\ \mathrm{N \cdot m}$$

출력속도는

$$3{,}000\ \mathrm{rpm} = 50\ \mathrm{rps} = 18{,}000°/\mathrm{s}$$

$$18{,}000/150 = 120°/\mathrm{s} < 180°/\mathrm{s}$$

토크는 만족하지만 속도가 늦어지므로 속도비를 낮추고, 토크가 큰 모터를 선택할 필요가 있다.

출력은 다음과 같은 식으로 나타낼 수 있으므로 이 사양을 만족시키기 위해서는 74 W 정도의 모터를 선택해야 한다.

$$P = \frac{T\,[\mathrm{N \cdot m}] \times N\,[\mathrm{rpm}] \times 100}{955 \times \eta}\ [\mathrm{W}] \tag{3·7}$$

반대로 사양속도를 낮출 수 있다면 모터는 출력이 작은 것이라도 충분하다. 로봇 설계 순서는 그림 3 · 16과 같다. 먼저, 개략 토크, 속도를 고려하여 모터 등을 선정하고 난 후 설계를 진행한다. 부하가 되는 관절 및 지지기구 등을 포함한 정확한 자체무게를 고려하여 다시 확인한다.

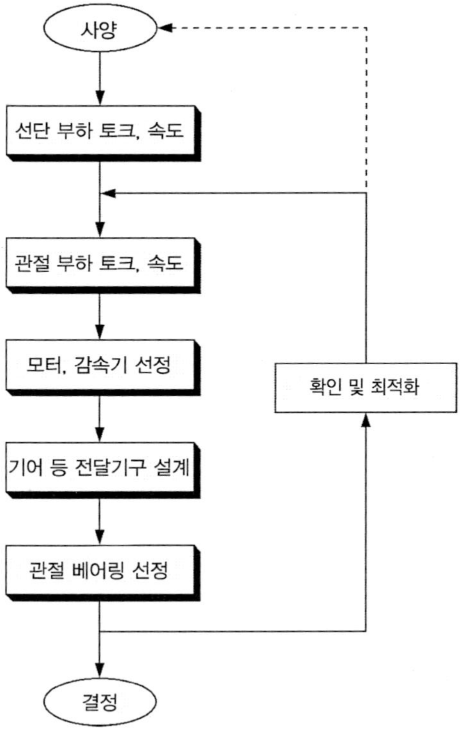

그림 3 · 16 로봇관절의 설계순서

3-5 로봇용 감속기에는 어떤 종류가 있을까?

여기에서는 로봇에 자주 사용되는 대표적인 감속기에 대해 일반적인 특징만을 간단하게 정리하기로 한다. 톱니의 모양 등과 같은 상세한 내용에 대해서는 전문 서적을 참조하기 바란다.

1 | 유성기어 감속기

유성기어 감속기는 그림 3 · 17에서와 같이 복수의 유성기어와 태양(sun)기어, 유성기어를 고정하는 캐리어, 바깥둘레의 내접기어로 구성되어 있다. 유성기어 감속기는 통상적으로 내접기어를 고정하여 태양기어를 입력축으로 하며, 자전 및 공전을 하는 유성기어의 공전을 캐리어를 거쳐 출력축으로 동력을 끄집어내는 것이며, 단순한 기어열에 의한 감속기보다 크기가 콤팩트해진다는 특징이 있다. 감속비는 태양기어와 내접기어의 피치원 비율(혹은 톱니 수 비)로 결정되며 1단에서는 10 정도이고, 고감속비를 얻기 위해서는 여러 단으로 만든다. 태양, 유성, 내접기어의 각 톱니수가 Z_1, Z_2, Z_3일 때 감속비는 다음과 같은 식이 된다.

$$n=\frac{2(Z_1+Z_2)}{Z_1}=\frac{Z_1+Z_3}{Z_1} \tag{3·8}$$

유성기어를 2개 이상 이용함으로써 동적인 밸런스가 유지되도록 하여야 한다. 유성기어를 사용하면 면압(이뿌리면에 걸리는 단위면적당 하중)을 낮출 수 있으나, 톱니에 가해지는 힘이 균일하도록 설계할 필요가 있다. 백 래시는 각도로 나타내어 2~3'분 정도이다[26]. 통상적으로 효율은 2 단에서도 90% 이상이라고 알려져 있다. 입력축과 출력축이 동일축 상에 존재하기 때문에 모터와 쉽게 조합할 수 있다.

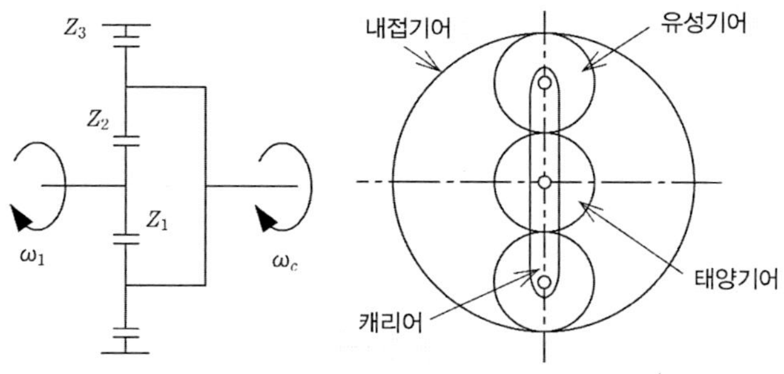

그림 3 · 17 유성기어 감속기

2 | 하모닉 드라이브 감속기

하모닉 드라이브 감속기는 그림 3 · 18과 같이 **플렉스 스플라인, 서큘러 스플라인, 웨이브 제너레이터**로 이루어져 있으며 박판재인 플렉스 스플라인을 탄성 변형시켜 톱니를 맞물리게 한다.

플렉스 스플라인은 서큘러 스플라인보다 톱니 수가 2 개 적기 때문에 웨이브 제너레이터의 1 회전에 톱니의 맞물림이 톱니 2 개만큼 역방향으로 어긋나면서 감속시킨다. 구성요소가 적고 경량이며 하우징이 없는 매립형이므로 로봇 관절을 콤팩트하게 만들 수 있다는 특징이 있다. 일반적으로는 다른 감속기에 비해 약간 강성이 낮고, 부하가 크면 라체팅(ratcheting) 현상이 발생한다.

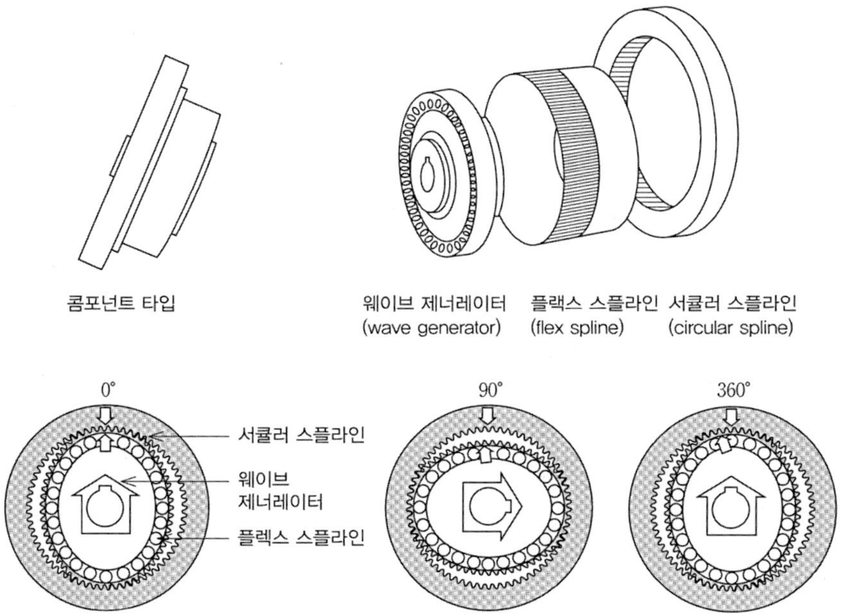

그림 3 · 18 하모닉 드라이브 감속기[26)]

REFRESH 5 독특한 감속기

하모닉 드라이브는 매우 특이한 기구이다. 이것은 미국에서 발명되어, 제화기계인 USM사 (United Shoe Machinery)에서 제품화시킨 것이다. 이것을 현재 ㈜하모닉 · 드라이브 · 시스템즈의 전신인 (주)하세가와기어에서 주목하였으며, 일본에서 성능을 향상시켰다. 기존의 기어 이미지와는 매우 다르므로 직접 확인하기 바란다.

톱니 모양은 특별한 형상을 하고 있으며 효율도 인벌류트 치형의 감속기에 비하면 약간 낮은 70~80% 정도이다. 또한 구조상 작은 감속비를 가질 수 없다. 50에서 160의 감속비를 가지며, 로봇에 가장 잘 사용되는 감속기라 해도 좋을 것이다. 특히 경량이기 때문에 손끝 쪽에 자주 이용된다. 백 래시는 1'(분) 정도이다.

또한 서큘러 스플라인을 고정시킨 경우, 플렉스 스플라인의 톱니 수 Z_f, 서큘러 스플라인의 톱니 수 Z_c를 이용하면 **감속비**는 다음과 같은 식이 된다.

$$n=\frac{Z_f}{Z_f-Z_c} \tag{3·9}$$

3 | 내접식 유성기어

사이클로 감속기는 그림 3 · 19에서와 같이, 내접식 유성기어 기구와 원호치형을 갖는 등속도 내접기어 기구로 구성되어 있다. 치형으로는 굴러가면서 곡선을 만드는 트로코이드(trochoid)계 치형을 사용하기 때문에 기어의 맞물림 효율이 좋고, 고감속에서도 전달 효율이 90% 이상이라고 알려져 있다. 톱니 수의 차이가 적을수록 감속비가 커서 한 장이나 두 장이 자주 사용된다. 인벌류트 치형에서는 톱니 끝에 간섭이 생기기 때문에 트로코이드 곡선판과 롤러로 이루어진 핀기어를 이용한다. 따라서 복수의 톱니가 동력전달에 기여하므로 높은 하중을 버티기 쉽다. 출력에는 평행 크랭크 기구를 이용한 등속도 내접기어 기구에 의해

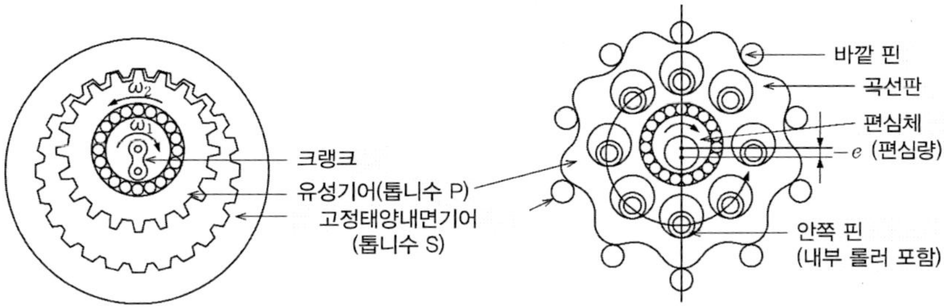

(a) 내접식 유성기어 기구

(b) 사이클로 감속기의 구조

그림 3 · 19 사이클로 감속기의 원리도[27)]

자전분(自傳分)을 검출해낸다. 강성이 높아 로봇 팔의 기부(基部) 쪽에 자주 사용된다. 로스트 모션(후술하게 될 그림 3 · 22 참조)은 1'(분)이다. 입력 축 쪽에 감속부를 더 설치해 입력축 관성을 작게 한 것과 롤러 대신에 볼을 사용한 것도 있다[29)].

고정 태양 기어의 톱니 수 Z_S, 유성기어의 톱니 수 Z_P를 이용하면 감속비는 다음과 같은 식이 된다.

$$n = \frac{Z_P}{Z_P - Z_S} \tag{3·10}$$

4 | 웜 기어

웜 기어(그림 3 · 20)는 입력축, 출력축이 직교하고 있어 베벨기어와 함께 전달 방향을 바꾸기에 적합하다. 전달효율은 일반적으로 40% 정도로 좋지 않지만, **셀프 록**을 해야 하는 부분에서는 위치유지를 위한 브레이크가 필요 없다. 이는 안전성을 중시하는 로봇 기구에 자주 사용되고 있다. 웜 기어의 나선의 수를 Z_1, 웜 기어의 잇수를 Z_2로 하면 **감속비**는 다음과 같은 식이 된다.

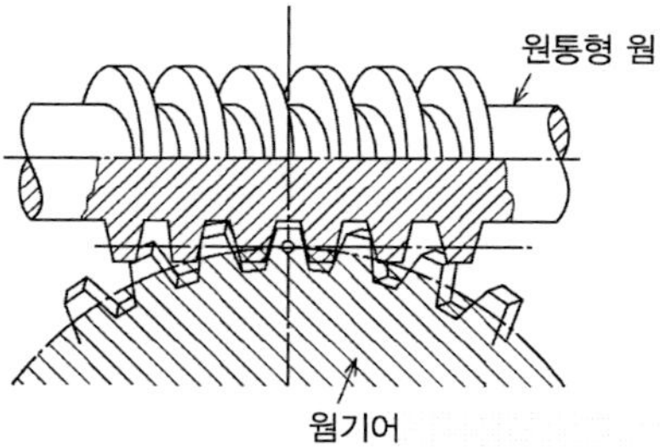

그림 3 · 20 웜 기어[30)]

$$n = \frac{Z_2}{Z_1} \qquad (3 \cdot 11)$$

5 | 볼 스크루

볼 스크루(그림 3 · 21)는 감속기라기보다 회전운동과 직선운동을 변환시키는 **동력전달요소**로 자주 사용된다. 나사 원리이므로 큰 구동력을 얻을 수 있고, 게다가 볼이 굴러가며 전달하기 때문에 마찰계수가 0.002~0.01로 적어 전달효력이 높다. 직동기구에 자주 사용되며 평행링크기구를 도입한 로봇 구동에도 사용되고 있다. 볼 스크루의 입력 구동토크 T는 출력 병진력 Fa, 리드 L, 효율 η(0.96)을 이용하면 다음과 같은 식(3·12)으로 나타낼 수 있다. 구동토크는 볼을 이용하지 않는 스크류 너트에 비해 약 1/3이다. 이 경우 스크류 너트의 마찰계수는 0.1~0.3이다.

$$T = \frac{F_a \cdot L}{2\pi \cdot \eta} \qquad (3 \cdot 12)$$

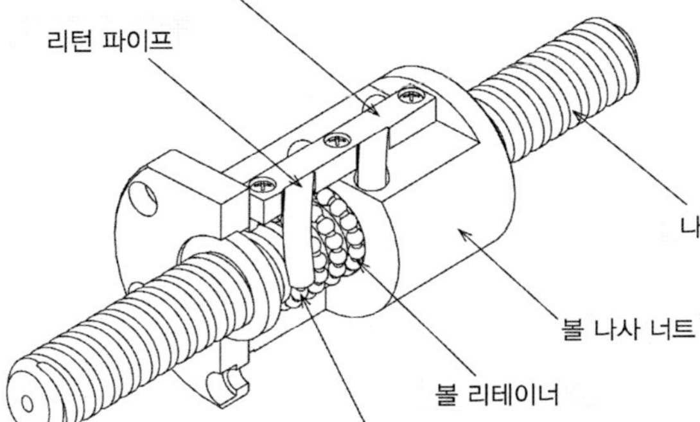

그림 3 · 21 볼 스크루[31)]
(제공: THK(주))

REFRESH 6 파라독스 유성기어

파라독스 유성기어(mechanical paradox planetary gear)라는 감속기구가 있다[32)]. 대체 어떤 기어일까? 사실은 한 개의 유성기어가 동심에서 동시에 톱니 수가 다른 2개의 내면 기어(링 기어)에 맞물린 것이다. 한 대의 기어가 맞물리기 위해서는 모듈이 같아야 한다. 따라서 통상적인 설계에서는 있을 수 없으나 전위기어라는 설계 기법에 의한 기어를 사용하면 가능하다. 소형으로 큰 감속비를 얻을 수 있기 때문에 우주용 로봇 팔의 관절용으로 개발되었다[33)].

3-6 감속기에 필요한 성능이란 무엇을 의미할까?

감속기는 주요 기본 장치이며, 그 성능이 제어성능을 포함하여 로봇 성능에 크게 영향을 미친다. 여기에서는 감속기에 요구되는 성능에 대해 정리해 보기로 한다.

1 | 소형고효율

액추에이터의 소형화와 로봇 전체의 소형화를 위해 고효율화는 필수이다. 단, 효율은 감속비, 입력회전수, 부하토크, 온도, 윤활 등과 같은 조건이 다르다.

2 | 백 드라이브

출력부에서 출력축을 회전시키는 것을 **백 드라이브**, 그 토크를 **백 드라이브 토크** 혹은 **증속 기동토크**라 한다. 로봇 팔이 어떤 원인으로 인해 모터 측에서 작동하지 않을 경우 출력 측에서 작동시키면 로봇 팔을 수납, 회수할 수 있게 된다.

3 | 고강성

로봇에서는 경량화 때문에 강성이 낮아지는 경향이 있는데, 기계 시스템의 고유진동수가 제어대역보다 낮으면 공진현상이 생기기 쉽다. 이 때 팔이 진동하므로 정밀한 위치결정이나 연속적인 동작이 불가능해진다. 또한 진동하지 못하도록 속도를 낮추거나 추종성을 낮추는 경우도 있다. 산업용 로봇의 고유진동수는 5~20 Hz 정도이지만, DD팔에서는 75 Hz인 것도 있다[21]. 로봇의 강성은 링크부보다 감속기의 강성이 지배적이기 때문에 감속기의 강성은 곧바로 로봇의 강성이 되므로, 강성이 높은 감속기가 바람직하다.

4 | 백 래시와 히스테리시스

그림 3 · 22에서와 같이 입력축을 고정시켜 출력축에 토크를 가하면 토크에 의한 뒤틀림이 발생한다. 이때의 곡선을 **히스테리시스 곡선**이라고 하며, 기구의 강성이나 내부 마찰에 의해 형태가 바뀐다. 이때 정격 토크 ±3%에서의 히스테리시스 곡선 폭의 중간점 뒤틀림 각을 **로스트 모션**, 또 히스테리시스 곡선의 토크 0에서의 뒤틀림 각을 **백 래시** 혹은 **히스테리시스 손실**이라고 한다.

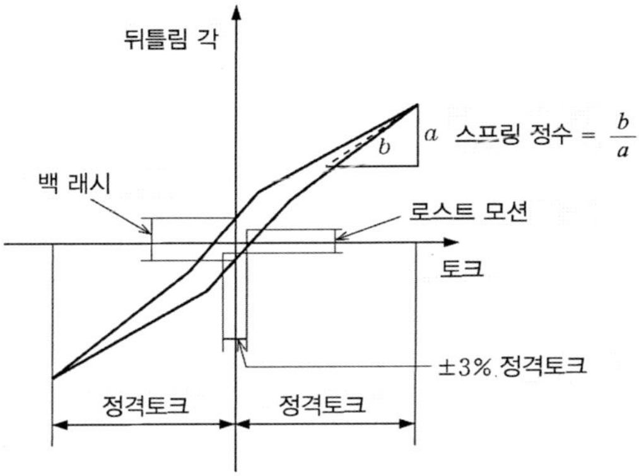

그림 3 · 22 히스테리시스 곡선

REFRESH 7 기계강성과 제어의 관계

강성과 제어의 관계에 대해 간단하게 설명해 두기로 한다. 저차의 기계계 고유진동수 ω_{res}, 제어시스템의 고유진동수 ω_n을 이용하면, 경험적으로 다음 식의 관계가 좋다고 알려져 있다[21]. 이 식에 의해 제어 게인은 기계의 공진주파수에 제약을 받고 있음을 알 수 있다. 즉, 기계의 공진을 피하기 위해 제어대역을 낮추고 있는 것이다.

$$\omega_n \leqq \frac{1}{2}\omega_{res} \tag{3·13}$$

여기에서 기계계의 고유진동수는 스프링정수 k, 질량 m을 이용하면 다음의 식과 같이 된다.

$$\omega_{res} = \sqrt{k/m} \tag{3·14}$$

또한, 제어시스템의 고유진동수는 비례게인 k_p와 기구정수 a를 이용하면 다음의 식과 같이 된다.

$$\omega_n = \sqrt{\frac{k_p}{a}} \tag{3·15}$$

따라서 강성이 높으면 제어대역을 올릴 수 있고, 그 결과 제어 게인도 올릴 수 있다는 것을 알 수 있다. 자세한 것은 6장을 참조 바람.

일반적으로 백 래시를 작게 하기 위해서는 가공정밀도·조립정밀도를 높이고, 예압을 가하는 것이 효과적이다. 단, 예압을 가하면 마찰도 커지므로 주의해야 한다.

5 무부하 런닝토크

무부하 런닝 토크는 부하가 걸리지 않았을 때 필요한 입력토크이며, 마찰토크이다. 이것이 크면 모터 토크를 유효하게 사용할 수 없다. 따라서 바람직하지 않은 설계에서는 감속기를 돌리는 것만큼 토크를 낭비하는 경우가 있다. 기동토크에 대해서도 동일한 확인절차가 필요하다.

3-7 감속기를 사용하지 않는 로봇이란?

앞 절까지는 감속기의 장점에 대해 서술했는데 감속기를 사용하지 않는 로봇도 있다. 전달기구에 덜커덕거림, 백 래시, 마찰 등이 발생하면 정밀도가 좋은 운동전달과 고속운동이 불가능하기 때문이다. 여기에서는 지금까지의 「감속기 + 서보모터」를 「저속이며 고토크인 모터」로 변형시킨 모터가 있는데 **다이렉트 드라이브 모터(DD 모터)** 등으로 불린다. DD 모터는 일반적으로 고가이며, 크고 무거운 경우가 많다. 다음은 DD 모터를 이용한 로봇에 대한 예이다.

그림 3 · 23은 7자유도인 머니퓰레이터로, 고속이며 3차원으로 설계되어 실시간 탁구를 치는 로봇이다. 통상적으로 감속기를 이용한 로봇 팔에 비해(예를 들면 그림 1 · 6), DD팔에서는 어깨 관절이 매우 커졌다는 것을 알 수 있다. 산업용 로봇으로는 DD 모터를 이용한 수평 다관절형 스카라형 로봇이 시판되고 있다[34). 고속 동작이 가능하고 표준 사이클 시간이 0.6초로, 감속기를 사용한 것 보다 정정(整定)시간이 우수하다고 한다.

보다 고속 동작이 요구되면 관성력이나 코리올리힘, 다른 축에서의 간섭력 등

그림 3 · 23 다이렉트 드라이브(DD) 로봇[35)]

과 같은 동력학의 영향을 무시할 수 없게 된다. 따라서 복잡한 연산을 실시간으로 풀어야 하며, 링크파라미터의 정확한 값이 필요해지기 때문에 단순한 구조의 DD팔이 유리하다. 자세한 내용은 8장을 참조바람.

REFRESH 8 로봇의 성능을 나타내기 위해서는

스카라형 로봇에서는 고속성을 나타내는 지표로 사이클 타임이 자주 사용된다. **표준 사이클 타임**이란 정격부하에서의 수평방향 300 mm, 수직방향 25 mm 왕복 아치모션에 요하는 시간을 의미한다. 이 밖에도 로봇의 성능을 나타내는 지표로 최대가반중량, 최고속도, 최대가속도가 있는데, 이들은 팔의 크기에 따른 것이며 자중가반중량비(自重可搬重量比)나 반복위치결정 정밀도가 더 일반적이다. 자중가반중량비는 로봇의 자중(自重) 에 대해 어느 정도 무게의 물건을 들 수 있는지에 대한 지표로, 현재 3분의 1에서 4분의 1정도인데, 약 1:1인 것도 있다[36)]. 또한 반복위치결정 정밀도는 ±0.02 mm 정도이다.

로봇 이외에는 VTR 실린더부 등에 모터에 의한 DD방식(직접구동방식)이나 감속비가 작은 준 DD방식이 적용되며 고정밀도의 운동전달이 가능해졌다. 이 경우에는 토크변동이나 속도변동도 중시된다. 일반적으로 중력의 영향이 적고 비교적 가벼운 부하의 경우에는 DD방식을 적용하고 있다.

트라이얼 3

TRIAL

2-1 그림 3 · 7과 그림 3 · 8의 관절기구에 있어 2개의 모터 회전각과 휨 및 회전의 관절각과의 관계를 구해 보자. 단, 감속비는 모두 1로 한다.

3-2 기어트레인을 이용하여 감속비 100이 되는 기어의 조합을 생각해 보자. 또한, 가능한한 외경이 작아지도록 하자. 단, 가장 작은 기어의 피치원 직경을 2cm, 톱니 수를 20으로 한다.

3-3 감속기를 이용하는 경우의 장점과 단점을 생각해 보자.

3-4 그림 3 · 17에 제시한 유성기어의 감속비를 구해보자.

3-5 표준 사이클 타임은 2009년 시점에서는 감속기를 사용한 로봇 팔도 0.3초인 것이 시판되어 DD팔보다 고속화가 진행되고 있다. 어떤 설계를 하면 보다 발전할 수 있을지 생각해 보자.

3-6 세탁기에도 DD 모터가 사용되고 있는 것이 있다. 이와 같은 경우 어떤 장점이 있을지 생각해 보자.

로봇 센서

4
CHAPTER

로봇에는 내부센서와 외부센서가 필요하다. **내부센서**는 엔코더, 포텐시오미터 등과 같이 로봇 스스로의 위치, 속도 등과 같은 로봇 관절의 상황을 검출하기 위한 센서이고, **외부센서**는 거리센서, CCD 카메라, 힘 센서 등과 같이 대상물이나 환경과의 상대관계를 검출하는 센서이다. 이번 장에서는 실제로 로봇에 쓰이고 있는 센서에 대해서 설명하기로 한다.

4-1 위치·속도센서는 로봇제어의 기본

관절각도, 각속도 검출에는 엔코더, 포텐시오미터, 타코제네레이터, 리졸버 등이 주로 쓰인다. 일반적으로 엔코더는 디지털 출력이며, 그 외에는 아날로그 출력이다.

1 엔코더

관절에 특히 자주 사용되고 있는 것이 **엔코더**이다. 엔코더에는 광학식과 자기식이 있는데, 여기에서는 **광학식 엔코더**에 대해서 설명하기로 한다. 엔코더 출력은 디지털신호로 노이즈에 강하며, 위치와 속도를 검출할 수 있다.

엔코더는 부호판과 포토센서로 되어 있으며, 부호판에는 슬릿이 있어서 부호판이 1 회전하면 2000 펄스 정도의 출력을 얻을 수 있다. 이 펄스를 업다운 카운터로 계측하여 각도를 산출하고, 단위시간 당 펄스 수로 속도를 산출한다. 또한,

통상적으로 모터출력축에는 감속비 100 정도의 감속기가 있기 때문에 모터 입력축에 장착된 엔코더에서도 고분해능으로 출력축 회전각도를 산출할 수 있다. 그림 4 · 1에서와 같이, 엔코더 출력에는 A, B, Z상의 펄스출력이 있으며, A, B상은 각각 90° 위상이 엇갈려 있어 회전방향을 알 수 있다.

출력축에서 볼 때 CW(Clock Wise)가 시계방향이며, CCW(Counter Clock Wise)가 반시계방향이다. 더욱이 A, B상의 상승·하강을 검출함으로써 4배의 분해능을 얻을 수 있다. 또한, Z상은 1 회전에 1 펄스가 출력되므로 로봇의 출력축에 장착된 리밋센서의 신호에 맞춘다면 정밀한 원점검출이 가능하다.

또한 엔코더에는 앱솔루트(절대치) 엔코더와 인크리멘탈(상대치) 엔코더가 있는데, 일반적으로 관절출력축에 장착되어 있는 포토센서나 리밋센서에서 원점출력을 하는 것으로, 인크리멘탈형을 사용하는 쪽이 소형이 된다. 이 밖에도 인크리멘탈형으로 베터리 백업하여 절대치를 얻는 방법도 있다.

여기에서, 앱솔루트 엔코더의 원리를 간단히 설명해 두도록 하겠다. 그림 4 · 2에는 부호판을 전개하여 나타내었다. 4 비트 엔코더에서는 4 쌍의 발광·수광소자가 필요하며 분해능은 $360/2^4 = 22.5°$가 된다. 12 비트로 하면 같은 방식으로

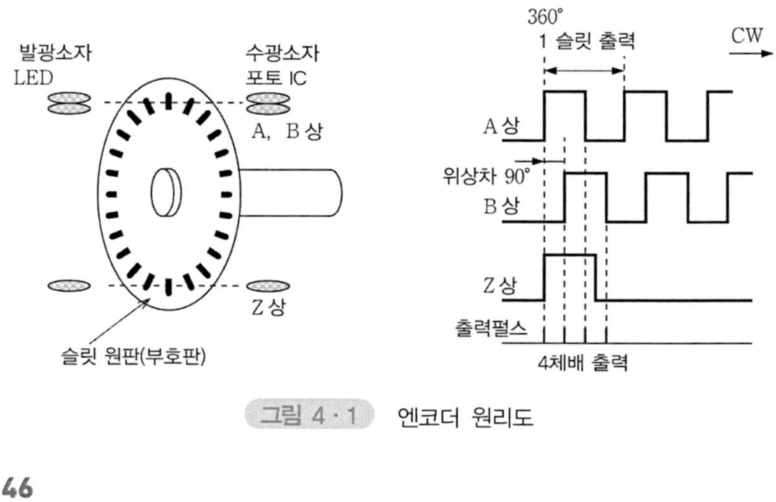

그림 4 · 1 엔코더 원리도

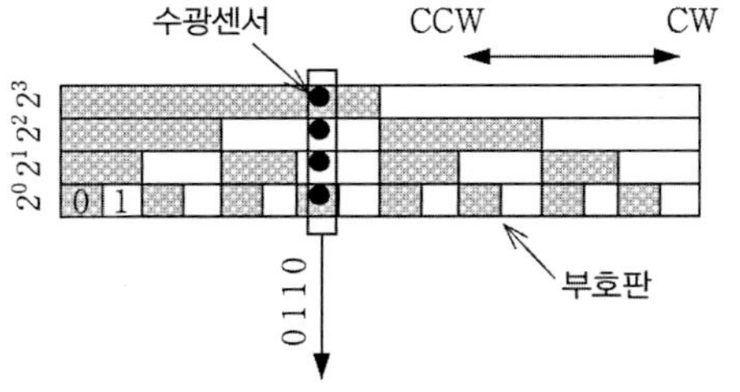

그림 4 · 2 앱솔루트 엔코더의 원리

0.088°가 되는데, 각 소자에 필요한 배선 때문에 신호선의 심의 수가 너무 많아지게 된다.

2 포텐시오미터

포텐시오미터(그림 4 · 3)는 **가변저항기**로서 회전각도에 따라 전압이 출력된다. 볼륨 등에 사용되고 있는 것과 같은 구조이다. 권선형과 도전성 플라스틱을 사용한 전도성형이 있으며, 회전수도 1 회전형과 다회전형이 있다. 다회전형에서는 저항체가 코일 스프링처럼 나선형으로 되어 있다. 최근에는 마모를 방지하기 위

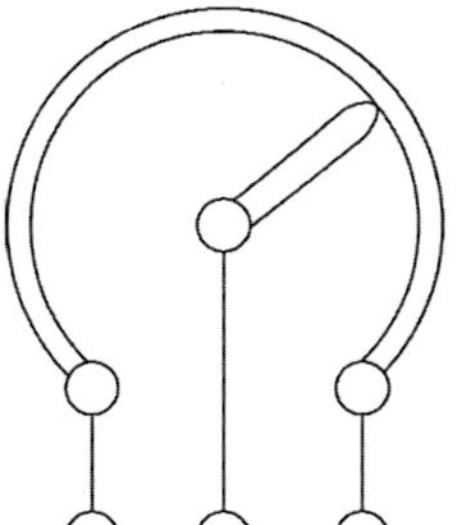

그림 4 · 3 포텐시오미터의 구조

해 광학식으로 비접촉식으로 되어 있는 것도 있다. 출력축에 포텐시오미터를 장착함으로써, 포텐시오미터 출력을 미분하여 속도를 구할 수도 있지만, 로봇의 출력축은 1 회전 정도이기 때문에 정밀도가 낮다. 출력축에 장착되어 있는 포텐시오미터와 모터축에 장착된 인크리멘탈 엔코더를 조합하여 절대위치검출에 사용하는 경우도 있다.

3 리졸버(resolver)

리졸버는 모터코일과 스테이터코일의 위상차에 의해 모터 회전각도를 검출하는 일종의 **변압기**이다. 또한, 위상차를 이용하여 전압제어형 발진기의 출력주파수로부터 속도를 구할 수 있다. 그림 4 · 4에서와 같이 서로 직각으로 배치한 스테이터코일에 위상이 90° 엇갈린 2상의 정현파 전압 ($E\sin\omega t$, $E\cos\omega t$)을 인가하면 회전자계가 형성된다. 이 자계 속에 서로 직각으로 놓인 모터코일에서는 각각의 코일에 위상차가 있는 전압 ($E\sin(\omega t+\theta)$, $E\cos(\omega t+\theta)$)이 발생한다.

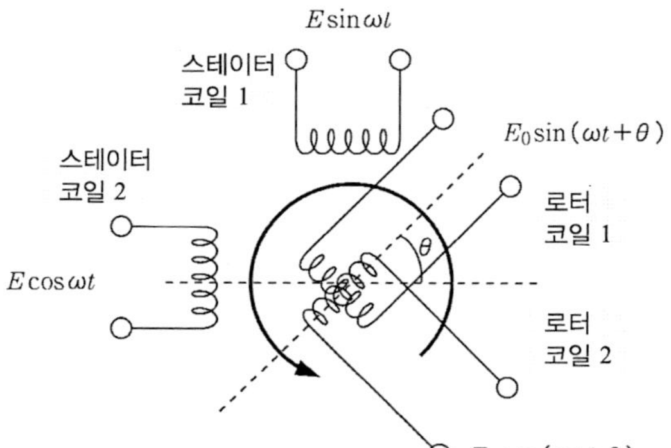

그림 4 · 4 리졸버의 원리

여기에서 스테이터코일과 모터코일과의 회전각을 θ라고 한다. 이것을 위상변별회로에서 분할하며 2^{-17} 등의 고분해능을 얻을 수 있다[37)].

리졸버는 구조가 간단하며 내환경성이 뛰어나기 때문에 원자력용이나 우주용 로봇 관절에 사용된다.

4 타코제네레이터

타코제네레이터는 **속도발전기**이며, 회전각속도에 비례한 전압을 출력한다. 모터와는 반대원리로 영구자석과 코일을 조합하여, 코일에서 발생하는 전류를 출력으로서 검출한다.

예제 **엔코터 분해능과 출력축 정밀도** : 여기에서, 엔코더 분해능과 출력축과의 정밀도관계를 살펴보도록 하자.

감속비 100, 엔코더 분해능 1,024 ppr, 팔 길이 1,000 mm라고 한다면, 이때, 그림 4·5에서처럼 팔 선단에서의 분해능은 얼마나 될까?

먼저, 출력축 환산 분해능 $\Delta\theta$을 구한 후, 선단분해능을 구한다.

$$\Delta\theta = \frac{360}{1\,024 \times 100} = 0.0035°$$

$$\Delta X = L \cdot \Delta\theta = 1\,000\,\text{mm} \times 0.0035 \times 3.14/180 = 0.061\,\text{mm}$$

따라서 백 래시 등을 고려하지 않으면 팔 선단에서의 위치정밀도는 0.06 mm가 된다. 실제로는 4배의 분해능을 가지므로 0.015 mm까지 가능하다.

제어시스템까지 고려하면,

사양정밀도 > 분해능 > 백 래시

가 되도록 전체를 설계를 설계해야 한다.

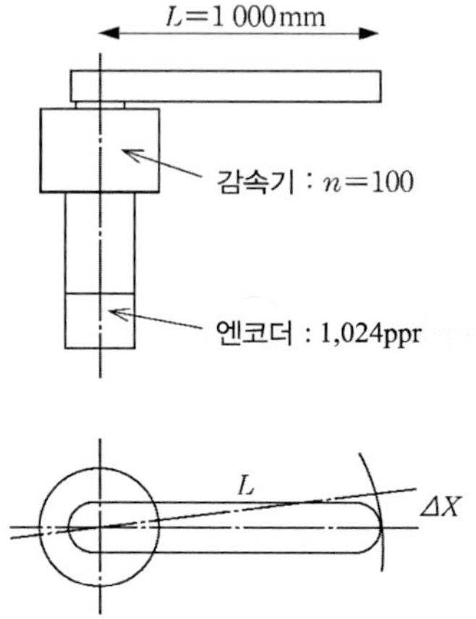

그림 4·5 엔코더 분해능과 위치정밀도

4-2 힘 센서는 어떻게 이루어져 있을까?

로봇은 작업을 할 때 상대와 접촉하면서 작업한다. 예를 들어, 부품을 넣는 삽입작업이나, 연마기 설치 등과 같이 누르는 힘을 조절하는 능력이 필요한 작업에서는 힘을 제어하지 않으면 안 된다. 그러기 위해서는 기계적으로 스프링 등을 사용하여 간섭력을 회피하는 방법과 힘 센서를 사용하여 제어하는 방법이 있다.

REFRESH 9 초기화 동작

로봇에 초기화동작이라고 하는 것이 있다. 이것은 로봇이 자신의 자세가 어떻게 되어 있는지 찾는 동작이라고도 할 수 있다. 즉, 팔을 움직여 원점위치를 검출하는 것으로 절대위치를 산출한다. 그러나 주위에 장애물이 있을 경우 혹은 좁은 환경에서 작업을 하는 로봇은 이런 동작은 할 수 없다. 그렇기 때문에 앱솔루트(absolute) 엔코더 등이 필요하게 되는 것이다.

1 RCC 디바이스

기계적인 방법으로, 삽입작업에서는 그림 4 · 6에서와 같은 RCC 디바이스(Remote Center Compliance)라고 하는 것이 제품화되어 있다[38).

이것은 스프링을 요령껏 배치함으로서 삽입방향과 로봇의 동작방향에 오차가 생겨도 이를 흡수할 수 있는 디바이스이다. 또한, 연마기 작업에는 눌림 방향밖에 없는 스프링으로 일정한 힘을 지지하는 방법이 이용되고 있으므로 간단하면서도 쉽게 힘을 조절할 수 있다. 그러나 여러 방향의 힘을 제어하는 것은 불가능하다.

2 힘 검출의 원리

한편, 힘 센서에는 박육부(薄肉部)에 스트레인 게이지를 붙인 것이 많이 사용되고 있다. 부하에 따라 박육부가 변형되는데, 이 변형량을 스트레인 게이지로 검출하는 것이다. 그림 4 · 7에서부터 4 · 9까지 힘 검출의 원리를 나타낸다.

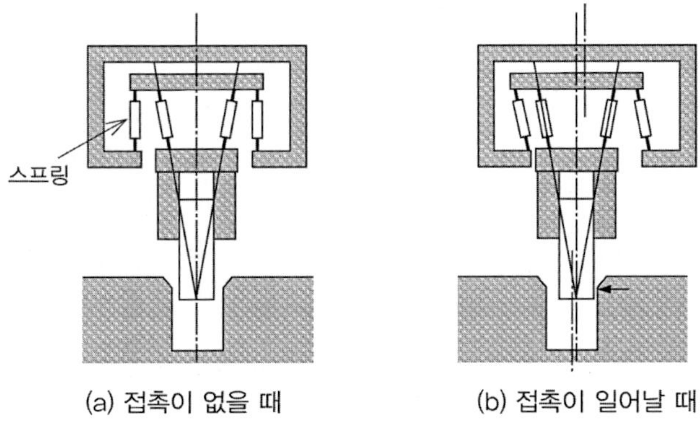

그림 4 · 6 RCC 디바이스

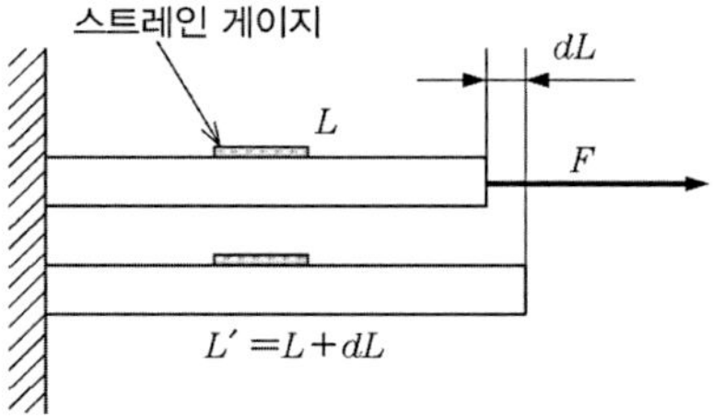

그림 4 · 7 축력의 검출방법

그림 4 · 7에서와 같이 축방향의 힘을 검출할 경우, 스트레인 양 ε, 길이 L, 응력 σ, 단면적 S, 외력 F라고 하면,

$$\varepsilon = \Delta L / L, \sigma = \varepsilon E = F / S \tag{4·1}$$

이 식에 따라 스트레인 양이 검출되면 다음의 수식으로 힘을 구할 수 있다.

$$F = \varepsilon E S \tag{4·2}$$

여기에서, E는 종탄성계수로 재료에 따라 결정되며, $2.1 \cdot 10^5$ MPa(철), $7.2 \cdot 10^4$ MPa(알루미늄)이다 (10 MPa $\approx$ 1 kg_f / mm^2). 스트레인 양을 많게 하기 위해서는 알루미늄이 유리하지만, 강도면에서는 철보다 불리하다.

그림 4 · 8에서와 같이 휘어짐에 의한 힘을 검출할 경우에는 하중점에서부터 게이지까지의 거리를 L, 모멘트를 M라 하면, 최대 휨 응력은 표면에서 발생하므로,

$$\left.\begin{aligned} M &= F \cdot L \\ \sigma &= M / Z = \varepsilon E \end{aligned}\right\} \tag{4·3}$$

여기에서, Z는 단면계수로 단면형상에 의해 결정된다. 두께 h, 폭 b인 구형단면의 경우,

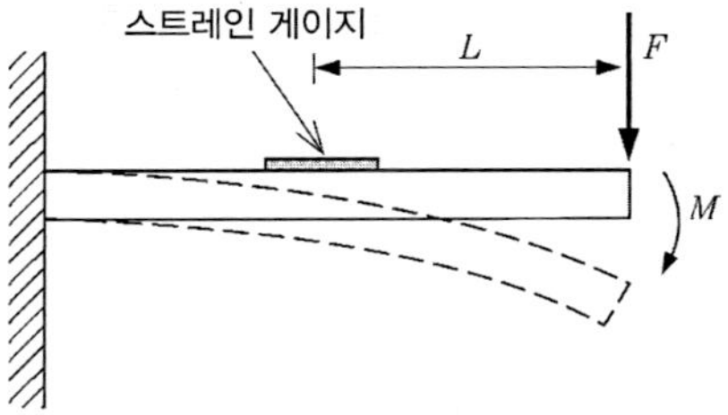

그림 4 · 8 휘어짐에 따른 힘의 검출방법

$$Z = bh^2/6 \tag{4·4}$$

따라서 스트레인 양이 검출되면, 다음의 수식으로 힘을 구할 수 있다.

$$F = \frac{bh^2\sigma}{6L} = \frac{bh^2\varepsilon E}{6L} \tag{4·5}$$

그림 4 · 9에서 알 수 있듯이 비틀림에 의한 토크 T를 검출할 경우, 포아송비를

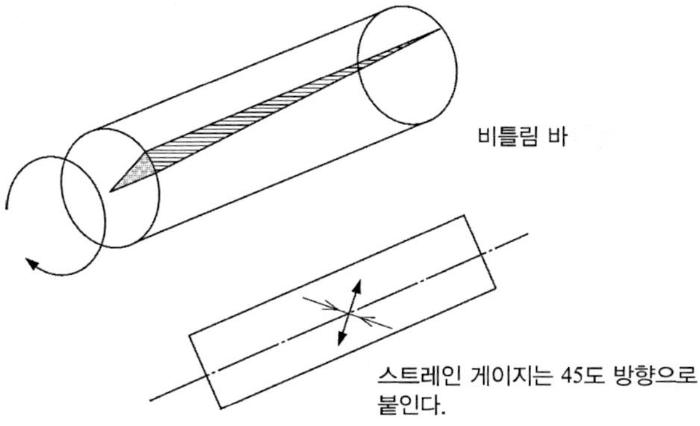

그림 4 · 9 비틀림에 따른 토크의 검출방법

$\nu(=0.3)$, 직경을 d라 하면, 전단 응력 τ_0는,

$$\varepsilon=\frac{\sigma_1}{E}(1+\nu) \tag{4·6}$$

$$\tau_0=\sigma_1=\frac{\varepsilon E}{1+\nu}, \qquad \tau_0=\frac{16T}{\pi d^3} \tag{4·7}$$

이 되므로, 스트레인 양을 검출하면 토크는 다음의 수식으로 구할 수 있다.

$$T=\frac{\pi d^3 \tau_0}{16}=\frac{\pi d^3 \varepsilon E}{16(1+\nu)} \tag{4·8}$$

따라서 스트레인 검출부의 형상은 허용응력 이하로 설계할 수밖에 없지만, 스트레인 양을 많이 얻기 위해서는 강도나 내성이 저하되므로 균형 있는 설계가 필요하다. 또한, 수식 (4·5)는 중요하며 강도계산을 할 때 자주 사용된다.

3 | 6축 힘센서

통상적으로 로봇의 경우 6축의 힘을 검출하여 **힘 제어**를 하기 때문에, 단일 축을 갖는 로드셀과 같은 것 보다 **6축 힘센서**(6축력각(覺) 센서, 또는 힘 토크 센서라고도 함)로 로봇 팔부의 손목에 센서를 장착하는 경우가 많다. 그림 4 · 10에서와 같은 6축 힘센서는 취급이 간단하고 부하측에 가깝기 때문에 검출 정밀도도 높다.

하지만, 각 관절이나 링크부에 힘이 가해져도 외력은 검출되지 않는다. 이와 같은 경우에는 각 관절에 토크센서를 사용하는 경우도 있다. 또한, 스트레인 게이지를 사용하는 경우에는, 4게이지에서 브리지회로를 조합함으로서 온도보상도 가능해지고 고출력을 얻을 수 있다.

6축 힘센서는 콤팩트하며 고강성이기 때문에 구성이 복잡하다. 또한, 검출되

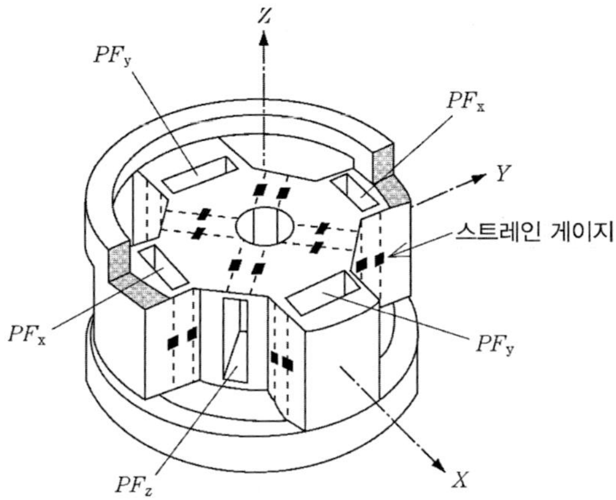

그림 4 · 10 6축 힘센서[39)]

는 6 힘력은 **크로스 토크**(타축에서의 간섭)의 영향도 작게 해주어야 한다. 더욱이 손끝을 부딪치면 힘 센서가 망가지기 때문에, 기계적으로 보호할 수 있도록 고안되어 있다. 검출분해능은 통상적으로 정격토크의 천분의 일 정도라고 알려져 있다. 최근 제품에는 센서 처리회로(A/D 변환, 스트레인 게이지 교정 매트릭스)가 센서 본체에 장착되어 있어 노이즈에 강하며, 계산기와의 인터페이스를 지원하는 보드나 소프트웨어 라이브러리도 준비되어 있다.

REFRESH 10 로봇으로 집다

로봇으로 물건을 집는 것은 사실 어렵다. 고장 나기 쉬운 물건을 집을 때는 악력을 제어해야 한다. 또한, 실제로 우주나 원자력발전소 등에서 작업할 경우에는 물건이 빠져 떠다니거나, 화로 안으로 떨어져버리면 그로 인해 사고를 유발할 수 있으므로, 파지(把持)에 많은 신경을 써야 한다. 이처럼 환경에 따라 한 번 떨어진 물건을 다시 주울 수 없는 경우가 있다. 물건이 있는지 확인하는 센서를 추가하거나, 눌러서 마찰로 집는 것(마찰파지)뿐만 아니라, 기계적으로 걸어 파지(기계파지)하거나, 놓을 때는 2중, 3중으로 확인한 후 개방하는 등과 같은 조치를 하여야 한다.

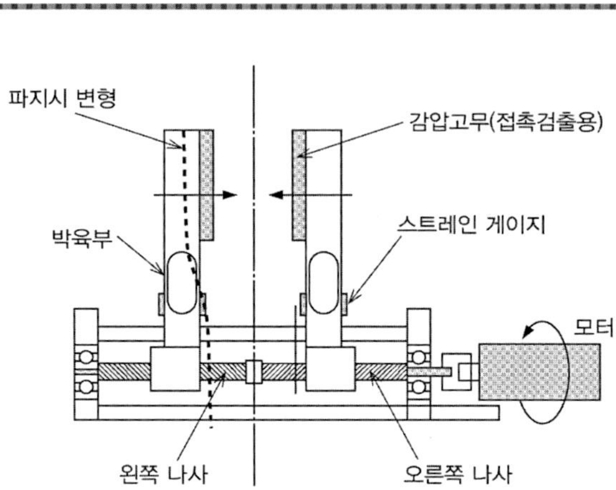

그림 4 · 11 그리퍼 악력센서의 응용 예

그림 4 · 11에는 로봇 핸드에 스트레인 게이지를 부착하여 악력 센서를 구성한 예를 나타내었다. 손가락에는 박육부를 설치하여 평행판 스프링으로 하였다. 응력은 박육부 끝에서 최대가 되므로, 끝 부분에 스트레인 게이지를 부착하였다.

4-3 가까운 것을 검출하기 위해서는?

로봇이 대상물에 접근하고 난 후 파지하는 경우 등에는 정밀하게 위치를 파악할 필요가 있다. 통상적으로 거리센서나 화상으로 대략적인 위치정보를 얻고, 접근한 후에는 근접센서로 미세한 위치를 조정한다. **근접센서**로는 정전용량의 변화를 검출하는 것, 와전류의 변화를 검출 것이 주로 이용된다. 그밖에 포토인터럽터를 이용한 것, 기계적으로 접촉하는 것으로는 리밋 스위치가 있다.

1 와전류식 근접센서

고주파 코일에 도체를 가까이 가져갔을 때의 전자유도효과를 이용한 것으로,

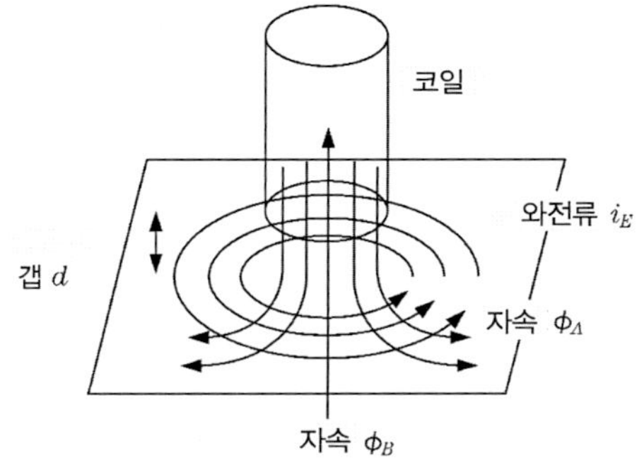

그림 4·12 와전류식 근접센서(임피던스의 변화를 검출)

근접시켰을 때의 구동회로의 임피던스 변화나 코일의 유도전압을 검출한다. 코일에 전류를 흐르게 하면 자속 ϕ_A가 발생한다. 여기에 도체가 근접하면 자속이 뚫려 그림 4·12에서와 같은 와전류 i_E가 흐른다. 이 와전류는 갭(gap) d가 작을수록 많아지며, 이 자속 ϕ_B는 본래의 자속을 방해하는 방향으로 발생한다. 이 자속분으로 인해 전류가 변화하기 때문에 임피던스가 변화한다. 금속표면에 흠집이 있으면 와전류가 잘 흐르지 않으므로 용접 후의 흠집센서로도 흔히 이용된다.

2 | 정전용량식 근접센서

갭 간의 정전용량변화를 이용한 것이다. 그림 4·13과 같이 맞대하고 있는 2장의 금속판에 의해 축전기가 구성된다. 판의 면적을 S, 갭을 d, 금속 간 물체 유전율을 ε라고 하면, 그 정전용량 C는 다음 식과 같다.

$$C=\varepsilon\cdot\frac{S}{d} \tag{4·9}$$

대상물이 도체인 경우는 근접함에 따라 용량이 증가한다. 또한, 대상이 도체가 아닌 경우에는 금속판을 병렬로 배치하여, 대상을 유전체로 간주하고 높은 유전

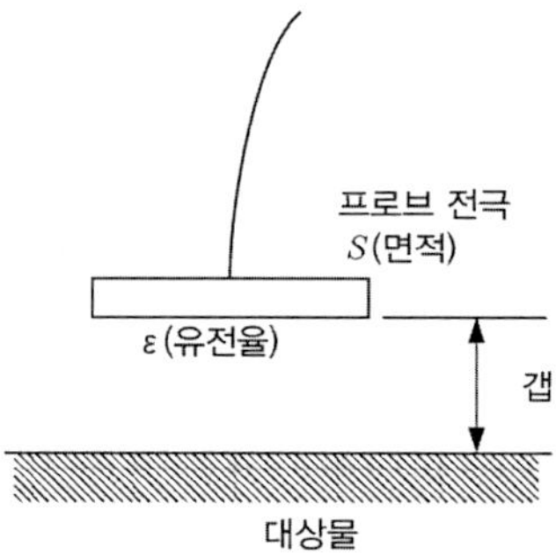

그림 4 · 13 정전용량식 근접센서(정전용량의 변화를 검출)

율을 지닌 것이 근접하면 2장의 전극판 간의 용량이 증가하므로 이를 이용하여 거리를 측정한다.

3 광학식 근접센서

그림 4 · 14에서와 같이 빛의 차단이나 반사를 이용하여 장해물 유무나 거리 등을 검출하는 것이다. **광원**으로는 LED(발광 다이오드), **수광소자**는 포토다이오드, 포토트랜지스터, PSD(Position Sensitive Detector) 등이 있다. 또한, 광섬유를 이용할 수도 있기 때문에 검출부를 소형화할 수 있다. 발광부와 수광부를 일

그림 4 · 14 포토인터럽터(광전식 센서)

체화 한 것을 **포토인터럽터**라고 하며, 투과식과 반사식 구성이 있다. 또한, 반사식은 거리에 따라 수광량이 변화하는 것을 이용하여 거리를 계측할 수 있으나, 대상물의 표면특성에 의존한다. 그리고 LED 대신에 레이저다이오드를 이용하면 장거리 계측도 가능하다.

4 | 기계식 리밋 스위치

이는 그림 4 · 15에서와 같이 레버로 스위치의 접점을 기계적으로 접촉시키는 것이다. 기계식 **리밋 스위치**, **마이크로 스위치**라고 한다. 다른 센서는 비접촉식이었지만, 이것은 접촉식이기 때문에 확실하다. 관절의 동작범위 안에서의 검출은 포토인터럽터와 함께 자주 사용된다.

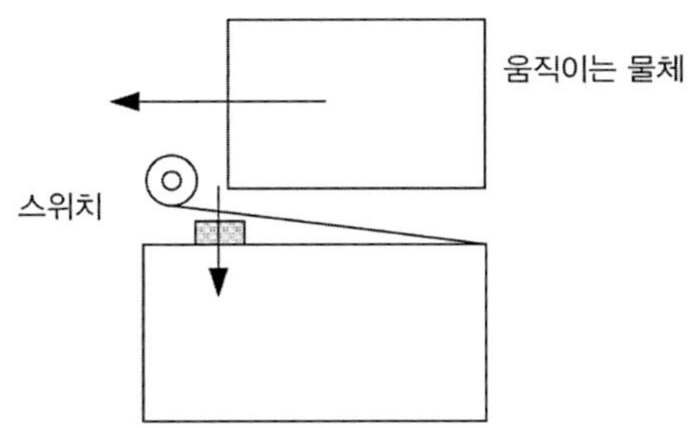

그림 4 · 15 마이크로 스위치

4-4 어떻게 거리를 측정할까?

거리계측으로는 초음파식 거리센서, 레이저 거리계, CCD 카메라를 이용하여 화상처리하는 방법 등이 있다. 초음파식은 반사파가 왕복하는 시간을 측정하는 것으로, 정밀도는 높지 않지만 간단히 대략적인 거리정보를 얻을 수 있다. 레이저광이나 CCD 카메라를 이용하는 계측법은 삼각측량의 원리에 의한 것이다. 특히 레이저를 이용한 것은 지향성(指向性)이 높고, 정밀한 계측이 가능하다. 카메라를 이용하면 대상물까지의 단순한 거리뿐만 아니라 형상도 판단할 수 있기 때문에, 스테레오 시각시스템, 스릿광투영법, 스폿광투영법, 능동시각시스템(핸드아이 카메라)이 있다. 일반적으로, 실시간으로 3차원 형상데이터를 작성하기 위해서는 상당한 시간이 걸린다.

카메라를 사용한 경우, 레이저광을 비추는 대신 대상물 측에 타깃마크를 부착할 수 있으면 보다 간단히 위치계측을 할 수 있다. 타깃마크에는 LED나 칼라볼(색으로 인식)을 입체적으로 배치한 것 등이 있다.

1 초음파식 거리센서

압전 세라믹의 압전효과를 이용한 것이 많다. **압전효과**에는 압전기 직접효과(수신기)와 압전기 역효과(발신기)가 있기 때문에, 한 개의 압전 세라믹으로 겸용할 수도 있다. 그림 4·16에서와 같이 거리를 L, 음의 속도를 V, 기온을 T로 하면, 음의 반사시간 t에 의해 거리를 수식 (4·10), (4·11)과 같이 구할 수 있다.

$$L = V \cdot \frac{t}{2} \qquad (\theta \fallingdotseq 0^\circ) \tag{4·10}$$

REFRESH 11 동작범위 관리

동작범위의 관리는 각 관절에 대해 내부부터 순서대로 소프트웨어에 의한 감시, CPU를 통하지 않는 리밋스위치에 의한 감시, 마지막으로 기계적인 메커니컬 스토퍼에 의한 정지가 이용되고 있다. 일반적으로는 작업공간에서 동작범위를 지정하고 싶어도 로봇은 다관절기구이기 때문에 곤란하다. 미래에 인간과 공존하는 로봇에서는 어떻게 동작범위를 관리하는 것이 좋을까?

동작범위 : 메카니컬 스토퍼 > 리밋 스위치 > 소프트웨어 리밋

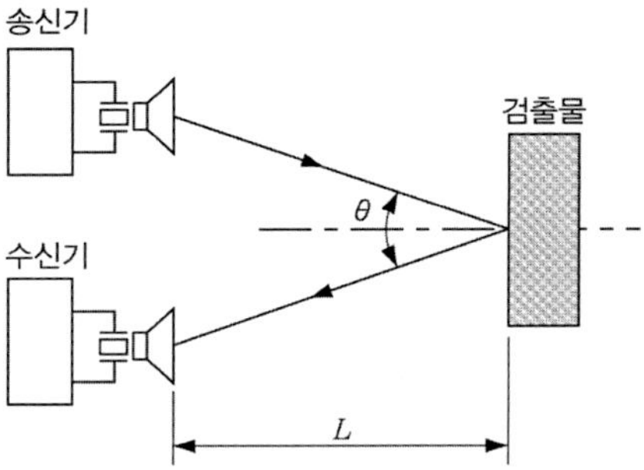

그림 4 · 16 초음파에 의한 거리계측

$$V=331.5+0.6\cdot T \tag{4·11}$$

초음파센서는 지향성이 광범위하기 때문에 한 점의 계측이나 작은 물체를 검출할 수는 없으며, 다른 곳에서의 반사에 의해 오차가 발생하기 쉽고, 파장에 의해 분해능이 결정되는 등의 특징이 있다. 이에 비해 복수의 발신·수신기를 이용하여 지향성을 높이거나, 되도록 높은 주파수의 초음파를 이용하는 등의 대책법이 고안되고 있다[40]. 분해능이 파장 λ의 1/2이라고 하면 $\lambda=V/f$이므로, $V=$ 340 m/s, $f=$100 kHz일 때 1.7 mm가 된다.

이동로봇에서는 장해물을 검출하기 위해 초음파센서가 주로 사용된다. 이것은 어떤 방향에 장해물이 있는지 없는지의 여부를 간단하게 검출할 수 있기 때문이다.

2 | 거리 측정기(range finder)

레이저광을 대상물체에 비추어 그 반사광의 위치를 검출하여 삼각측량에 의해 거리를 구하는 시스템이다. 거울을 이용하여 대상물에 레이저광을 비추고 반사광을 렌즈를 통해 CCD나 PSD로 검출한다. 그림 4 · 17에서와 같이 레이저광의 조사방향각도를 θ, 검출위치를 x_s, 센서와 렌즈 중심간 거리를 d라고 하면, X-Z 평면에서의 대상물 위치 P(x_p, z_p)는 렌즈 초점거리를 f로 하여 수식 (4·12)~(4·14)로 구할 수 있다.

$$\left.\begin{aligned} f/x_s &= z_p/x_p \\ \tan\theta &= z_p/(d-x_p) \end{aligned}\right\} \tag{4·12}$$

$$\left.\begin{aligned} x_p &= \frac{d\cdot\tan\theta}{f/x_s+\tan\theta} \\ z_p &= \frac{d\cdot\tan\theta}{1+x_s\cdot\tan\theta/f} \end{aligned}\right\} \tag{4·13}$$

더욱이 y 방향의 위치는 레이저광을 지면수직방향으로 진통시켜 동일한 방법으로 구할 수 있다.

$$y_p = y_s\cdot z_p/f \tag{4·14}$$

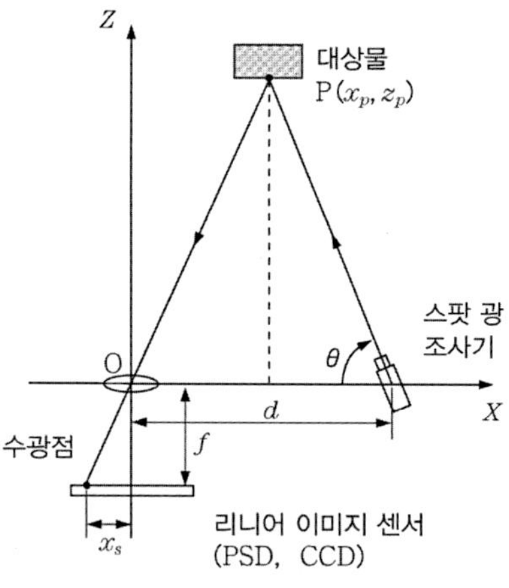

그림 4 · 17 삼각계측에 의한 거리계측[40)]

3 | 3차원 형상계측법

CCD 카메라를 이용한 3차원 위치계측에는 다양한 방법(그림 4 · 18)이 있다. 여기서, 스릿광투영법, 스팟광투영법은 기본적으로 거리 측정기와 같은 원리이다. **스릿광투영법**은 광절단법이라고도 하며, 빛을 스릿에 통과시켜 대상물체에 닿게 하는 방법이다. 스릿광을 대상물에 쬐여, 화상으로 얻어진 직선군에서부터 굴절된 점까지를 이어 주면 윤곽이 잡히는데, 그 점을 삼각측량에 따라 거리를 계측하면 3차원 형상을 얻을 수 있다. 이와 같이 얻어진 화상을 **거리화상**이라고 한다.

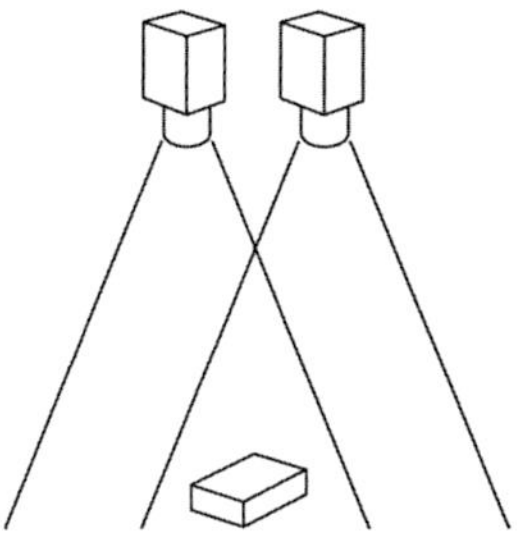

(a) 스테레오 카메라법

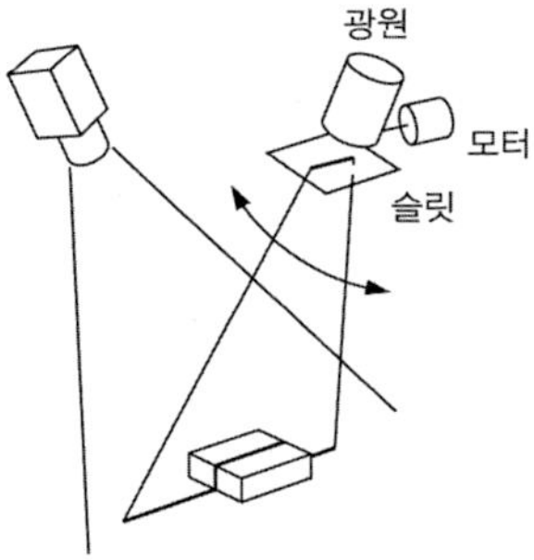

(b) 슬릿광 투영법

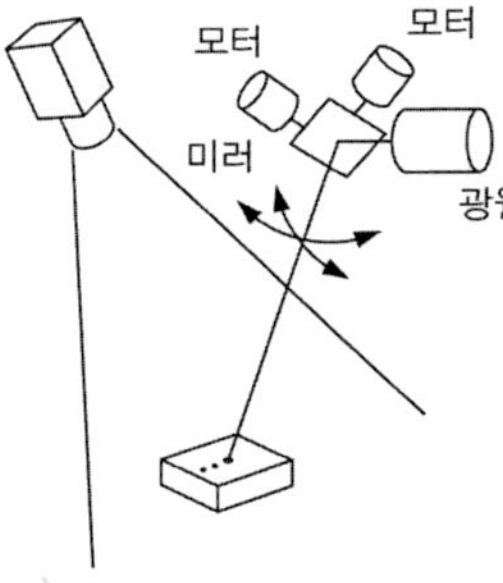

(c) 스팟광 투영법

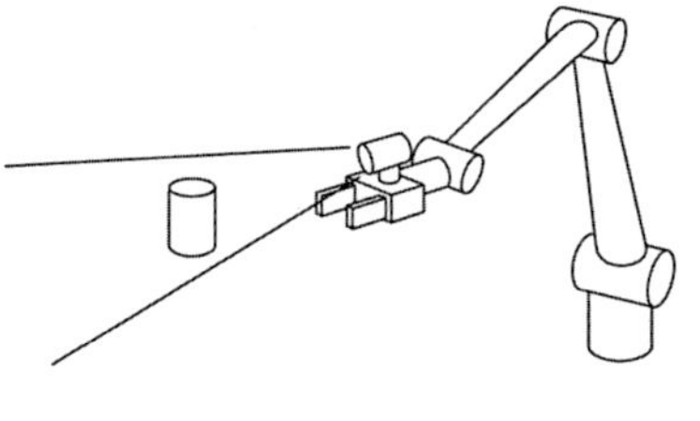

(d) 능동 카메라법

그림 4 · 18 3차원 계측방법[40)]

2대의 카메라를 사용한 **스테레오 카메라법**은 인간의 눈과 같은 원리로 2대의 카메라를 이용하여 거리를 계측한다. 그림 4 · 19에서처럼 좌우 카메라 화면에 얻어진 대상 점의 좌표식을 $P_r(x_r, y_r)$, $P_l(x_l, y_l)$이라고 하면, 로봇 좌표계에서의 좌표값 $P_0(x_0, y_0)$는 다음의 식으로 구할 수 있다.

$$\frac{x_l}{f}=\frac{x_0}{z_0}, \qquad -\frac{x_r}{f}=\frac{d-x_0}{z_0} \tag{4·15}$$

여기에서 카메라의 초점거리를 f, 2대의 카메라 렌즈 중심 C_r, C_l 간의 거리를 d라고 하자. 이상의 관계에서 P_0를 구할 수 있다.

$$\left.\begin{aligned} x_0&=\frac{x_l \cdot d}{x_l-x_r} \\ z_0&=\frac{f \cdot d}{x_l-x_r} \end{aligned}\right\} \tag{4·16}$$

Y 방향의 거리도 같은 방식으로 구할 수 있다.

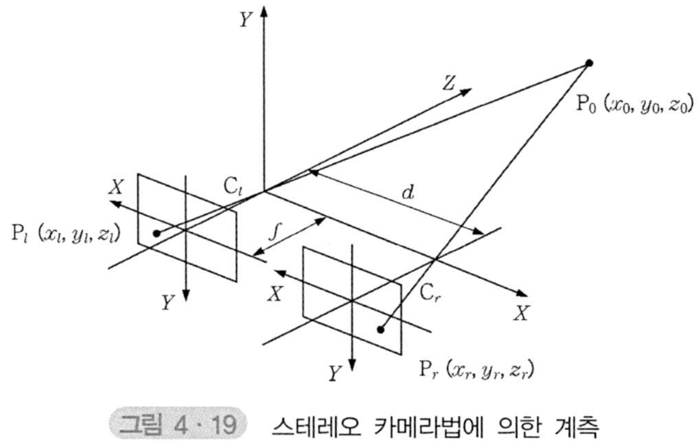

그림 4 · 19 스테레오 카메라법에 의한 계측

$$y_0 = \frac{y_l \cdot d}{x_l - x_r} \tag{4·17}$$

4 | 능동 카메라법

핸드 아이 카메라라고도 하며, 로봇의 손끝에 카메라를 탑재하고 위치자세를 바꾸면서 2차원 화상을 계측해 가면 3차원 화상을 얻을 수 있다. 손끝에 카메라가 있기 때문에 자유롭게 여러 방향의 화상을 얻을 수 있고, 보기 쉬운 위치에 카메라를 설정할 수도 있으며, 특정 대상물을 계측할 수 있다는 특징이 있다.

더욱이 카메라 화상으로 위치를 계측하여 로봇 팔의 위치를 정하는데 피드백 해주는 것을 **비쥬얼 피드백**이라고 한다. 이것에 의해 대상물의 검출, 접근, 이동 물체의 추적(타깃 · 트래킹) 등이 가능하다.

그림 4 · 19에 카메라를 이용한 계측법을 제시하고, 표 4 · 1에 거리센서의 특징을 정리하였다.

표 4.1 거리센서의 특징[41),42)]

	검출범위	분해능	비고
초음파	0.6~6 m	1 cm~	지향성이 넓음 액면에서도 가능
레이저 거리계	~35 cm ~5 m	10 μm~ 1 mm~	고정밀도
와전류	0~10 mm	0.3~2 μm (0.03%FS)	근접센서 고정밀도 금속면에 한함
정전용량	0.01~10 mm	3 μm~ (0.2%FS)	근접센서
광전스위치	7 mm~10 m		간단

(FS : Full Scall)

REFRESH 12 모션 캡처

현재, 게임 등에서 리얼한 인간의 동작을 컴퓨터 그래픽(CG)로 표현하는 것에 이용되고 있는 모션 캡처에는 관절에 센서를 장착하는 것 외에 스테레오 시각시스템을 이용한 것도 있다. 손발의 관절부에 LED나 컬러볼을 부착시켜 카메라로 각 점의 변화를 검출하여 CG를 움직이고 있다.

4-5 그 밖에 어떤 센서가 있을까?

로봇에는 이 밖에도 다양한 센서가 사용된다. **촉각센서**라고 해서, 압력에 의해

REFRESH 13 손과 팔

인간의 팔은 7 자유도이며, 손은 20 자유도라고 알려져 있다. 손은 매우 복잡하여, 손가락 한 개가 팔 하나에 해당된다고 생각된다. 5개의 손가락을 어떻게 협조시키면 잘 움직이게 할 수 있을까? 그림 4·20에서와 같이 다지(多指) 핸드로봇은 펜을 바꿔 쥐고 글씨를 쓸 수 있다.

그림 4·20 다지(多指) 핸드로봇[43)]

전압이 변화하는 감압고무나 감압필름을 로봇핸드에 응용할 수도 있다. 또한, 핸드용 센서는 아직 제품이 적고, 실리콘오일과 압력센서를 조합한 손가락 끝용인 **압각 센서**[43)]나, 물체를 파지할 경우 롤러 회전각으로부터 미끄럼양을 검출하는 **미끄럼각 센서**[40)]가 개발되어 있다. 로봇핸드는 팔에 비해 아직 개발해야 할 요소가 많다. 이밖에도 레이트 자이로를 이용한 로봇의 자세를 검출하거나, 적분하여 이동로봇의 이동양을 산출할 수 있다. 인간을 검출하기 위한 초전형(焦電形) 적외선센서가 있다.

4-6 센서와 제어의 관계는 어떻게 되어 있을까?

이상에서와 같이 로봇에 주로 사용되는 센서에 대해서 설명하였다. 특히 무엇을 제어하는지에 따라 적합한 센서를 적합한 장소에 배치할 필요가 있다. 그림 4 · 21에서와 같이, 모터입력축에 장착한 엔코더에서 분해능적(分解能的)으로는 출력측 선단에서의 위치제어를 할 수 있지만, 모터 출력측에 백 래시가 있으면 정밀하게 움직일 수 없다. 이와 같은 경우에는 그림 4 · 22에서와 같이 출력축에 위치센서가 필요하다. 전자는 **반밀폐제어**, 후자는 **폐루프제어**라고 한다. 폐루프제어에서는 통상적으로 반밀폐제어를 내포하고 있어 백 래시 등에 대한 제어성이 안정적이다.

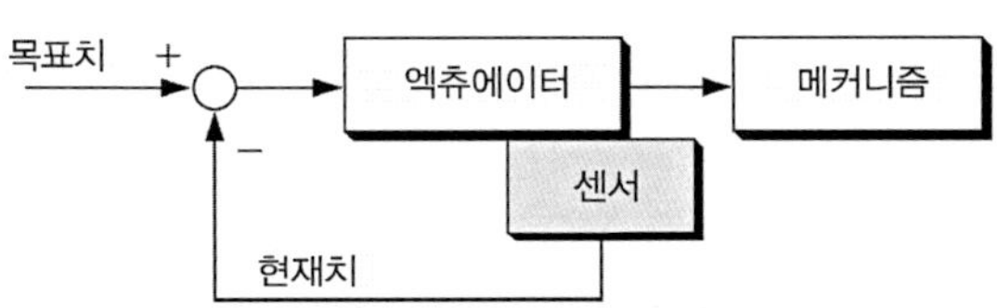

그림 4 · 21 반밀폐제어

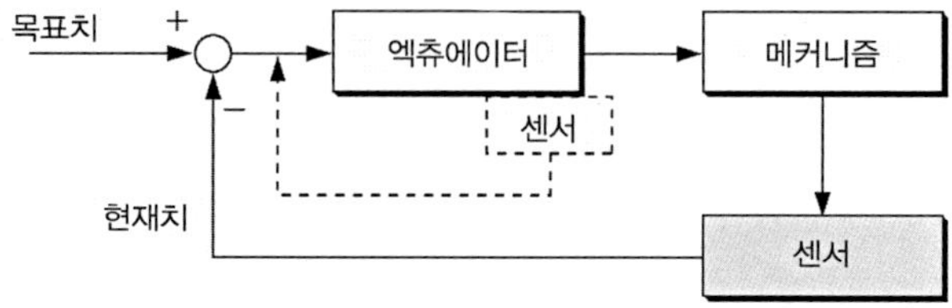

그림 4 · 22 폐루프제어

또한, 스테핑모터에서는 입력펄스에 대응하여 출력축이 일정 각도씩 스텝 상으로 회전하기 때문에 그림 4 · 23과 같이 센서가 없는(피드백 없이) 오픈루프로 위치제어나 속도제어가 가능하여 구성이 간단하지만, 위치결정 분해능이나 제어성은 서보모터와 엔코더의 조합보다 나빠진다.

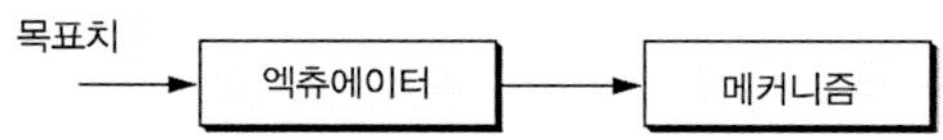

그림 4 · 23 오픈루프제어

트라이얼 4

4-1 그림 4 · 24의 브리지회로에 있어서, 서로 마주보고 있는 두 변에 스트레인 게이지를 장착하면 스트레인의 감도가 2배가 되어 온도변화가 캔슬되는 이유를 설명하시오.

4-2 로봇 팔이 컵을 집기까지 원거리 시, 근접 시, 접촉 시의 센서를 어떻게 구분하여 이용하면 되는지 생각해보자.

4-3 인간을 발견하기 위한 센서에는 어떤 것이 있는지 생각해보자.

4-4 로봇이 동작하고 있을 때에는 다가가지 않는 것이 좋은데, 어떤 센서시스템을 이용하면 좋은지 생각해보자.

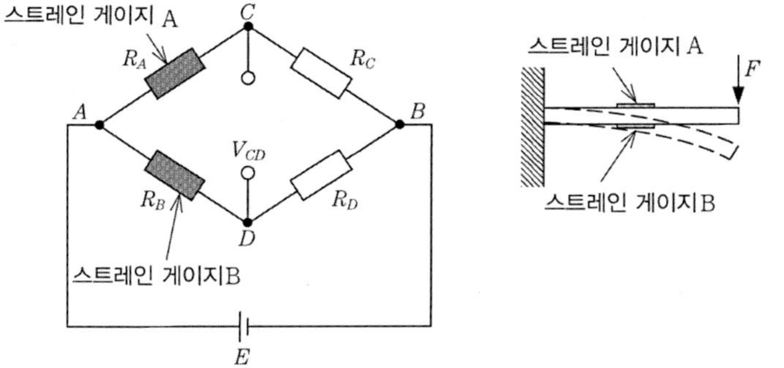

그림 4 · 24 스트레인 게이지 브리지회로

4-5 인간과 함께 일하는 로봇에는 어떤 센서가 필요할지 생각해보자.

5

CHAPTER

로봇용 액추에이터

로봇 액추에이터로 흔히 사용되는 것은 **서보모터**이다. 서보모터는 취급이 용이하며, 소형·고토크, 여기에 응답성이 좋아 자주 사용된다. 특히 **AC 서보모터**는 브러시가 없고, 메인터넌스 프리이기 때문에, 산업용 로봇은 대부분 AC 서보이다. 1980년 이후는 대부분의 산업용 로봇은 유지보수가 용이하다는 이유로 유압모터에서 전동모터로 바뀌어 갔다.

한편, **유압 액추에이터**는 고출력이기 때문에, 큰 토크가 필요한 용도에 적합하다. 또한, **공압 액추에이터**는 안전하고 깨끗한 액추에이터이다.

이밖에도 초음파 모터, 정전 액추에이터, 압전 액추에이터, 형상기억합금, 수소흡장합금, FMA(플렉시블 마이크로 액추에이터) 등 다양한 액추에이터가 개발되고 있다. 특히 초음파 모터는 카메라 렌즈 구동에 이미 응용되고 있다.

5-1 액추에이터에는 어떤 종류가 있을까?

1 액추에이터 분류

액추에이터에는 다음과 같이 여러 종류가 있다. 표 5·1에 종류별 액추에이터의 특징을 정리하였다. 또한, 전자력 모터 이외의 액추에이터에 대해 간단히 설명하도록 하겠다.

- 유압 액추에이터(모터·실린더)
- 공압 액추에이터(모터·실린더)

표 5.1 종류별 액추에이터의 특징

종류	특징	용도	비고(구성)
유압 액추에이터	고출력 기름 누출 · 기름 관리가 필요	건설기계, 공작기계, 산업용 로봇	펌프 · 유압원 · 배관 · 서보밸브
공압 액추에이터	고속이동 압축성, 안전, 깨끗함	공압을 이용한 핸드, 전철 문	압축기 · 배관 · 서보밸브
전자력모터	작동이 쉬움, 깨끗함, 제어성이 좋음	용도 다수	전원 · 모터드라이버
형상기억합금	구조체를 겸함 응답성이 약간 늦음	안경테, 조인트(커플링) 등	(가열 · 냉각)
초음파모터	경량 · 소형, 브레이크 필요 없음	카메라 렌즈 구동 등	(압전세라믹)

- 전자력모터
  - 유도모터(인덕션모터)
  - 동기모터(싱크로너스모터)
  - AC 서보모터
  - DC 서보모터
  - 브러실리스 DC 서보모터
  - 다이렉트 드라이브 모터
  - 스테핑모터
  - 리니어모터

기타 액추에이터

- 초음파모터
- 정전 액추에이터(electro static actuator)
- 압전 액추에이터(piezoelectric actuator)

- 형상기억합금(SMA, Shape Memory Alloy)
- 메카노케미컬
- FMA(Flexible Micro Actuator)
- 수소흡장합금(metal hydride)
- 인공근력

2 유압 액추에이터

유압 액추에이터에는 회전운동을 하는 유압모터와 직선운동을 하는 유압실린더가 있어, 압력을 기계적 에너지로 변환하는 것이다. **유압실린더**는 실린더 안에 피스톤이 있어 피스턴 양끝의 작동유의 차압에 의해 왕복운동을 한다. 그림 5·1에서와 같이, 고압측압력 P_1, 저압측압력 P_2, 단면적 A, 가중압력계수(접동부의 마찰계수)를 λ라고 하면, 추력 F는 다음과 같은 식이 된다.

$$F = (P_1 - P_2) A\lambda \tag{5·1}$$

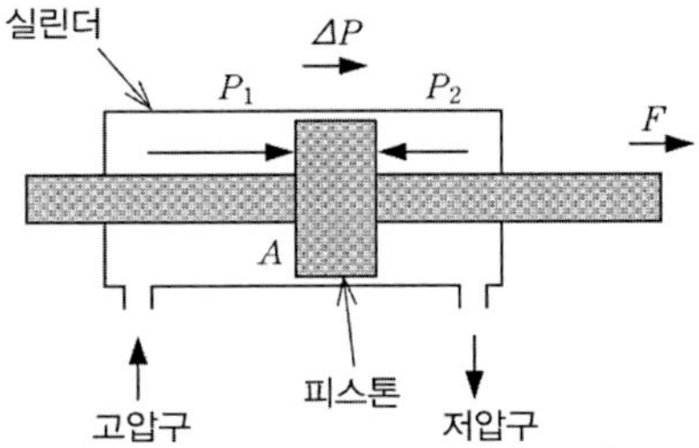

그림 5·1 피스톤실린더 구조

3 | 공압 액추에이터

유압 액추에이터와 거의 비슷한 원리지만, 압축성이 있는 공기를 매체로 하고 있다. 이 때문에 부하에 의해 속도가 변동하기 쉽고, 정밀한 위치결정이 어렵기 때문에 온오프제어가 주체가 된다.

4 | 초음파모터

접촉면에서 압전소자에 의한 초음파진동에 의해 진행파를 생성함에 따라 두 개의 면이 마찰에 의한 상대운동으로 구동되는 것이다. 소형이며 정지시 홀딩토크가 크기 때문에 브레이크가 필요없다.

5 | SMA

Ti-Ni 등의 합금으로 형상을 소성변형시켜도 어느 일정 온도가 되면 원래의 형상으로 되돌아오는 **형상기억효과**를 이용한 액추에이터로, 열-기계에너지 변환 소자이다. 이것은 마르텐사이트 상태변화에 의해 일어나며, 100 MPa 이상의 큰 힘을 발생시킬 수 있다. 그러나 스트레인양이 2~5%로 작기 때문에 변위를 확대하는 등의 기구가 필요하다. 또한 온도변화에 의한 변위이므로 응답성이 다소 낮다는 결점이 있다.

6 | FMA

그림 5 · 2와 같이 단면이 3실(室)로 분리된 실리콘고무로 구성되어, 둘레방향은 섬유로 강화되어 있기 때문에 압력이 가해지면 지름방향으로 팽창하지 않고 축방향으로 늘어난다. 3실에 대한 압력을 조절하면 축주변의 구부러짐과 축방향 연신의 3 자유도를 실현할 수 있다.[32)]

SMA, FMA 모두 수축력 또는 연신력만 발생되기 때문에, 되돌리는 힘을 발생시킬 필요가 있다. 그림 5 · 2에 기본구성을 나타내었다.

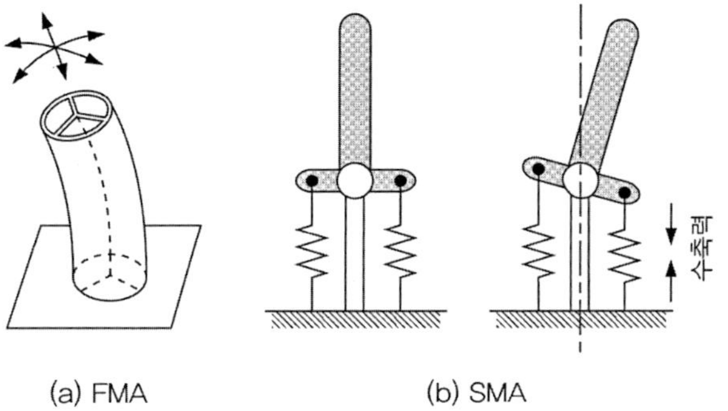

그림 5 · 2 기타 액추에이터의 예(FMA와 SMA)

REFRESH 14 **FMA의 개발**

FMA는 간단한 구조로 되어 있고 동작도 생물적이서 매우 독특한 액추에이터이다(그림 5 · 3). FMA으로 핸드를 구성하면 유연하기 때문에 들기 어려운 물건, 망가진 물건을 간단히 집을 수 있다.

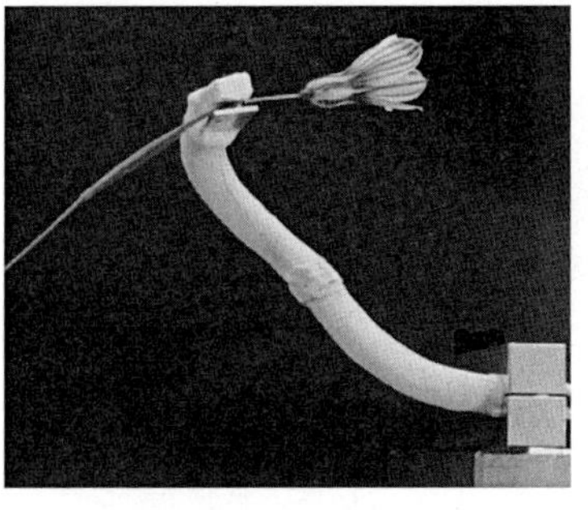

그림 5 · 3 FMA[32)]

5-2 전자력 모터를 모델화 해보자

제어시스템을 해석하기 위해 주로 사용하는 모터에 대한 모델화와 그 특성에 대해 살펴보도록 하겠다. 여기에서는 그림 5 · 4에서와 같이 DC 모터의 등가회로를 모델화하도록 하겠다. 모델화하면 모터의 특성을 쉽게 이해할 수 있고, 또한 특성을 개선하기 위한 방법까지 검토할 수 있다. 게다가 로봇 관절에 대한 특성을 평가할 때 기본이 된다.

L_a는 전기자권선 인덕턴스, R_a는 내부저항, E_c는 모터가 회전 중 발생하는 유도전압으로 한다. 이때 전류 i_a가 등가회로에 흐르면 다음과 같은 수식관계가 성립된다.

$$\left.\begin{aligned} &E_b = L_a \frac{di_a}{dt} + R_a i_a + E_c \\ &T = T_l + T_m = i_a K_t, \qquad E_c = K_e N \end{aligned}\right\} \tag{5·2}$$

여기에서 K_e : 유도전압정수(역기전력정수), K_t : 토크정수, N : 회전수, T : 발생토크, T_l : 모터의 밖으로 빼낼 수 있는 토크, T_m : 모터의 내부에서 소비되는 토크이다.

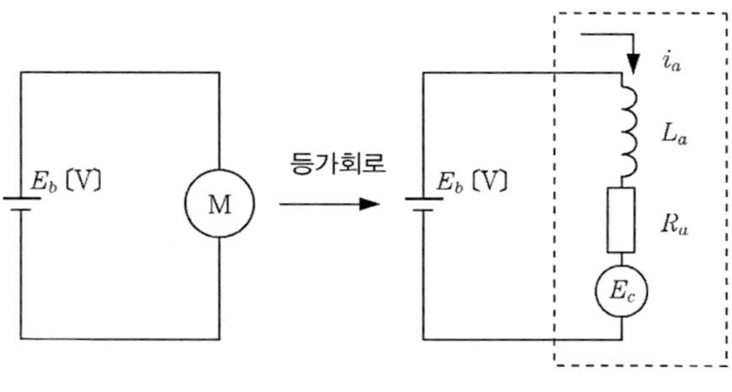

그림 5 · 4 모터의 모델화

정상상태에서는, $di_a/dt=0$이므로 다음과 같은 수식이 성립된다.

$$E_b=R_a\frac{T}{K_t}+K_eN \tag{5·3}$$

이로써, DC 모터의 T-N 곡선은 그림 5 · 5와 같이 된다. $T=0$일 때, 모터회전수는 최대 N_{max}가 되며, $N=0$일 때, 모터토크는 최대 T_{max}가 된다.

$$N_{max}=\frac{E_b}{K_e} \tag{5·4}$$

$$T_{max}=E_b\cdot\left(\frac{K_t}{R_a}\right)=I_a\cdot K_t \tag{5·5}$$

따라서 토크와 전류는 비례하며 속도와 토크는 반비례한다는 기본적인 특성을 이해할 수 있다. 또한, 유도 모터 등에서는 이와 같은 선형 관계가 성립하지 않는다.

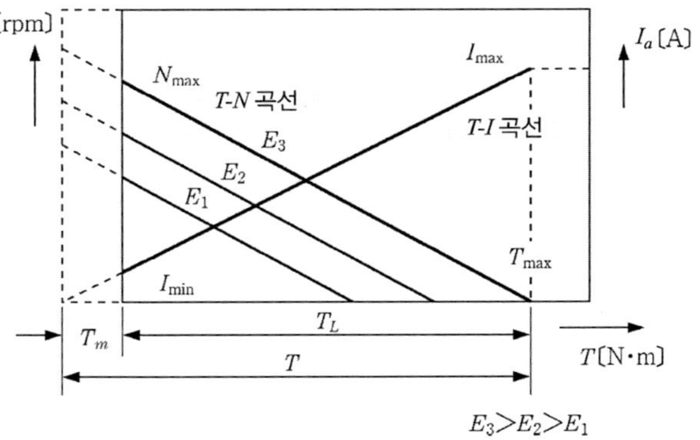

그림 5 · 5 모터의 특성곡선

5-3 서보모터의 특징이란?

일반적으로 모터에 스텝 형상의 전압을 가해도 바로 스텝 전류가 흐르는 것이 아니라, 코일 인덕턴스에 의해 전류가 늦어지는 현상이 발생된다. 모터전류에는 일차 지연 특성이 있으며, 전류값은 지수함수적으로 정상전류에 근접해 간다. 그림 5 · 6에 모터의 **기동특성**을 나타내었다. 이를 수식 (5·2)를 이용하여 설명하도록 하겠다.

그림 5 · 7에서와 같이 과도전류 i_a가 흐르면, $E_c=0$일 때, 수식 (5·2)에 의해,

$$E_b=i_a \cdot R_a+L_a\frac{di_a}{dt} \tag{5·6}$$

이것은 $t=0$일 때 $i_a=0$, $t \rightarrow \infty$일 때 $i_a=I_a$라 하면 다음과 같은 식이 성립된다. 즉, I_a는 정상상태에서의 전류이다.

$$i_a=I_a(1-e^{-t/\tau_e}) \tag{5·7}$$

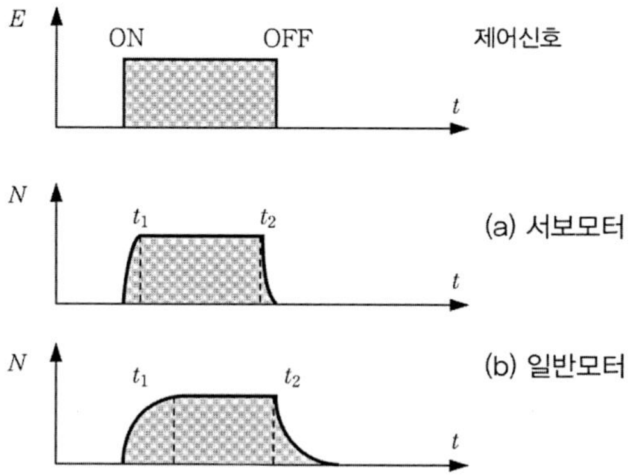

그림 5 · 6 모터의 기동특성

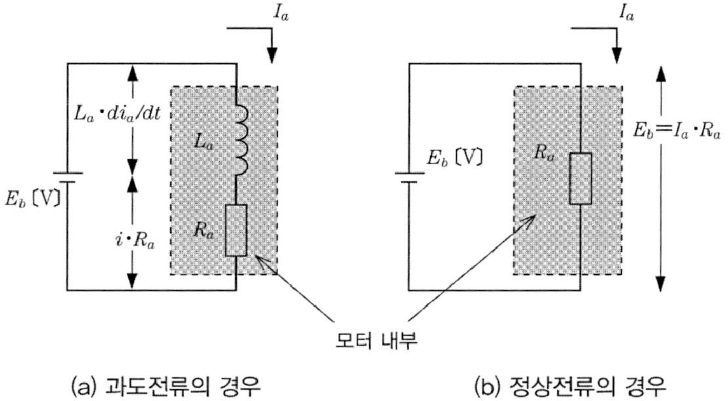

그림 5 · 7 등가회로에서 전류가 흐를 때의 상태

$$I_a = \frac{E_b}{R_a} \tag{5·8}$$

$$\tau_e = \frac{L_a}{R_a} \tag{5·9}$$

여기에서 τ_e를 **전기적 시정수**라고 한다. 모터에 전압을 가해도 전기자 권선 인덕턴스에 의해 전류가 바로 I_a로 되지 않음을 알 수 있다. 마찬가지로 **기계적 시정수** τ_m도 모터의 관성모멘트를 J_m으로 하면 다음과 같은 수식으로 구할 수 있다.

$$n = N_\infty (1 - e^{-t/\tau_m}) \tag{5·10}$$

$$\tau_m = \frac{J_m \cdot R_a}{K_e \cdot K_t} \tag{5·11}$$

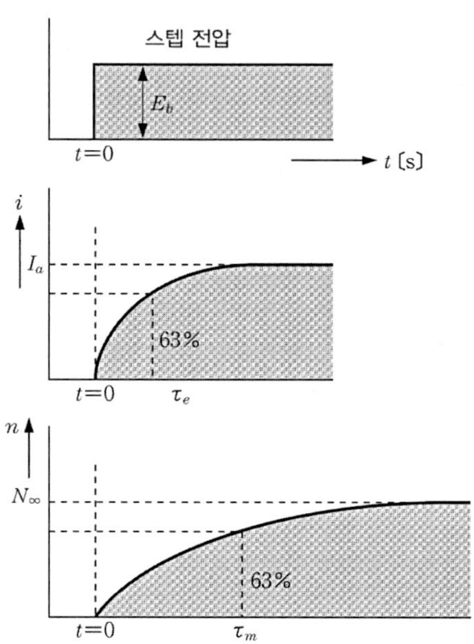

그림 5·8 전기적 시정수와 기계적 시정수

수식 (5·7), 수식 (5·10)을 그림으로 나타내면 그림 5·8처럼 된다. 전기적 시정수는 스텝 형상의 전압을 가한 후 정상전류가 63%가 될 때까지의 시간이며, 기계적시정수는 같은 방식으로 회전수가 정상이 될 때까지의 63%의 시간이다. 이것이 클수록 모터 상승이 늦어지게 된다.

또한, 수식 (5·11)에서 기계적으로 응답성을 높이기 위해서는 모터의 관성(inertia)이 작은 것이 좋다는 것을 알 수 있다. 가령, 서보모터의 전기적 시정수는 약 0.15 ms, 기계적 시정수는 15 ms이다. 특히 서보모터는 제어성을 추구하는 모터로, 일반적으로 다른 모터에 비해 시동토크가 크고, 전기적·기계적 시정수가 작아 응답이 빠르며, 또한 토크와 전류, 회전수와 전압특성이 직선적이다. 또한 와전류손실과 히스테리시스 손실이 작다는 등의 특징이 있다.

REFRESH 15 브러시리스 DC서보모터와 AC서보모터

브러시리스 DC 서보모터와 AC 서보모터를 자주 혼동하는 경향이 있다. 브러시리스 DC 서보모터는 DC 서보모터처럼 일정자속과 일정전류에 의해 토크를 발생시키고, 코일의 통전 상전환을 정류자 대신 스위칭 소자로 대체한 것이다. 로터의 위상을 검출하기 위해 홀 소자 등과 같은 센서가 필요하다. 한편, AC 서보모터도 구조적으로는 같으며, 로터측에 영구자석, 스테이터측에 코일을 배치하여 정현파 자속분포와 정현파 전류에 의해 토크를 발생시키는 것이다. 3상의 정현파여자(正弦波勵磁)를 개시하기 위해서는 로터 초기위상의 정보가 필요한데, 정지상태에서는 알 수 없다. 우선 단형파여자로 로터를 회전시켜 보고, 로터위치를 동정하고 난 후 정규 정현파여자로 변환할 필요가 있다. 이것은 서보모터의 구동회로에 장착된 CPU에 의해 소프트웨어로 실현되고 있다.

5-4 모터 구동부를 설계해 보자

모터의 전기적 특성이 이해되었으므로, 다음에는 구동부의 설계방법에 대해 설명하도록 하겠다. 예를 들어, 그림 5·9에 나타낸 시편의 위치를 결정하는 1축 테이블의 구동부를 설계할 경우, 부하토크로 모터용량을 선정해보도록 하겠다. 시편의 질량을 M[kg], 위치 결정 정밀도를 Δx[mm], 가감속시간을 t_1[s]으로 한다면, 어떤 모터를 고르는 것이 좋을까?

모터토크는 주로 가속시 토크와 정속시 토크로 구한다. 우선, 모터토크를 구하기 위해 모터 축에서의 관성모멘트 J_L을 구한다. 부하 M, 볼 스크류 축과 기어의 관성모멘트 J_2, 모터축의 기어 관성모멘트 J_1, 볼 스크류의 피치 P, 감속비 $n = Z_2/Z_1$이 된다.

$$J_L = \frac{1}{n^2}(J_W + J_2) + J_1 \tag{5·12}$$

여기에서, 직동축의 관성은 수식 (5·13)에서 회전축 관성으로 변환할 수 있다.

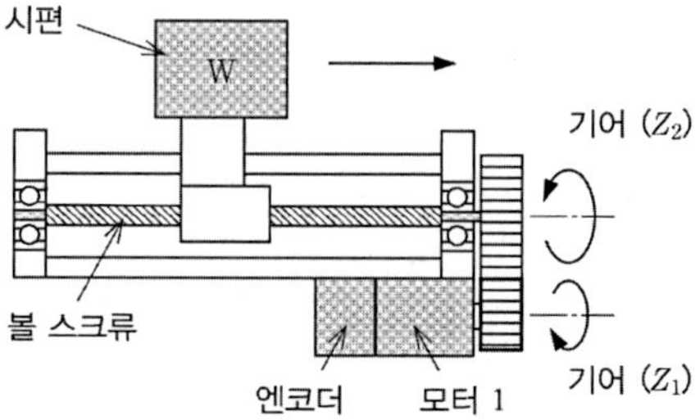

그림 5 · 9 1축 테이블 모델

$$J_W = M\left(\frac{P}{2\pi}\right)^2 \tag{5·13}$$

더욱이 모터축의 관성모멘트를 J_M이라고 하면, 가속에 필요한 토크는 다음 수식으로 구할 수 있다.

$$T_a = (J_L + J_M)\ddot{\theta} \tag{5·14}$$

마찰토크를 T_f라 하면, 가감속시, 정속시의 토크는 다음과 같이 구할 수 있다.

$$\text{가속시 :} \quad T_1 = T_a + T_f \tag{5·15}$$

$$\text{정속시 :} \quad T_2 = T_f \tag{5·16}$$

$$\text{감속시 :} \quad T_3 = -T_a + T_f \tag{5·17}$$

또한, 구동패턴을 나타내는 동작 사이클이 그림 5 · 10과 같이 명확한 경우에는 다음과 같이 실효평균토크 T_{rms}를 산출하여 정격 토크를 확인한다.

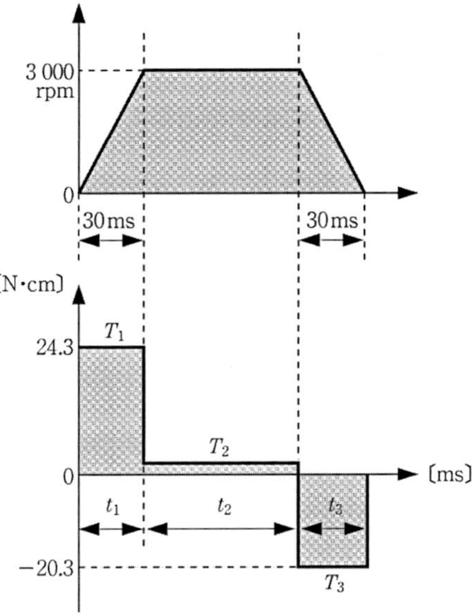

그림 5 · 10 모터 가감속 특성

$$T_{rms} = \sqrt{\frac{T_1^2 t_1 + T_2^2 t_2 + T_3^2 t_3}{t_1 + t_2 + t_3}} \qquad (5 \cdot 18)$$

일반적으로 모터는 수식 (5·19), 수식 (5·20)을 충족시키는 것을 선택한다.

$$T_1 \leqq T_{max} \qquad (5 \cdot 19)$$

$$T_{rms} \leqq T_{rate} \qquad (5 \cdot 20)$$

즉, 가감속 토크는 모터의 최대가속 토크 T_{max} 이하이며, 또한 실효토크 T_{rms} 는 정격토크 T_{rate} 이하이다.

가감속 빈도가 높은 경우에는 추가로 안전율을 20% 정도 확보해 놓는 경우도 있다.

예제 시편을 15 kg, 위치결정 정밀도를 0.005 mm, 가감속시간을 0.03s라고 했을 때의 모터를 선정해보자. 여기에서 $J_1 = 1 \times 10^{-2}$ kg · cm², $J_2 = 1 \times 10^{-1}$ kg · cm², $n = Z_2/Z_1 = 10$, $P = 5$ mm로 한다.

모터축에서의 관성모멘트는,

$$J_L = \frac{1}{10^2}\left(15 \times \left(\frac{0.5}{2\pi}\right)^2 + 2 \times 10^{-1}\right) + 1 \times 10^{-2} \fallingdotseq 1.3 \times 10^{-2} \ [\mathrm{kg \cdot cm^2}]$$

다음으로 그림 5 · 10의 속도패턴에 의해 가속도를 구한다.

$$\ddot{\theta} = \frac{3\,000 \times (2\pi/60)}{t_1} = \frac{3\,000 \times (2\pi/60)}{0.03} = 10\,467 \ [\mathrm{rad/s^2}]$$

J_M을 0.2 kg · cm²라고 하면, 가속토크 T_a는 다음과 같이 구할 수 있다.

$$T_a = (J_L + J_M)\,\ddot{\theta} = (0.2 + 0.013) \times 10^{-4} \times 10\,467 = 22.3 \ [\mathrm{N \cdot cm}]$$

여기에서, 마찰토크 $T_f = 2$N · cm로 한다.

가속시 : $T_1 = T_a + T_f = 22.3 + 2 = 24.3$ [N · cm]

정상시 : $T_2 = T_f = 2$ [N · cm]

REFRESH 16 ***J*와 GD^2**

관성모멘트 J는 가속토크를 구할 때 중요한데, GD^2(지디스퀘어)라고 나타내는 경우도 많다. 헷갈리는 경우도 많으므로 여기에서 정리해 두도록 하겠다. 관성모멘트 J는 질량 × 회전반경의 2승, GD^2는 질량 × 회전직경의 2승이다. 여기에서, 단위는 SI 단위이다.

$$\left.\begin{aligned} J &= mr^2 \quad (\mathrm{kg \cdot m^2}) \\ J &= \frac{GD^2}{4} \quad (\mathrm{kg \cdot m^2}) \end{aligned}\right\} \qquad (5{\cdot}21)$$

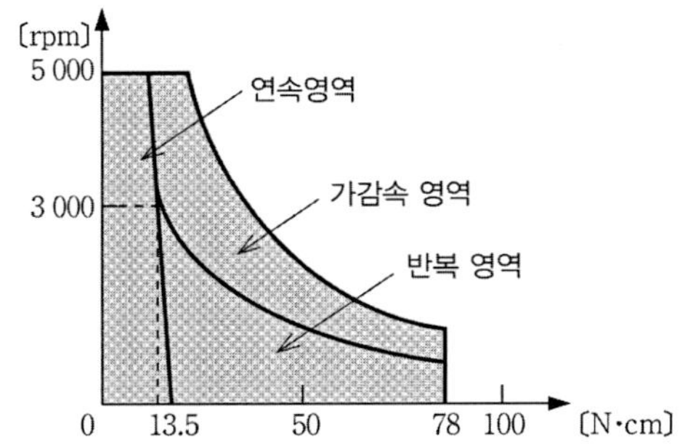

그림 5·11 모터 특성 곡선

감속시 : $T_3 = -T_a + T_f = -22.3 + 2 = -20.3$ [N·cm]

실효평균토크 :

$$T_{\mathrm{rms}} = \sqrt{\frac{24.3^2 \times 0.03 + 2^2 \times 1.94 + 20.3^2 \times 0.03}{1.94 + 2 \times 0.03}} = 4.35 \text{ [N·cm]}$$

예를 들어, 그림 5·11에 나타낸 사양의 모터를 선정한 경우 가속시 토크 24.3 N·cm에서 모터의 최대토크는 78 N·cm 이하이고, 실효평균토크 4.35 N·cm도 모터정격토크 13.5 N·cm보다도 작다. 따라서 이 모터는 사양을 만족하고 있음을 확인할 수 있다.

다음으로 위치결정 정밀도에 대해 확인해 보자.

모터축 엔코더를 N[ppr]으로 한다. 감속비는 n이므로, 출력축에서의 펄스 수는 $N \cdot n$ [ppr]가 된다. 여기에서, 볼 스크류의 피치는 P[mm]이므로, 병진변위의 분해능 Δx는 다음 식과 같이 된다.

$$\Delta x \geq \frac{P}{N\ n} \tag{5·22}$$

따라서 병진분해능 0.005 mm에 대응할 엔코더 사양은

$$N \geqq \frac{P}{\Delta x \cdot n} = \frac{5}{0.005 \times 10} = 100 \text{ [ppr]}$$

이 된다. 위치결정을 위해서는 1/10 정도의 분해능이 추가로 필요하기 때문에 결국 100 ppr 정도의 엔코더가 있으면 좋다.

5-5 모터는 어떻게 제어되는 것일까?

모터는 전압과 전류에 따라 회전수, 토크를 변화시킬 수 있다는 것을 5-2절에서 설명하였다. 그렇다면 모터의 회전각이나 토크는 어떻게 제어되는 것일까? 여기에서는 모터의 토크제어, 속도제어, 위치제어에 대해 설명하도록 하겠다[37]. 또한, 제어에 관한 용어는 6장에서 계속 설명하도록 하겠다.

1 모터의 토크(전류)제어

DC 모터에서는 발생토크가 전류와 비례하는 것을 이용해 전류를 제어함으로서 간접적으로 토크를 제어한다. 전류토크 정수 K_T를 이용하여 토크지령 T_d에서 변환된 전류지령 i_d와 전류센서(홀소자 등)에서 검출된 모터전류 i를 비교하여 전류오차 Δi가 0이 되도록 피드백 시스템을 구성하여 모터를 회전시키기 위한 전력증폭회로(파워 트랜지스터)에 억제전압을 공급한다. 통상적으로, 전력증폭회로에서는 모터가 부착된 인덕턴스를 이용한 PWM(Pulse Width Modulation) 방식에 의해 전력 이용효율을 개선하는 방법이 고안되고 있다. 그림 5 · 12는 토크(전류)제어 구성에 대한 설명이다. 전류센서 대신에 직렬로 넣은 저항 양끝의 전압으로 대용할 수도 있다. 또한, 전류제어부에는 통상적으로 PI(비례 · 적분)제어가 이용되지만, 간단하게 P(비례)제어로 끝내는 경우도 있다. 전류제어시스템은 고속의 응답이 요구되므로 아날로그회로(연산 증폭기, OP 앰프)로 구성하는 것이 간단하지만, DSP(Digital Signal Processor)을 이용하여 다음에 설명할 속도제어나 위치제어와 마찬가지로 소프트웨어로 제작되어 부품의 개수나 조정 수고를

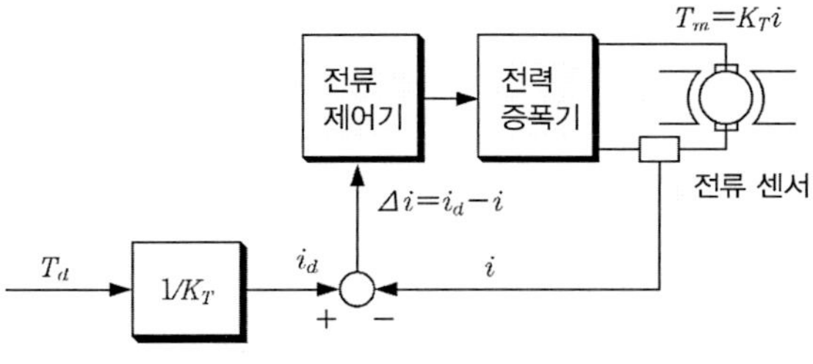

그림 5 · 12 모터의 토크(전류)제어

덜어 주는 예도 많다.

2 모터의 속도제어

모터의 T-N 곡선 보다 모터속도를 높이기 위해서는 모터토크를 크게 하면 좋아진다. 따라서 지령속도와 실제속도와의 비교를 통해, 그 편차를 바탕으로 토크지령을 기존 토크제어시스템에 대한 입력으로 이용하면 된다. 그림 5 · 13에 속도제어의 대한 구성을 나타내었다. 통상적으로 속도제어에는 PI 제어가 주로 사용된다.

다음의 수식 (5·23)에서와 같이, 속도편차에 게인(gain) K_P를 곱한 것과 속도오차 적분값에 게인 K_I를 곱한 것과의 조합으로 토크지령을 하는 방법이다. 오른편 제1항은 응답속도를 빠르게 하고, 제2항은 정상편차를 없애는 효과가 있다.

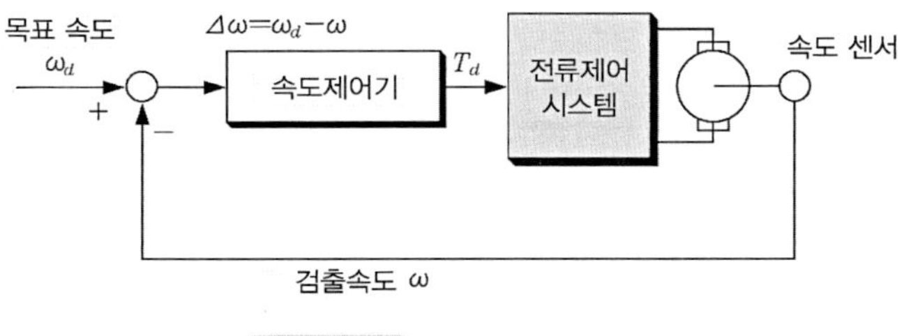

그림 5 · 13 모터의 속도제어

K_P와 K_I를 적당히 선택함으로서 바람직한 속도제어응답을 실현하는 것이다.

$$\tau = K_P \cdot \Delta\omega + K_I \int \Delta\omega dt \tag{5·23}$$

3 모터의 위치제어

수식 (5·24)에서와 같이 모터의 회전속도 ω를 적분하면 모터 회전각도 θ가 되므로, 목표위치 θ_d에 실제위치 θ를 추종시키기 위해서는 위치오차 $\Delta\theta$에 따라 모터 속도 ω를 조절하면 된다. 수식 (5·25)에서는 속도지령을 비례제어로 하고 있다. 따라서 위치제어기가 속도제어시스템 외측이 되는 피드백 시스템이 구성된다. 그림 5 · 14는 위치제어에 대한 구성을 나타낸 것이며, 최종적인 구성은 그림 5 · 15에 나타내었다. 이와 같이 제어루프(여기서는 3개)를 내부에서부터 차례차례 닫아가는 방법은 **캐스케이드 제어시스템**이라고 하며, 조정이 용이하고 강인성이 우수하다[44]. 단, 캐스케이드제어에 대한 사고방식이 성립되기 위해서는 내측 루프는 외측 루프의 2.5~3배가 되는 응답속도가 필요하다. 가령, 속도제어 게인을 높이지 않고 위치제어 게인만 높여도, 진동적 응답(헌팅)이 이루어지므로 주의가 필요하다.

$$\theta = \int_0^{\tau} \omega dt \tag{5·24}$$

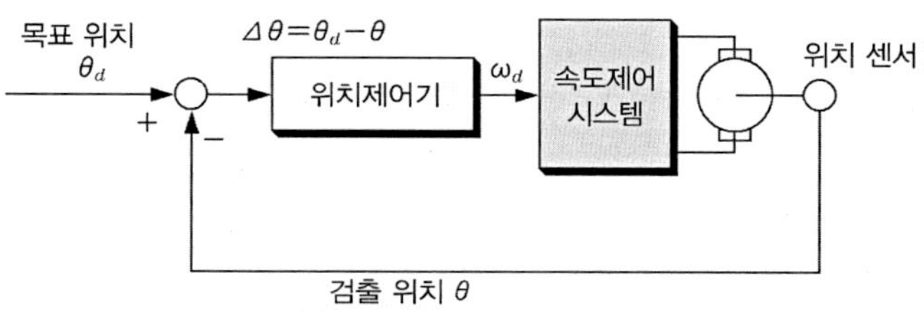

그림 5 · 14 모터의 위치제어

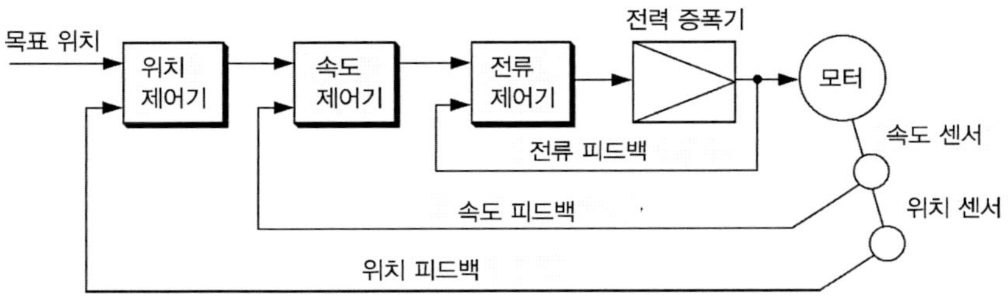

그림 5 · 15 위치제어시스템

$$\omega_d = K_P \Delta\theta = K_P(\theta_d - \theta) \tag{5·25}$$

트라이얼 5

5-1 FMA를 사용한 손인 경우 어떻게 물건을 간단히 집을 수 있는지 생각해 보자.

5-2 수식 (5·7)을 이끌어 내어 시정수는 정상시의 63%가 될 때까지의 시간임을 설명해보자.

5-3 직동축의 운동을 회전축의 관성모멘트로 변환하는 수식 (5·13)을 유도해 보자.

5-4 그림 5 · 10에서는 마찰토크를 가했지만, 볼 스크류의 경우에는 부하하중으로 마찰토크를 산출할 수 있다. 또한, F_a는 저항으로 $F_a = \mu W$로 구할 수 있다. 단 μ는 마찰계수로서 0.3으로 한다. 다음 수식으로 마찰토크를 구해 보자.

$$T = \frac{F_a \cdot P}{2\pi \cdot \eta} \times 10^{-3} \times n \quad [\mathrm{N \cdot m}] \tag{5·26}$$

5-5 그림 5 · 15에서 전류제어-속도제어-위치제어로 된 캐스케이드 제어시스템에 대해 설명하였다. 전류제어 부분은 왜 가속도제어가 아닌지 생각해 보자.

5-6 기계적 시정수인 수식 (5·11)을 도출해 보자.

로봇 관절의 피드백 제어

6

CHAPTER

5-5절에서 모터의 전류제어, 속도제어, 위치제어의 개념에 대해 서술하였는데, 로봇의 관절 한 개를 제어하는 것도 그 연장선상에 있다. 본장에서는 모터의 전류제어가 실시되는 시스템에 대한 속도제어와 위치제어의 구성방법에 대해 설명한다. 먼저 DC 모터와 감속기를 모델화하여 로봇 관절의 다이나믹스를 구해 보자.

6-1 관절의 모델화와 다이나믹스를 파악한다

5장에서 설명한 것처럼 모터에 생기는 토크 τ은 전류 i에 비례한다. 5-5절에서 설명한 것처럼 모터에 전류제어를 시행하여 인덕턴스의 지연이나 역기전력을 보상하면(전기적 시정수를 더욱 작게 한다), 전류지령 i_r과 토크와의 관계는 토크 정수 k_t를 이용하여

$$\tau = k_t \cdot i_r \qquad (6\cdot1)$$

가 성립된다.

다음으로 그림 6 · 1에 나타난 감속 기구를 통한 구동계의 운동방정식을 생각해 보자. 여기서 관성모멘트 J, 점성마찰계수 D, 토크 τ, 각도 f, 치수 Z로 하고 첨자 m, a는 각각 모터 입력축, 팔 출력축을 나타내는 것으로 한다.

모터 입력축에서의 운동방정식은 다음의 식과 같이 나타낼 수 있다.

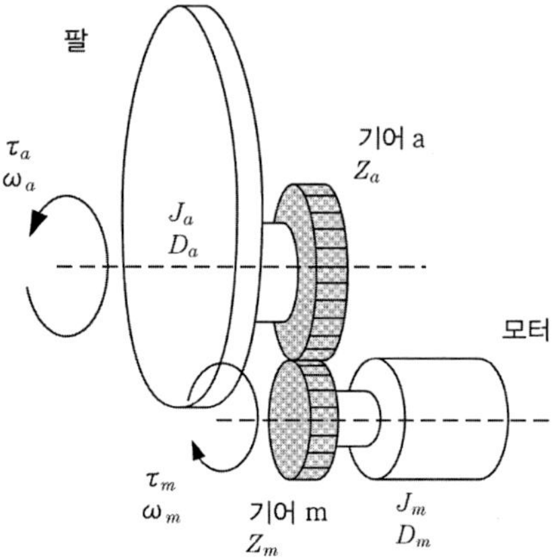

그림 6 · 1 관절 모델도

$$\tau_m(t) = J_m \frac{d^2\theta_m(t)}{dt^2} + D_m \frac{d\theta_m(t)}{dt} + \frac{\tau_a(t)}{n} \tag{6·2}$$

간략화하기 위해 다음과 같이 기술한다.

$$\tau_m = J_m\ddot{\theta}_m + D_m\dot{\theta}_m + \tau_a/n \tag{6·3}$$

마찬가지로 팔 출력축에서 운동방정식은 수식 (6·4)과 같이 된다. 단, 전달손실은 없는 것으로 한다.

$$\tau_a = J_a\ddot{\theta}_a + D_a\dot{\theta}_a \tag{6·4}$$

$$n = \frac{Z_a}{Z}, \qquad \theta_m = n\theta_a \tag{6·5}$$

따라서 모터 축에서 본 운동방정식은 다음과 같은 식이 된다.

$$\tau_m = \left(J_m + \frac{J_a}{n^2}\right)\ddot{\theta}_m + \left(D_m + \frac{D_a}{n^2}\right)\dot{\theta}_m \tag{6·6}$$

여기에서 감속기가 있으면 입력축에서는 출력축의 부하가 감속비 n의 2승분의 1로 작아지는 것을 알 수 있다. 또한 $\tau_a = n\tau_m$에서 출력축에서 본 운동방정식은 다음의 식과 같이 쓸 수 있다.

$$\tau_a = (J_a + n^2 J_m)\ddot{\theta}_a + (D_a + n^2 D_m)\dot{\theta}_a \tag{6·7}$$

통상적인 산업용 로봇의 감속비는 100 정도이므로, 모터축에서는 출력 측의 부하 변동은 1/10000 정도로 무시할 수 있는 수준이 된다. 여기에서 다링크 기구의 로봇 팔에 있어서도 각 축의 모터 제어의 연장으로 생각하면 된다.

따라서 수식 (6·1)과 수식 (6·6)에서 1관절의 운동방정식은 다음과 같은 식이 된다. 단 모터 입력축에서 본 운동방정식임에 주의해야 한다.

$$J\ddot{\theta}_m + D\dot{\theta}_m = u_m \tag{6·8}$$

여기에서 $u_m (= \tau_m)$: 토크 지령값

$J = J_m + \frac{J_a}{n^2}$: 모터축 환산 관성모멘트

$D = D_m + \frac{D_a}{n^2}$: 모터축 환산 점성마찰계수

6-2 운동방정식의 파라메터 동정하기

다음으로 수식 (6·8)의 다이나믹스에서 나타낸 관절모델에 대해서, **속도 · 위치제어계**의 설계방식에 대해 설명하기로 한다. 이를 위해서는 먼저 관성모멘트 J, 점성마찰계수 D의 값을 알고 있어야 한다. J는 기구설계에서 모터 선정 시에

계산되겠지만 팔을 구성하는 부품은 복잡한 형상이기 때문에 정밀하게 계산하는 것이 어렵다. 또한 D에 대해서는 사전에 계산으로 산출해 내기 힘들다. 따라서 세워진 각 관절을 한 축씩 동작시켜 그 때의 토크 지령값 u_m과 모터 각도 θ_m의 데이터로 부터 J, D를 구한다. 이와 같이 실 데이터로부터 운동방정식의 파라메터를 산출해 내는 것을 **파라메터 동정**이라고 한다.

우선, 파라메터동정이나 제어시스템의 설계에 알맞게 수식 (6·8)을 라플라스 변환한다. 라플라스 변환을 이용하면 시스템 응답 등과 같은 특성을 나타내는 미분방정식을 간단하게 다룰 수 있다. 여기에서 라플라스 연산자를 s, 초기값을 0으로 하면 다음과 같이 나타낼 수 있다.

$$\dot{\theta}(t) \rightarrow s\theta(s)$$
$$\ddot{\theta}(t) \rightarrow s^2\theta(s)$$

따라서 수식 (6·8)은 다음과 같은 식이 된다.

$$Js^2\theta_m(s) + Ds\theta_m(s) = u_m(s) \tag{6·9}$$

다음으로 토크 지령값 u_m에서부터 모터축 회전각도 θ_m까지의 전달 함수로 $G_P(s)$를 정의한다. 이 경우 분모가 2차, 분자가 0차이기 때문에 2차 지연계라고 한다.

$$G_P(s) \equiv \frac{\theta_m(s)}{u_m(s)} = \frac{1}{(Js+D)s} \tag{6·10}$$

또한, 토크 지령값 u_m에서 모터축 회전각도 $\dot{\theta}_m$까지의 전달함수는,

$$G_V(s) \equiv \frac{\dot{\theta}_m(s)}{u_m(s)} = \frac{1}{Js+D} \tag{6·11}$$

으로 정의된다. 이것은 분모가 1차, 분자가 0차이므로 1차 지연계이다. 두 개의

전달함수의 관계는 다음의 식에 나타내었듯이 구조에 의존하는 것으로, 이 경우는 불변이다.

$$G_P(s) = \frac{1}{s} G_V(s) \qquad (6 \cdot 12)$$

따라서 각속도의 데이터 $\dot{\theta}_m$을 얻을 수 있으면 수식 (6·10)보다도 간단한 수식 (6·11)만으로 J와 D를 구할 수 있다. 예를 들면 스텝상의 토크 지령값 u_m(즉, 일정한 전류지령값)을 모터에 가하면 5-3절에 설명한 것과 같이 $\dot{\theta}_m$은 그림 6-2와 같은 응답을 나타낸다.

여기에서는 이 스텝 응답을 다음과 같이 역라플라스 변환하는 것으로 구한다. 또한 라플라스 변환, 역라플라스 변환에 대해서는 제어공학의 전문서적을 참고할 것[45].

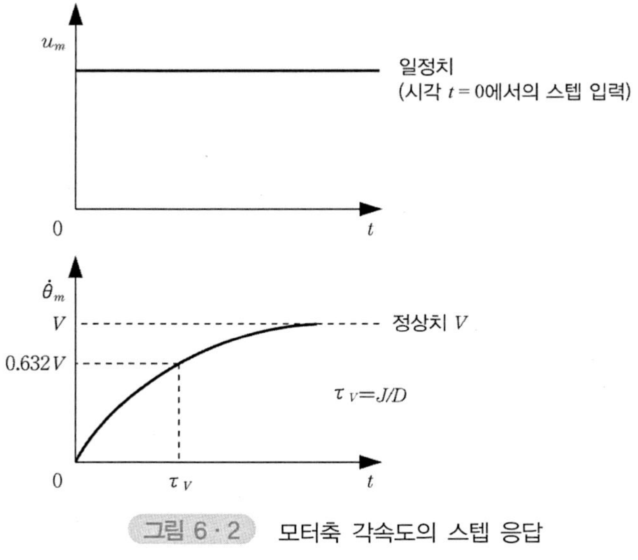

그림 6·2 모터축 각속도의 스텝 응답

$$\mathcal{L}^{-1}\left[\frac{1}{s}G_V(s)\right]=\mathcal{L}^{-1}\left(\frac{1}{s}\cdot\frac{1}{Js+D}\right)=\mathcal{L}^{-1}\left[\frac{1}{D}\left(\frac{1}{s}-\frac{1}{s+D/J}\right)\right]$$
$$=\frac{1}{D}\left(1-e^{-\frac{D}{J}t}\right) \tag{6·13}$$

이것에 의해

$$\dot{\theta}_m=\frac{u_m}{D}\left(1-e^{-\frac{D}{J}t}\right) \tag{6·14}$$

가 된다. 따라서 $\dot{\theta}_m$의 정상치를 V라고 하면

$$\hat{D}=\frac{u_m}{V} \tag{6·15}$$

와 같이 D를 구할 수 있다. 또한 **그림 6·2**에 나타낸 것처럼 그래프에서 시정수 $\tau_V=(J/D)$를 읽어 내면 다음의 식에서 J도 구할 수 있다.

$$\hat{J}=\hat{D}\cdot\tau_V \tag{6·16}$$

여기에서 $\hat{D}$, $\hat{J}$는 추정값을 나타내며, 실제 값과는 구별된다.

이상의 파라메터 동정에서 주의할 점은 몇 개의 u_m을 가해 얻어진 J, D의 평균값을 얻는 것과 로봇의 각 관절의 동작범위에 주의해서 실험하는 것이다. 모터 각속도는 엔코더 등의 모터각도의 데이터 θ_m를 차분하여 구해도 된다. 컴퓨터 등을 이용하여 일정한 샘플시간 ΔT(예를 들면 1 ms)에서 $\theta_{mi}(i=0,\ 1,\ 2,\ \cdots)$를 수집하였다고 하면, 모터 각속도 데이터는 다음의 식과 같이 구할 수 있다.

$$\left.\begin{aligned}\dot{\theta}_{m_i}&=\frac{\theta_{m_i}-\theta_{m_{i-1}}}{\Delta T} \qquad (i=1,2,3\cdots)\\ \dot{\theta}_{m_i}&=0 \qquad (i=0)\end{aligned}\right\} \tag{6·17}$$

6-3 위치 · 속도제어계의 설계

파라메터 J, D가 구해졌으므로 수식 (6·8)에 따라 입력토크를 대입했을 때의 시스템 거동을 추정할 수 있다. 다음으로 안정적이며 속응성이 높은 시스템이 되도록 제어시스템을 구성해 보자. 5-5절에서 케스케이드 제어에 대해 설명하였는데, 전류제어가 이미 시행되었다면 속도제어계와 위치제어계를 설계한다. 여기에서 설계란 제어시스템의 구성을 결정하고 각 구성요소의 파라메터(제어 게인)를 정하기로 한다.

1 속도 제어계의 검토

수식 (6·11)에 나타낸 제어대상에 대해 속도제어계를 생각해 보도록 하자. 우선 그림 6 · 3에 제시한 비례(P) 피드백 제어를 검토해 보도록 하자.

이때 속도목표치 $\dot{\theta}_{mr}$에서 $\dot{\theta}_m$까지의 **폐루프 전달함수**는 P 제어게인 K_{PV}를 이용하면 다음과 같은 식이 된다.

$$\frac{\dot{\theta}_m(s)}{\dot{\theta}_{mr}(s)}=\frac{K_{PV}}{Js+D+K_{PV}} \tag{6·18}$$

시각 $t \to \infty(s=0)$에서는

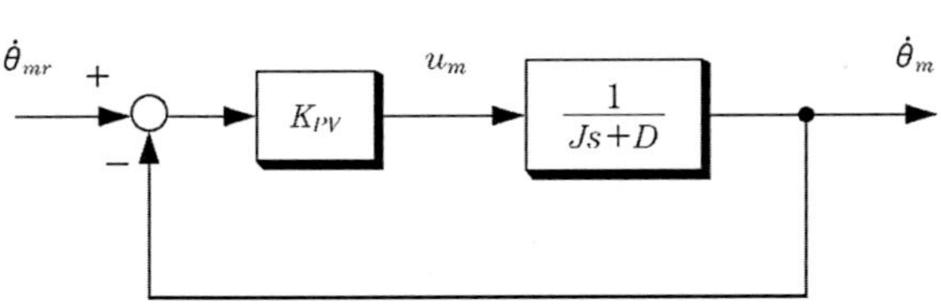

그림 6 · 3 P 제어에 따른 속도제어계

$$\frac{\dot{\theta}_m}{\dot{\theta}_{mr}}=\frac{K_{PV}}{D+K_{PV}}\neq 1 \tag{6·19}$$

이 되며, 그림 6 · 4에서와 같이 목표치 $\dot{\theta}_{mr}$에 수렴하지 않음을 알 수 있다. $K_{PV} \rightarrow \infty(s=0)$에서는 수식 (6·19)을 1로 할 수 있지만 현실적으로는 불가능하다. 따라서 그림 6 · 5에서와 같이 P 제어를 I(적분) 제어로 바꾸어 보자.

I 제어계인 K_{IV}를 이용하면 폐루프계는,

$$\frac{\dot{\theta}_m(s)}{\dot{\theta}_{mr}(s)}=\frac{K_{IV}}{Js^2+Ds+K_{IV}} \tag{6·20}$$

이 되며 시각 $t \rightarrow \infty(s=0)$에서는,

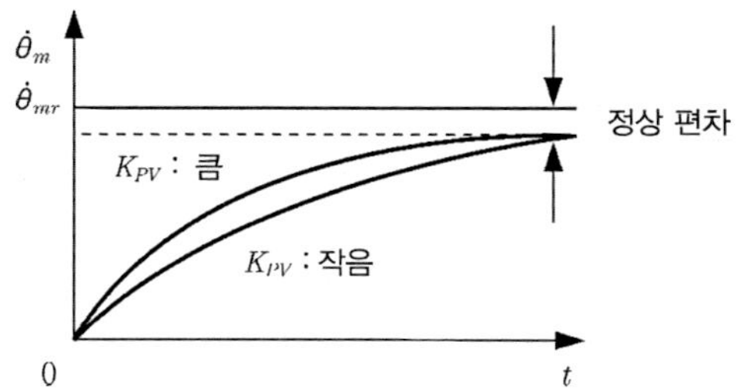

그림 6 · 4 P 제어계의 스텝 응답

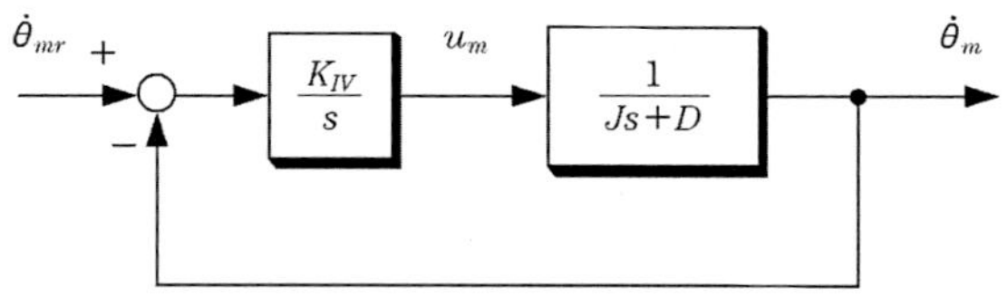

그림 6 · 5 I 제어에 따른 속도제어계

$$\frac{\dot{\theta}_m}{\dot{\theta}_{mr}}=\frac{K_{IV}}{K_{IV}}=1 \tag{6·21}$$

와 같이 목표치에 수렴한다는 것을 알 수 있다. 이것은 적분기를 한 개 넣음으로써 스텝 상의 목표치에 대한 **정상편차**가 없어졌기 때문이다. 이 경우 **1형 서보계**라고 하며, 먼저 적분기는 스텝상의 목표치(라플라스 변환하면 $1/s$가 된다)의 내부 모델이 된다. 이처럼 목표치의 라플라스 변환과 같은 것이 제어계에 포함되어 있으면, 그 목표치에 정상편차 없이 추종할 수 있다. 이것을 **내부 모델 원리**라고 한다[46].

다음으로 I 제어계인 K_{IV}을 변화시켰을 때의 그림 6 · 5의 스텝 응답을 알아보기로 하자.

그림 6 · 6과 같이 K_{IV}를 크게 해 가면 진동적인 응답(헌팅)이 된다. 이 응답은 다음에 설명하겠지만 수식 (6·20)의 우변의 분모를 0으로 한 방정식(**특성방정식**

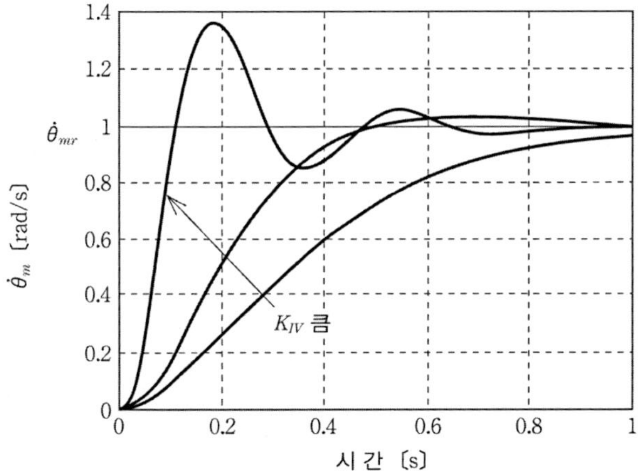

그림 6 · 6 I 제어계의 스텝응답
(w_{n}은 K_{IV}의 크기에 제약을 받는다)

이라고 한다)의 근에 의해 지배당하고 있으며, 복소수일 경우 진동한다. 진동하지 않는 조건은,

$$\left.\begin{aligned} &D^2-4K_{IV}J \geqq 0 \\ &\therefore K_{IV} \leqq \frac{D^2}{4J} \end{aligned}\right\} \tag{6·22}$$

가 된다.

더욱이 수식 (6·22)을 완화시켜 응답성을 높이기 위해, 그림 6 · 5에 P 제어계인 K_{PV}를 추가하면, 그림 6 · 7과 같이 된다. 이 제어시스템을 I-P 제어계라고 한다[44).

그림 6 · 7의 폐루프계의 전달함수는,

$$\frac{\dot{\theta}_m(s)}{\dot{\theta}_{mr}(s)}=\frac{K_{IV}}{Js^2+(D+K_{PV})s+K_{IV}} \tag{6·23}$$

이 되며, 수식 (6·23)의 전달함수의 특성을 조사해 보기 위해, 다음의 식과 같이 고유진동수 ω_n, 감쇄계수 ζ를 이용하여 바꾸어 대입한다.

$$\frac{\dot{\theta}_m(s)}{\dot{\theta}_{mr}(s)}=\frac{{\omega_n}^2}{s^2+2\zeta\omega_n s+{\omega_n}^2} \tag{6·24}$$

$$\omega_n=\sqrt{\frac{K_{IV}}{J}} \tag{6·25}$$

$$\zeta=\frac{1}{2}\sqrt{\frac{J}{K_{IV}}}\cdot\frac{D+K_{PV}}{J}=\frac{D+K_{PV}}{2\sqrt{K_{IV}J}} \tag{6·26}$$

수식 (6·24)에서의 특성방정식의 근은,

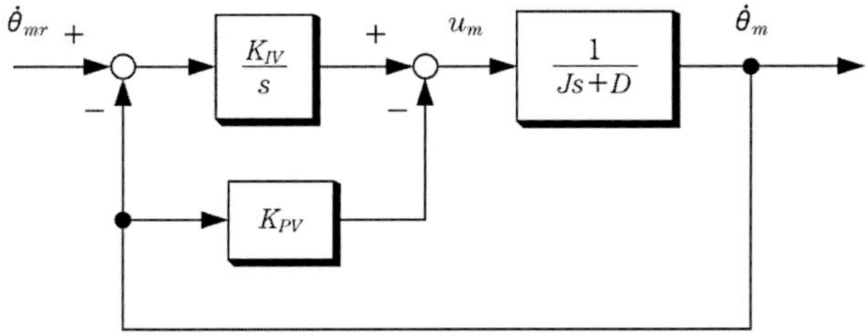

그림 6 · 7 I–P 제어계에 의한 속도제어계

$$s = -\zeta\omega_n \pm \omega_n\sqrt{\zeta^2 - 1} \tag{6·27}$$

이 된다. 수식 (6·22)에 해당하는 응답이 진동하지 않는 조건은,

$$\zeta^2 - 1 \geqq 0 \tag{6·28}$$

이다. 수식 (6·26)에서,

$$\zeta = \frac{D + K_{PV}}{2\sqrt{K_{IV}J}} \geqq 1 \tag{6·29}$$

의 관계가 유지되고 있으면, (수식 (6·22)과 다름) 제어게인 K_{IV}, K_{PV}를 아무리 크게 해도 응답이 진동적으로 되지 않음을 알 수 있다. 그림 6 · 8에 ζ의 값을 변화시켰을 때의 스텝응답을 나타내었다. 시간축은 ω_n으로 정규화되어 있다. 따라서 감쇄계수 ζ가 작을수록 진동적이며, 고유진동수 ω_n가 클수록(정규화되어 있으므로 t는 작아진다) 응답성이 좋다는 것을 알 수 있다.

이상과 같이, 두 개의 제어게인 K_{IV}, K_{PV}로 고유진동수 ω_n과 감쇄계수 ζ를 조정할 수 있다.

일반적으로 2차 지연계에서는 특성근의 값에 따라 3 가지 경우의 응답이 존재

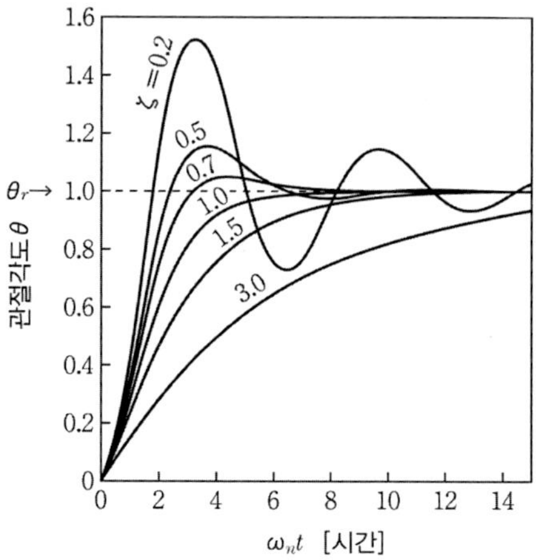

그림 6 · 8 I–P 제어계의 스텝 응답
(ω_n은 K_{IV}의 크기에 제약을 받는다)

한다. 다시 말해 ① 다른 실근이 있는 경우($\zeta > 1$), ② 다른 복소근이 있는 경우($\zeta < 1$), ③ 중근이 있는($\zeta = 1$) 경우이다. 실근이 있는 경우에는 응답이 느리고 복소근인 경우에는 계의 응답이 진동적이며, 중근인 경우에는 진동하지 않고 가장 빠른 응답을 얻을 수 있으며, 임계 제어라고 한다. 또한 특성방정식의 각 계수가 정일 때, 시스템은 안정하다고 알려져 있다. 또한 실제로 ω_n는 시스템의 기계공진주파수의 제약을 받게 되기 때문에 K_{IV}, K_{PV}가 무한정 커질 수는 없다.

2 | 위치제어계의 설계

다음으로 위치제어계에 대하여 생각해 보자. 그림 6 · 9와 같이 속도제어계의 외측에 P 제어를 구성하면 위치목표치 θ_{mr}에서 모터각도 θ_m까지의 폐루프 전달함수는,

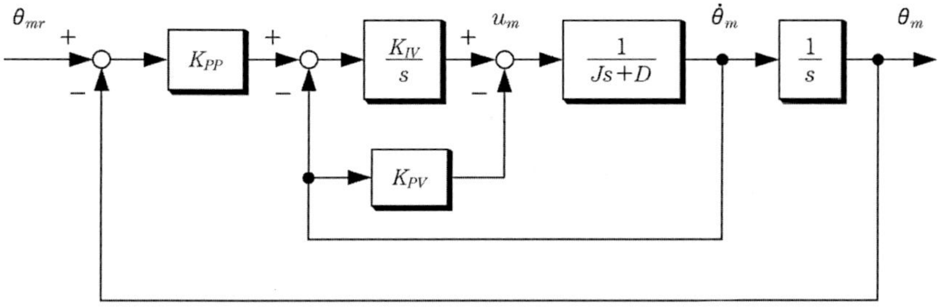

그림 6 · 9 속도 IP 제어계 + 위치 P 제어계

$$\frac{\theta_m(s)}{\theta_{mr}(s)}=\frac{K_{PP}K_{IV}}{Js^3+(D+K_{PV})s^2+K_{IV}s+K_{PP}K_{IV}} \tag{6·30}$$

이 되어, 시각 $t \to \infty (s=0)$일 때 정상편차도 0이 된다. 이것은 속도제어계의 경우와 다르며, 속도 → 위치와 같은 구조적인 적분기가 있기 때문에 비례제어만으로도 정상편차가 남지 않기 때문이다.

결국, 제어 측은 다음과 같은 식이 된다. 수식 (6·31)의 우변은 I-PD 제어계가 된다.

$$\begin{aligned} u_m &= \frac{K_{IV}}{s}\left[K_{PP}(\theta_{mr}-\theta_m)-\dot{\theta}_m\right]-K_{PV}\dot{\theta}_m \\ &= \frac{K_{IV}K_{PP}(\theta_{mr}-\theta_m)}{s}-K_{PV}\dot{\theta}_m-K_{IV}\theta_m \end{aligned} \tag{6·31}$$

그리고, 수식 (6·30)은 3차지연계(분모 3차, 분자 0차)이기 때문에 앞의 2차지연계의 경우와 달리 스텝응답에서의 해석이 어렵다. 그러나 응답이 임계진동(진동하지 않고 가장 빠른 응답)에 가까운 조건으로서, 수식 (6·30)의 특성방정식이 3중근을 가진 것(2항 모델이라고 한다[44])을 선택하면 간단하게 구할 수 있다.

여기에서는 이 조건을 이용한 K_{PP}, K_{IV}, K_{PV}를 정하기로 한다. 3중근을 가진 특성방정식은,

$$(s+\lambda)^3 = s^3 + 3\lambda s^2 + 3\lambda^2 s + \lambda^3 \tag{6·32}$$

이므로, 수식 (6·30)의 분모, 분자를 J로 나눈 것에 대한 특성방정식과 계수를 비교하면,

$$\frac{D + K_{PV}}{J} = 3\lambda \tag{6·33}$$

$$\frac{K_{IV}}{J} = 3\lambda^2 \tag{6·34}$$

$$\frac{K_{PP} K_{IV}}{J} = \lambda^3 \tag{6·35}$$

를 얻을 수 있다. 이 연립방정식을 풀어 보면,

$$K_{PP} = \frac{\lambda}{3} \tag{6·36}$$

$$K_{PV} = 3\lambda J - D \tag{6·37}$$

$$K_{IV} = 3\lambda^2 J \tag{6·38}$$

REFRESH 17 **PI 제어와 I-P 제어**

PI **제어**는 목표치와 피드백 값의 편차에 대해 PI 연산을 하는 제어이다. I-P **제어**는 목표치와 피드백 값의 편차에 대해 I 제어를 실시하고, 피드백 값에 대한 P 제어를 실시하여 앞의 I 제어 연산결과에서 감하는 제어이다. I-P의 하이픈(-), 피드백 값에 대해 제어연산을 한다는 것을 의미한다. 예를 들면, 위치 P-D 제어라고 하면 D 제어는 피드백 값에만 관련이 있는 것이 되며, PD 제어와는 구별된다. 트라이얼 (6·5)를 참조할 것.

이 된다. 여기에서 K_{PP}은 수식 (6·36)에서 λ가 얻어지면 J, D와 관계없이 한 번에 정해진다는 점에 주목해야 한다. λ는 응답의 속도를 설계자가 지정하는 것이므로 λ 대신에 K_{PP}을 지정해도 된다. K_{PP}는 위치제어응답의 속도를 나타내는 게인으로, 그대로 ω의 차원을 가지고 있다고 알려져 있다(수식 (6·24)의 ω_n와 같은 것이다). 따라서 수식 (6·36)~(6·38)을 다시 계산해 보면 J, D의 동정값을 이용하여

$$\left.\begin{aligned} K_{PV} &= 9K_{PP}\hat{J} - \hat{D} \\ K_{IV} &= 27K_{PP}^2\hat{J} \end{aligned}\right\} \qquad (6\cdot39)$$

여기에서 K_{PP} : 설계자 지정

와 같이 구할 수 있다. 따라서 수식 (6·15), (6·16), (6·39)를 조합시키면, 임계제어 특성을 가진 위치제어시스템을 속도제어시스템과 함께 설계할 수 있게 된다.

6-4 기계의 공진을 고려한 모델화와 제어게인의 관계

6-3절에서 위치제어계를 구성하였는데, 수식 (6·39)만을 보면 위치제어게인 K_{PP}는 얼마든지 크게 할 수 있게 된다. 그러나 실제로 이것은 불가능하다. 이에는 여러 가지 요인이 있는데, 주요 요인은 **기계의 공진**이다. 본 절에서는 그 성질에 대해 조사해 보도록 하겠다.

그림 6 · 1의 모델에서는 관절을 강체라고 생각하였다. 그러나 하모닉 드라이브 감속기나 타이밍 벨트 등과 같이 감속기구는 강체가 아니다. 그림 6 · 1의 관절을 그림 6 · 10과 같이 모델화한다. 여기에서 새롭게 정의한 것은 관절스프링정수 K_g와 스프링의 비틀림양에 대한 점성마찰계수 D_g이다. 이처럼 두 개의 관성 사이에는 스프링이 한 개 들어간 모델을 2관성계라고 부른다. 그림 6 · 1과 같이 관절이 강체인 모델은 1관성계라고 한다.

그림 6 · 10에 따라 블록선도를 구성해 보면 그림 6 · 11과 같이 된다. 이것은 수

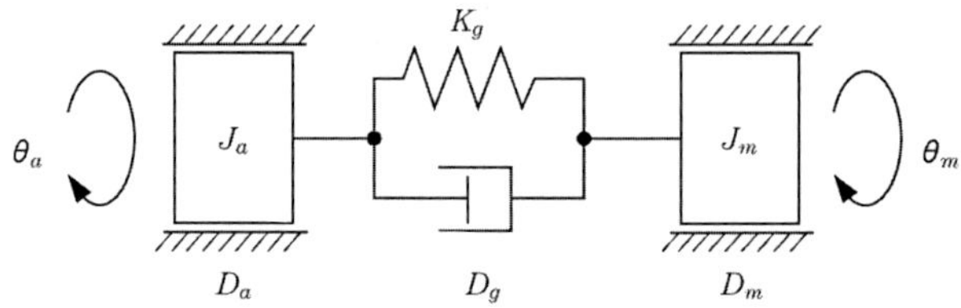

그림 6 · 10 관절강성을 고려한 모델(2관성계)

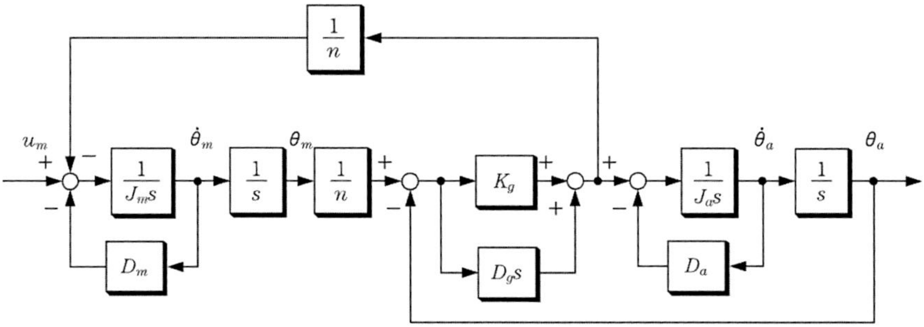

그림 6 · 11 관절강성을 고려한 블록선도

식 (6·40), (6·41)을 라플라스 변환해서 얻어진 것이다[46].

$$J_a\ddot{\theta}_a+D_a\dot{\theta}_a=K_g\left(\theta_a-\frac{\theta_m}{n}\right)+D_g\left(\dot{\theta}_a-\frac{\dot{\theta}_m}{n}\right) \tag{6·40}$$

$$J_m\ddot{\theta}_m+D_m\dot{\theta}_m=u_{\mathrm{m}}-\frac{1}{n}\left[K_g\left(\theta_a-\frac{\theta_m}{n}\right)+D_g\left(\dot{\theta}_a-\frac{\dot{\theta}_m}{n}\right)\right] \tag{6·41}$$

u_m에서 θ_m까지의 전달함수 $G_p(s)$를 계산하면 다음 식과 같이 된다.

$$G_P(s)=\frac{\theta_m(s)}{u_m(s)}=\frac{b_0+b_1s+b_2s^2}{(a_0+a_1s+a_2s^2+a_3s^3)\,s} \tag{6·42}$$

여기에서 수식 (6·42)의 각 계수는 다음과 같다.

$$\left.\begin{aligned}
a_0 &= D_m + \frac{D_a}{n^2} \\
a_1 &= J_m + \frac{J_a}{n^2} + \frac{1}{K_g}\left(\frac{D_g D_a}{n^2} + D_m D_a + D_m D_g\right) \\
a_2 &= \frac{1}{K_g}\left(J_m D_a + J_m D_g + J_a D_m + \frac{J_a D_g}{n^2}\right) \\
a_3 &= \frac{J_m J_a}{K_g} \\
b_0 &= 1 \\
b_1 &= \frac{D_a + D_g}{K_g} \\
b_2 &= \frac{J_a}{K_g}
\end{aligned}\right\} \quad (6{\cdot}43)$$

$K_g \rightarrow \infty$으로 하면 강체 파라메타를 고려한 수식 (6·8)과 일치한다. 다음으로 $G_P(s)$의 보드 선도를 그려보기로 하자.

그림 6 · 12의 실선은 K_g를 무시할 수 없을 때의 $G_P(s)$(분모 4차, 분자 2차)의 보드 선도이며, 점선은 $K_g \rightarrow \infty$의 강체 모델의 경우인 $G_P(s)$(분모 2차, 분자 0차)의 보드선도이다. ω_0까지의 주파수는 두 쪽 모두 거의 일치하지만, 그 이상에서는 $G_P(s)$에서 ω_z에서는 반(反)공진이 일어나고 있으며, ω_p에서는 공진이 일어나고 있다. 여기에서 ω_z는 분자의 특성방정식의 근(영점이라고 함)이다. 또한 ω_p는 분모의 특성방정식의 근 (극이라고 함)으로부터 구할 수 있다.

다음으로 이들 모델을 이용하여 6-3절에서 설계한 위치제어계를 평가해 보도록 하자. 그림 6 · 13은 위치제어 설계 파라메타 K_{PP}의 크기를 변환시켜 시뮬레이션한 것이다. 여기에서는 그림 6 · 9를 그대로 이용한 것이므로 K_{PP}의 크기에 관계없이 임계제어가 달성되었다. 한편 그림 6 · 14는 그림 6 · 9의 제어대상 (2차의 $1/(Js+D)s$)를 4차의 $G_P(s)$에 대입시켜 시뮬레이션한 것이다. K_{PP}가 작은 경우

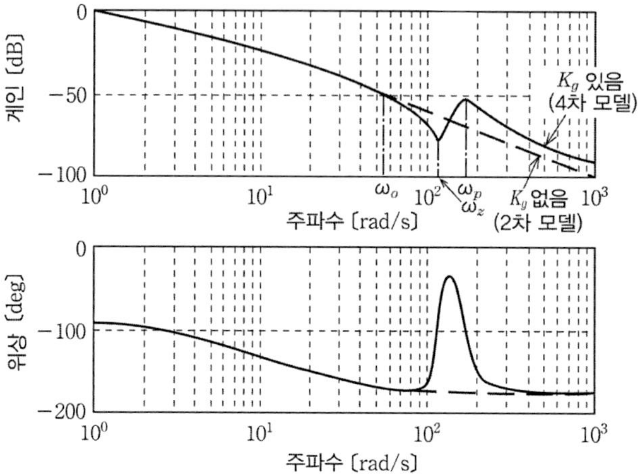

그림 6 · 12 K_g와 보드 선도

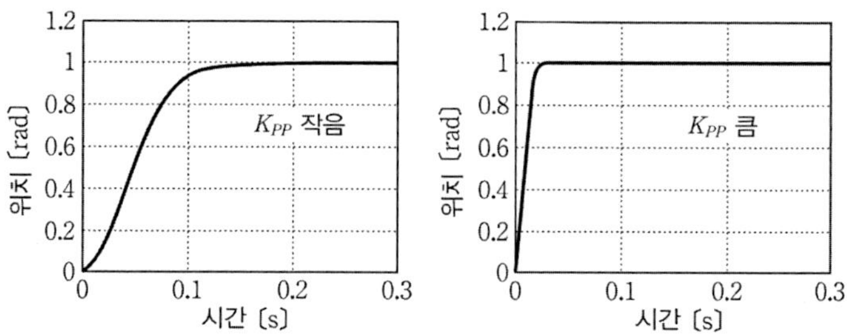

그림 6 · 13 시뮬레이션(K_g 없음)

에는 그림 6 · 13과 동일한 응답을 얻을 수 있지만, K_{PP}를 크게 한(ω_z 부근에 설정) 경우에는 기계공진의 영향을 받아 감쇄가 나빠짐을 알 수 있다.

이상에서 살펴본 바와 같이 K_{PP}는 ω_z보다 올릴 수 없음을 알 수 있다. 구체적으로 설명하면 K_{PP}의 설정은 그림 6·12의 ω_0 부근, 즉 $\omega_z/2$ 이하 정도로 해주어야 한다. 또한 ω_z는 서보 애널라이저나 시스템 동정[47),48)]에 의한 주파수 응

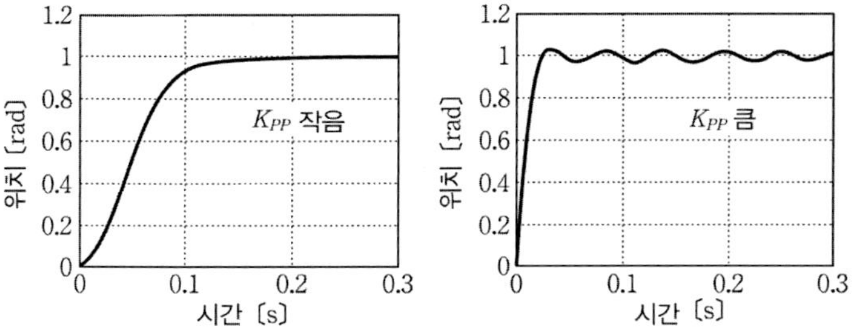

그림 6 · 14 시뮬레이션(K_g 있음)

답으로부터 얻을 수 있다. 간단히 말하면 J_a 설계치와 K_g의 카달로그에 있는 값으로부터 $\omega_Z = \sqrt{K_g/J_a}$와 같이 구할 수 있다.

6-5 목표궤도생성과 피드포워드 효과

6-4절까지는 위치목표치가 스텝상으로 변화하는 것으로서 제어시스템을 구성하고, 임계감쇄하도록 제어게인을 구했다. 그러나 실제 목표치는 모터토크가 포화하지 않도록 가감속을 고려하여 궤도생성되었다. 이 궤도생성에는 시각 t 의 다항식을 이용한 곡선이 이용되므로 내부모델 원리에 근거한 2형, 3형,……의 서보 시스템 구성을 생각해 볼 수 있다. 그러나 위상을 90도 낮추는 적분기를 2개 이상 넣으면 궤도의 최종 목표치에 도달할 때 오버슈트 되기 때문에 선호하지 않는다. 한편 제어게인 자체를 올리면 목표궤도에 대한 추종특성은 좋아지지만, 6-4절에서 기술한 것처럼 기계공진현상에 의해 제어게인에는 상한이 존재한다. 따라서 본 절에서는 앞에서 설계한 (피드백)제어게인은 그대로 두고 피드포워드라는 기법을 이용해 목표궤도에 대한 추종특성을 향상시키는 방법에 대해 설명하기로 한다.

1 대형(臺形) 가속도 궤도와 S자 가속도 궤도

구동모터의 토크에는 상한이 있어 스텝상의 위치목표치나 속도목표치로는 한 번에 작은 동작밖에는 할 수 없다. 또한 스텝상의 목표치에서는 고주파 성분을 많이 포함하고 있기 때문에 관절이 진동하기 쉬워져 기구에 가해지는 손상도 크

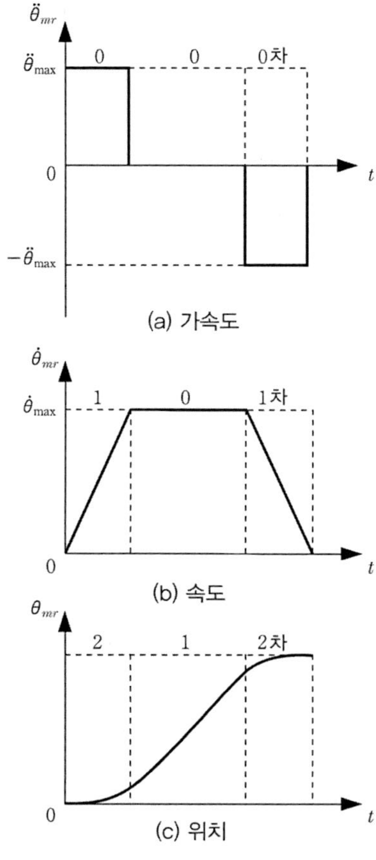

그림 6 · 15 대형가속도 패턴

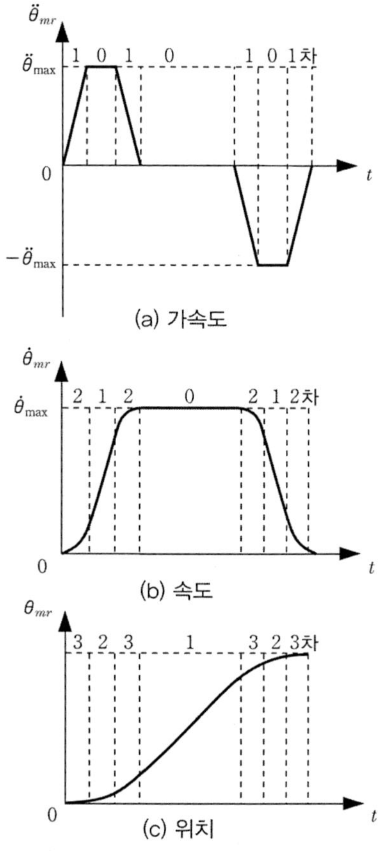

그림 6 · 16 S자 가감속 패턴

다. 따라서 시각 t의 다항식을 이용한 목표궤도생성에 대해 고려해 보기로 한다. 그림 6 · 15는 **대형가속도 패턴**이라고 불리는 것으로 가속도 패턴은 0차, 속도 패턴은 1차와 0차의 다항식을, 위치 패턴은 2차와 1차의 다항식을 연결한 것이다. 각 다항식의 계수는 그림 5 · 11의 모터 특성에 따라 결정한다. 이 대형가속도 패턴은 모터의 능력(최고속도($\dot{\theta}_{\mathrm{max}}$), 최대가속도($\ddot{\theta}_{\mathrm{max}}$))을 최대로 끌어올릴 수 있는 목표궤도라고 할 수 있는데, 가속도가 스텝상에서 아직 고주파가 많아 앞에서 기술한 것처럼 관절강성에 의한 진동을 일으키기 쉽다.

따라서 고안해 낸 것이 그림 6 · 16에 나타낸 **S자 가감속 패턴**으로, 가속도가 1, 0차, 속도가 2, 1, 0차, 위치가 3, 2, 1차인 다항식을 접속한 것이다. S자 가감속은 대형가속보다 약간 동작시간이 걸리지만, 최대가속도(θ_{max})를 약간 크게 하면 괜찮다.

다음으로 그림 6 · 9의 제어시스템에 그림 6 · 16의 S자 가속도에 의한 위치목표치를 가했을 때의 응답을 보자. 그림 6 · 17은 위치와 속도의 응답파형을 목표치에 중첩시킨 것이다. 최고속도에 도달할 때까지 속도편차가 발생함에 따라 최종

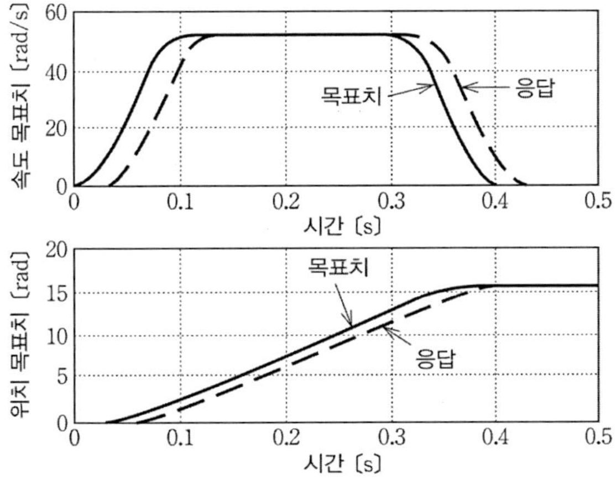

그림 6 · 17 지연 펄스 현상

목표위치에 도달하는 것이 지연됨을 알 수 있다. 1형 서보 시스템에서는 목표치가 일정해졌을 때 정상편차를 0으로 하는 기능밖에 없기 때문이다. 그림 6·9에서와 같이 모터가 목표속도 패턴을 추종하기 위해서는 K_{PP} 출력(속도 루프에 대한 목표치) 부분에 0이 아닌 값을 가질 필요가 있으며, 그것은 위치편차($\theta_{mr}-\theta_m$)를 가져야 한다는 것을 의미한다. 이 위치편차는 지연펄스라고 하며 피드백 제어만으로 궤도제어할 경우에는 불가피한 것이다.

또한 S자 가감속의 경우에는 최종목표치 부근에서의 위치목표치 변화가 완만하기 때문에 좀처럼 위치편차가 수렴되지 않는다. 따라서 목표치가 최종값에 도달한 후 위치편차가 어느 범위 내에 진입하면 위치게인 K_{PP}를 3배수로 하는 등의 **게인 스케줄링법**이 이용되는 경우도 있다.

그리고 그림 6·18과 같이 속도제어계에 비례게인 K_{FV}를 추가하여 FF-I-P 제어계로서 속응성을 높이는 방법도 있다. 스텝응답에서는 오버슈트가 약간 증가하게 되지만 가속도를 이용한 궤도제어에서는 그다지 문제가 되지 않을 것이다. $K_{FV}=K_{PV}$로 하면 PI 제어라고 불리는 형태가 된다. 일반적으로 속응성 측면에서는 PI 제어도 자주 사용되고 있다. 여기에서 제시한 FF-I-P 제어시스템은 **2자유도 제어계**라고 불리며 응답 사양에 따라 $0 \leqq K_{FV} \leqq K_{PV}$ 사이에서 세심하게 튜닝할 수 있다. 자세한 것은 제어공학 전문서적을 참조할 것[44].

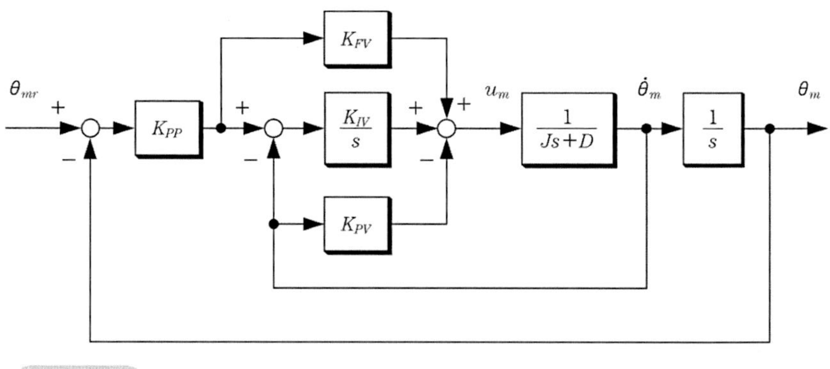

그림 6·18 속도 FF-I-P 제어계 + 위치 P 제어계($K_{FV}=K_{PV}$일 때 PI 제어가 됨)

2 피드포워드 효과

그렇다면 궤도추종오차를 줄이려면 어떻게 하면 될까? 그러기 위해서는 그림 6·19에서와 같이 위치·속도·가속도 목표치를 토크지령으로 피드포워드하면 된다. 이 그림에서는 언뜻 복잡하게 보이지만 기본적인 사고는 간단한 것으로, 원래 피드백 시스템 각 요소의 지연을 보상해 준다는 의미이다. 우선 $\hat{J}$를 이용한 가속도 피드포워드는 관성 J에 의한 응답지연을 보상한다. 다음으로 속도 피드포워드 중 $\hat{D}$는 점성마찰 D에 의한 지연을, K_{RV}는 K_{PV}를, K_{RP}는 K_{IV}를 각각 보상한다. $K_{RV}=K_{PV}$, K_{RP}는 1로 하고, $\hat{J}=J$, $\hat{D}=D$이면 그림 6·19의 궤도추종오차는 이론상 0이 된다. 단, 실제로는 각 관절의 모델은 수식 (6·30)과 같은 고

REFRESH 18 PD 제어에 대해

로봇 교과서의 제어에서 반드시 나오는 것은 관절각 위치의 PD(비례·미분)제어이다. 그러나 티칭 플레이백을 기초로 하는 산업용 로봇에는 거의 사용되지 않는다. 이것은 I(적분) 제어가 들어가 있지 않기 때문에 반복 정밀도가 나오지 않기 때문이다. 이 교과서와 실제와의 갭은 다음 두 가지의 다른 어프로치에서 탄생했다고 볼 수 있다.

① 로봇 위치제어의 경우, 속도 → 위치의 구조적 적분기가 있기 때문에 이론상으로는 PD 제어만으로 I형 서보 시스템을 구성할 수 있어서 스텝상의 위치목표치에 대해 정상편차가 나오지 않는다. 일부러 위치제어계의 안정성을 어렵게 만드는 (위상을 90도 낮춤)적분기를 넣을 필요가 없었다.

② 산업용 로봇 컨트롤러에는 각 축 모터의 속도제어를 하는 서보 드라이버가 내장되어 있다. 속도제어계에서는 I형 서보계로 하기 위해 적분기를 넣는 것이 필수여서 PI 제어가 자연스럽게 도입되었다. 이 적분기가 외측의 위치제어시계에도 효과적이어서 정마찰 등에 의한 정상편차를 없애는 것에도 도움이 되었다.

조정이 용이하다는 점에서는 위치 PD 제어계를 조정한 후 I 제어를 삽입하는 것과 속도 PI 제어를 조정하고 난 후 외측에 위치 P 제어를 삽입하는 것 중 후자가 훨씬 간단하다.

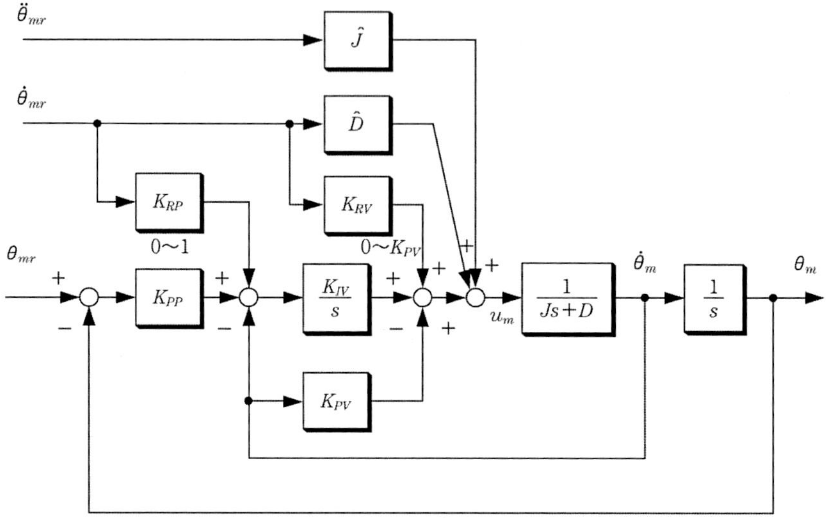

그림 6 · 19 피드포워드 추가 제어계

차의 식으로 표시되므로 완전하게 궤도추종오차를 잡을 수는 없다. 더욱이 피드포워드를 강하게 하면 관절진동을 초래하기 때문에, 예를 들면 $K_{RP}=0.3$, $\hat{J}=0.5\hat{J}$, $K_{RV}=K_{PV}$ 정도가 좋다.

따라서 구동토크는 다음 식과 같다. 수식 (6·45)에서는 우변 제3항목부터 PID 제어 구성으로 되어 있다.

$$
\begin{aligned}
u_m &= \hat{J}\ddot{\theta}_{mr} + \hat{D}\dot{\theta}_{mr} + K_{RV}\dot{\theta}_{mr} + \frac{K_{IV}}{s}\{K_{PP}(\theta_{mr}-\theta_m) + K_{RP}\dot{\theta}_{mr} - \dot{\theta}_m\} \\
&\quad - K_{PV}\dot{\theta}_m \\
&= \hat{J}\ddot{\theta}_{mr} + \hat{D}\dot{\theta}_{mr} + K_{RV}\dot{\theta}_{mr} + K_{IV}K_{RP}\theta_{mr} + \frac{K_{IV}K_{PP}}{s}(\theta_{mr}-\theta_m) - K_{IV}\theta_m \\
&\quad - K_{PV}\dot{\theta}_m \qquad (6\cdot44)
\end{aligned}
$$

$$u_m = \hat{J}\ddot{\theta}_{mr} + \hat{D}\dot{\theta}_{mr} + \left(\frac{K_{PP}K_{IV}}{s} + K_{IV}\right)(\theta_{mr} - \theta_m) + K_{PV}(\dot{\theta}_{mr} - \dot{\theta}_m) \tag{6·45}$$

6-6 외란업저버란 무엇일까?

6-5절까지는 관성모멘트나 점성마찰계수라고 하는 파라메타 동정을 바탕으로 속도 FF-I-P 제어계를 설계하였다. 그러나 실제로는 동정오차나 관성모멘트가 변동하여, 점성마찰토크 이외의 마찰토크나 링크에 가해지는 외란토크도 존재한다. 이 절에서는 이러한 외란의 영향을 억제하면서 정확하게 제어가 가능한 **외란업저버**[49)]에 근거한 제어계를 소개하기로 한다. 그리고 1관성계에 대한 외란업저버가 앞에서 기술했던 속도 FF-I-P 제어시스템을 유도한다는 것을 설명하기로 한다. 업저버란 센서 등으로 직접 관측할 수 없는 상태량을 모델(운동방정식)을 근거로 추정하는 연산이다. 모델에 가해진 외란을 추정하는 외란업저버는 모션컨트롤 분야에서는 중심적인 역할을 담당하고 있다.

1관성계 운동방정식의 라플라스 변환 수식 (6·9)에서 관성모멘트 J의 동정치 $\hat{J}$에 의한 관성토크 이외의 토크를 모두 외란(外亂)토크로 규정한다.

$$\hat{J}s\dot{\theta}_m(s) + \tau_d(s) = u_m(s) \tag{6·46}$$

여기에서 $J = \hat{J} + \Delta J$이며 ΔJ에는 동정오차나 관성모멘트 변동을 포함한다. 또한 $\tau_d(s) = \Delta Js\dot{\theta}_m(s) + D\dot{\theta}_m(s) + \tau_f(s)$이고, τ_f에는 점성마찰토크이외의 마찰 토크나 링크에 가해지는 외란토크가 포함된다. 수식 (6·46)을 변형하면,

$$\tau_d(s) = u_m(s) - \hat{J}s\dot{\theta}_m(s) \tag{6·47}$$

이 되며, 모터 각속도의 미분(모터 각가속도)을 계측해 보면 외란토크 τ_d를 역산

할 수 있게 된다. 그러나 가령 수식 (6·17)과 같이 모터각도엔코더의 차분으로 구한 $\dot{\theta}_m$을 다시 미분하는 것은 고주파잡음의 영향을 크게 받는다. 따라서 로우패스 필터로 1차지연요소 $1/(1+T_d s)$을 삽입하고, 외란토크 $\hat{\tau}_d$를 다음과 같이 구한다.

$$\begin{aligned}\hat{\tau}_d(s) &= \frac{1}{1+T_d s}(u_m(s) - \hat{J}s\dot{\theta}_m(s)) \\ &= \frac{1}{1+T_d s}u_m(s) - \frac{\hat{J}s}{1+T_d s}\dot{\theta}_m(s) \end{aligned} \tag{6·48}$$

수식 (6·48)을 1관성시스템에 대한 외란(추정)업저버라고 부른다. 외란업저버의 진정한 묘미는 외란을 추정할 뿐만 아니라 새로운 입력 $\bar{u}_m$을 정의하여,

$$u_m(s) = \bar{u}_m(s) + \hat{\tau}_d(s) \tag{6·49}$$

에서의 같이 추정외란 $\hat{\tau}_d$에 의해 외란 τ_d를 없애는 제어를 한다는 점에 있다. 이것을 블록선도로 나타내면 그림 6 · 20과 같이 된다. 수식 (6·17)과 같은 요령으로 라플라스 변환요소 s를 차분근사 함으로서 수식 (6·48)을 쉽게 실현시킬 수 있다. 로우패스 필터의 시정수 T_d는 추정 가능한 외란주파수의 상한을 결정하는 중요

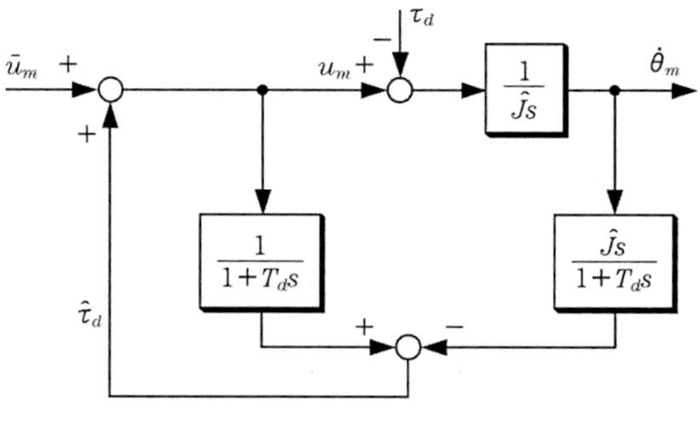

그림 6 · 20 1관성계에 대한 외란업저버에 의거한 추정 외란 피드백

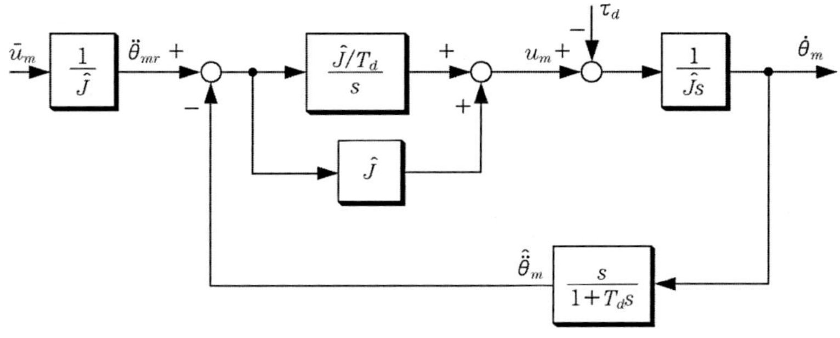

그림 6 · 21 추정 외란 피드백과 등가인 가속도 PI 제어계

한 정수이다. T_d가 작을수록 외란업저버의 성능이 높아지지만, 고주파 노이즈 억제와 상계된다. 또한 그림 6 · 20의 블록그림을 변형하면 그림 6 · 21과 같이 되고, 1관성계에 대한 외란업저버에 의한 외란 소거는 로우패스 필터로 추정된 각가속도의 피드백에 의거한 PI 제어계와 등가임을 알 수 있다(트라이얼 [6·7] 참조).

여기에서 추정외란으로 외란 소거된 계에 대해 6-3절과 마찬가지로 비례 게인 K'_{PV}에 의한 P 제어를 이용한 각속도 피드백 제어계를 구성해 보자.

$$\bar{u}_m(s) = K'_{PV}(\dot{\theta}_{mr}(s) - \dot{\theta}_m(s)) \tag{6·50}$$

을 수식 (6·49)에 대입하여 수식 (6·48)을 이용해 정리하면,

$$\begin{aligned} u_m &= K'_{PV}\left(1+\frac{1}{T_d s}\right)(\dot{\theta}_{mr}-\dot{\theta}_m) - \frac{\hat{J}}{T_d}\dot{\theta}_m \\ &= K'_{PV}(\dot{\theta}_{mr}-\dot{\theta}_m) + \frac{K'_{PV}/T_d}{s}(\dot{\theta}_{mr}-\dot{\theta}_m) - \frac{\hat{J}}{T_d}\dot{\theta}_m \\ &= K'_{PV}\dot{\theta}_{mr} + \frac{K'_{PV}/T_d}{s}(\dot{\theta}_{mr}-\dot{\theta}_m) - \left(K'_{PV}+\frac{\hat{J}}{T_d}\right)\dot{\theta}_m \end{aligned} \tag{6·51}$$

을 유도할 수 있다. 이 블록그림을 그림 6 · 22로 나타낸다. 그림에서도 확실히 알

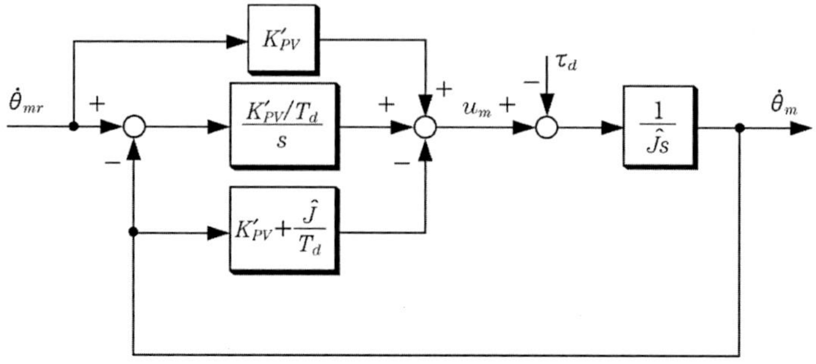

그림 6 · 22 추정외란피드백 + 속도 P 제어계와 등가관계인 속도 FF-I-P 제어계

수 있듯이 1관성계에 대한 외란업저버에 의한 추정외란피드백 된 계에 P 제어에 의한 각속도 피드백을 실시한 제어계를 그림 6 · 18에 나타난 각속도 FF-I-P 제어계와 등가관계를 이룬다. 외란업저버의 경우, 6-3절에서 도출한 결과에 비해, 보다 자연스러운 형태로 적분제어가 도입된 것이 특징이며, 1형 서보계의 알기 쉬운 설계법 중 하나라고 결론지을 수 있다. 다시 말해 1관성계에 대한 각속도 FF-I-P 제어계는 내부에 외란추정과 소거 기능을 포함하며, 각가속도 PI 제어계를 내포하고 있다는 것을 의미한다.

그리고 앞의 FF-I-P 제어계의 설계법과 같이 점성 마찰계수 D를 부활시켜 외 외란업저버에 의한 외란소거 기능에는 맡기지 않고, 동정치 $\hat{D}$를 이용해 점성 마찰토크 추정분 $\hat{D}\dot{\theta}_m$을 소거해 두는 형태로 수식 (6·51)을 변형하면,

$$u_m = K'_{PV}\dot{\theta}_{mr} + \frac{K'_{PV}/T_d}{s}(\dot{\theta}_{mr} - \dot{\theta}_m) - \left(K'_{PV} + \frac{\hat{J}}{T_d} - \hat{D}\right)\dot{\theta}_m \quad (6·52)$$

가 된다. 블록그림을 그림 6 · 23으로 나타낸다. 그림 속의 외란토크 τ'_d은 점성 마찰토크 추정분 $\hat{D}\dot{\theta}_m$을 뺀 형태로, $\tau'_d = \Delta Js\dot{\theta}_m + \Delta D\dot{\theta}_m + \tau_f$로 재정의 하였다. 그림 6 · 18과의 대응은,

$$\begin{aligned} &\text{FF 제어} \quad K_{FV} \rightarrow K'_{PV} \\ &\text{I 제어} \quad K_{IV} \rightarrow K'_{PV}/T_d \\ &\text{P 제어} \quad K_{PV} \rightarrow K'_{PV}+\frac{\hat{J}}{T_d}-\hat{D} \end{aligned} \tag{6·53}$$

이 된다. FF-I-P 제어에서는 FF 제어의 파라메타 K_{FV}에 자유도가 있으며, $0 \leq K_{FV} \leq K_{PV}$ 사이에서 세심하게 튜닝해야 했지만, 외란업저버에서는 $\frac{\hat{J}}{T_d}-\hat{D}$의 값에서 자동으로 결정되는 특징이 있다. 또한 6-4절에서와 같이 제어대상이 1관성시스템이라고 가정하지 않고, 2관성시스템일 경우, 외란업저버로 설정 가능한 파라메타는 제한을 받기 때문에 주의가 필요하다. 추정한 외란에 1 미만의 게인을 가해 피드백하고, 2관성시스템에서의 진동억제 방법에 대해서도 연구되고 있

REFRESH 19 **제어이론은 산업용 로봇에 그다지 공헌하지 않고 있다?**

산업용 로봇 컨트롤러는 지금도 PID 제어의 연장에 있는 제어측이 주류이지만, 하드웨어가 진보함에 따라 PID 제어자체의 성능도 향상된 것이 주요인이라고 생각된다. 여기에는 메카니즘이 경량·고강도화 된 점, 아날로그에서 디지털로 전환되어 온 속도나 전류제어계가 FPGA와 ASIC의 진보에 의해 가로축(샘플링 시간)에 대해서는 거의 연속(아날로그)에 가깝게 된 점, 세로축(양자화(量子化))에 대해서도 센서의 정확도가 높아진 점, 보조 시간등과 같은 신호처리 기술이 크게 향상된 점 등을 요인으로 들 수 있다. 당초 DC 서보 보다 토크 리플 등의 성능이 떨어졌던 AC 서보도 현저히 향상되었다. 따라서 제어이론이 공헌하고 있지 않다? 라고 보는 것은 타당하지 않다. 제어이론에 바탕을 둔 CAE 툴이 향상되어 종래의 직감이 아닌 시스테마틱하게 PID 제어계 등을 이용한 설계·장착·조정이 가능해졌다. 또한 CPU의 고속화에 의해 로봇의 목표궤도 생성도 실시간으로 다양한 일을 할 수 있게 되었으며, 카메라나 레이저 등에 의한 센서피드백도 사용할 수 있게 되면서 안정성이 고려된 제어이론이 활약할 수 있는 분야가 확대되어 왔다고 할 수 있다.

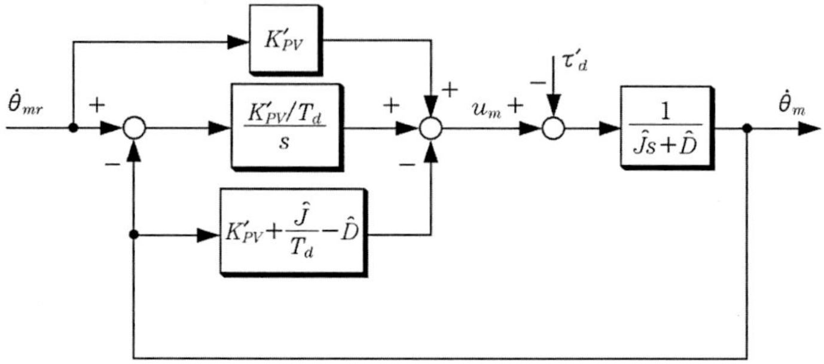

그림 6 · 23 점성마찰 토크 소거를 고려한 속도 FF-I-P 제어시스템

다. 이 경우 이제는 1형 서보계를 유도하지 않기 때문에 적극적으로 적분기를 추가할 필요가 있다.

트라이얼 6

6-1 그림 6 · 1에 제시한 관절에 대해 출력축의 관성모멘트 J가 2 kg · m^{2}부터 6 kg · m^{2}의 사이에서 변화한 경우, 출력축 환산의 관성변화를 구해보자. 여기에서 모터로터의 관성모멘트 $J_1=0.1$ kg · m^2, 감속비 $n=100$으로 한다.

6-2 그림 6 · 7의 전달함수 블록그림을 정리된 형태로 고쳐보자.

6-3 그림 6 · 24에서와 같이 질량, 스프링, 댐퍼로 이루어진 기계모델의 운동방정식을 구하고, 파라메타가 다이나믹스에 어떤 식으로 영향을 미칠지 생각해 보자. 단 질량 M, 점성마찰계수 D, 스프링상수 K로 한다.

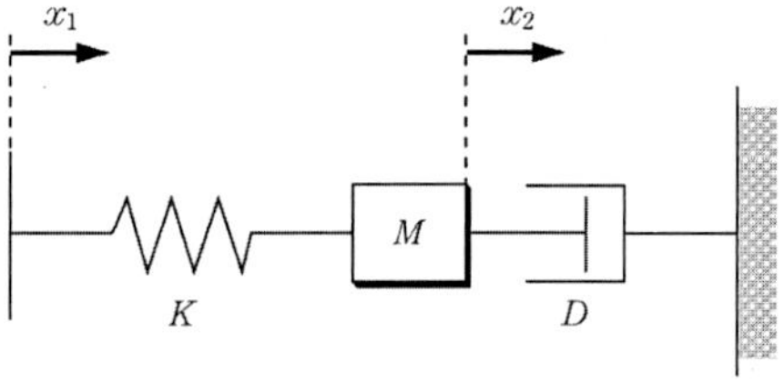

그림 6 · 24 스프링–질량–댐퍼 기계 모델도

6-4 6-2절에서 기술한 방법 이외의 J, D의 동정방법을 생각해보자. 또한 쿨롬마찰이 있는 경우는 어떻게 하면 좋을지 생각해 보자.

6-5 그림 6 · 18에서 $K_{FV}=K_{PV}$일 때, PI 제어가 되는 것에 대해 설명해 보자.

6-6 그림 6 · 19에서 피드포워드를 강하게 하면 기계진동을 초래하는 일이 발생한다고 설명했다. 왜 그럴까? 또한 이것을 완화시킬 방법에 생각해 보자.

6-7 수식 (6·48), 수식 (6·49)로부터 그림 6·21을 유도해 보자.

로봇 운동학

7 CHAPTER

관절 1축의 제어방법에 대해서는 6장에서 설명하였다. 일반적인 메카트로닉스 기구는 그 정도의 제어방법으로 제어할 수 있지만, 로봇, 특히 로봇 팔의 경우에는 더욱 더 심오한 운동학이 필요하다. 즉 로봇 팔의 선단을 임의의 위치에 두고 싶을 경우 각 관절을 어떻게 제어하면 좋을지를 궁리해야 한다. 그림 7·1에서와 같이 각 관절각에서 선단의 위치·자세를 구하는 것을 **순운동학(順運動學)**, 선단의 위치·자세로부터 각 관절의 각도를 구하는 것을 **역운동학(逆運動學)**이라고 한다. 순운동학은 도출해 낼 수 있지만 일반적으로 역운동학은 도출해 낼 수 없는 경우가 많다.

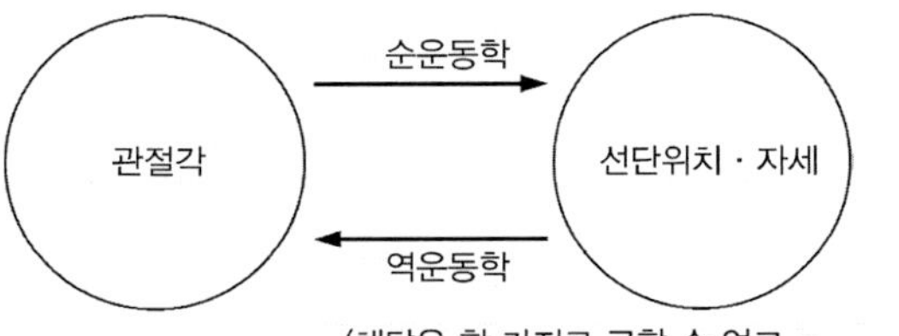

그림 7·1 로봇의 운동학과 역운동학

7-1 위치와 자세의 표현방법 익히기

로봇 관절에는 각각 좌표계를 정의할 수 있으므로, 각 좌표계간 변환을 도모함으로써 기초가 되는 기준좌표계를 통해 손의 위치와 자세를 산출할 수 있다. 여기서는 먼저 기초가 되는 두 종류 좌표계 사이에서의 좌표변환에 대해 설명한다.

1 | 동차변환행렬이란?

그림 7 · 2에서와 같이 두 종류의 좌표계 Σ_A과 Σ_B가 주어지고, Σ_B의 Σ_A에 대한 위치가 ${}^A\boldsymbol{p}_B$로, 그리고 자세의 **회전행렬**이 ${}^A\boldsymbol{R}_B$로 주어졌다고 하자. 이때 Σ_B상에서 ${}^B\boldsymbol{r}$로 표시된 점 P를 Σ_A에 관해 표현하면 다음과 같은 식이 된다.

$$ {}^A\boldsymbol{r} = {}^A\boldsymbol{R}_B\,{}^B\boldsymbol{r} + {}^A\boldsymbol{p}_B \tag{7·1} $$

이 관계를 반복 이용함으로서 복수의 좌표계로 구성된 기구의 선단 위치를 기초 좌표계로부터의 위치로 나타낼 수 있다.

가령, X축, Y축, Z축 둘레에 θ만큼 회전하는 회전행렬은 다음과 같이 나타낼 수 있다.

$$ \boldsymbol{R}_X = \begin{bmatrix} 1 & 0 & 0 \\ 0 & C_\theta & -S_\theta \\ 0 & S_\theta & C_\theta \end{bmatrix} \qquad \boldsymbol{R}_Y = \begin{bmatrix} C_\theta & 0 & S_\theta \\ 0 & 1 & 0 \\ -S_\theta & 0 & C_\theta \end{bmatrix} $$

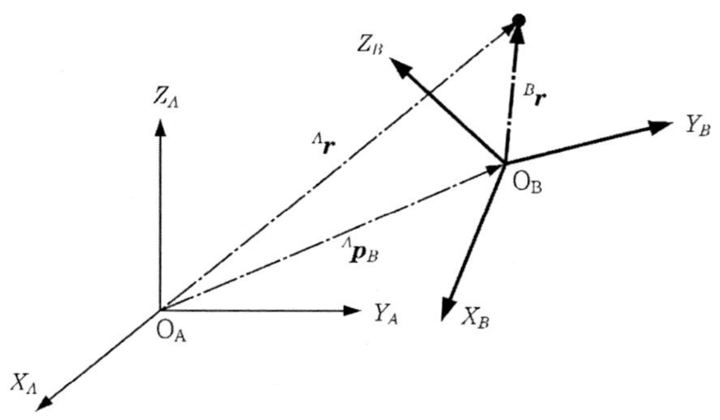

그림 7 · 2 두 종류의 좌표계의 관계

$$\boldsymbol{R}_Z = \begin{bmatrix} C_\theta & -S_\theta & 0 \\ S_\theta & C_\theta & 0 \\ 0 & 0 & 1 \end{bmatrix} \qquad (7\cdot2)$$

여기에서 표기를 간단히 하기 위해 $S_\theta = \sin\theta$, $C_\theta = \cos\theta$로 표시하기로 한다. 이하 동일하다.

또한, 이들 회전변화의 3차원 벡터 표현에 대해 병진변환의 요소를 하나 부가시키면 4차원 벡터로 표현할 수 있다.

$$\begin{bmatrix} {}^A\boldsymbol{r} \\ 1 \end{bmatrix} = \begin{bmatrix} {}^A\boldsymbol{R}_B & {}^A\boldsymbol{p}_B \\ 0 & 1 \end{bmatrix} \begin{bmatrix} {}^B\boldsymbol{r} \\ 1 \end{bmatrix} \qquad (7\cdot3)$$

여기에서,

$${}^A\boldsymbol{T}_B = \begin{bmatrix} {}^A\boldsymbol{R}_B & {}^A\boldsymbol{p}_B \\ 0 & 1 \end{bmatrix} \qquad (7\cdot4)$$

라고 하면,

$$\begin{aligned} {}^A\boldsymbol{r}_t &= {}^A\boldsymbol{T}_B\, {}^B\boldsymbol{r}_t \\ {}^A\boldsymbol{r}_t &= \begin{bmatrix} {}^A\boldsymbol{r} \\ 1 \end{bmatrix} \\ {}^B\boldsymbol{r}_t &= \begin{bmatrix} {}^B\boldsymbol{r} \\ 1 \end{bmatrix} \end{aligned} \qquad (7\cdot5)$$

가 되며, 회전과 병진 좌표변환을 한 개의 좌표변환행렬로 동시에 간단하게 표현할 수 있다. ${}^A T_B$을 동차변환행렬이라고 한다.

다음으로 선단의 자세 표현에 대해 좀 더 생각해 보도록 하자. 회전행렬 R은 일반적으로 9변수를 갖지만, 이들 요소는 독립적이지 않기 때문에 자세를 표현하려면 오일러 각이나 롤·피치·요우각에 의한 표현을 이용하면 세 종류의 변수로 자세를 표현할 수 있다.

2 | 오일러 각에 의한 변환

오일러 각에 의한 좌표변환은 그림 7 · 3과 같다.

(i) 우선, 좌표계 Σ_A와 일치하는 어떤 좌표계를 Z_A축 둘레로 각도 ϕ만큼 회전한 좌표계를 $\Sigma_{A'}(O_A-X_{A'}Y_{A'}Z_{A'})$이라 한다.

(ii) 다음으로 $\Sigma_{A'}$을 $Y_{A'}$축 회전으로 각도 θ 회전한 좌표계를 $\Sigma_{A''}(O_A-X_{A''}Y_{A''}Z_{A''})$으로 한다.

(iii) 마지막으로 $\Sigma_{A''}$을 $Z_{A''}$축 둘레로 각도 ψ만큼 회전시킨 것을 좌표계 Σ_B라고 한다. 이때 Σ_A으로 본 Σ_B의 자세는 (ϕ, θ, ψ)의 세 가지 각도의 조합으로 나타낸다.

이 조합을 오일러 각이라고 한다. 다음에 오일러 각과 회전행렬 ${}^A\boldsymbol{R}_B$의 관계를 구한다.

먼저 Σ_A과 $\Sigma_{A'}$의 회전행렬 ${}^A\boldsymbol{R}_{A'}$은 다음 식으로 나타낼 수 있다.

$$ {}^A\boldsymbol{R}_{A'} = \begin{bmatrix} C_\phi & -S_\phi & 0 \\ S_\phi & C_\phi & 0 \\ 0 & 0 & 1 \end{bmatrix} \tag{7·6} $$

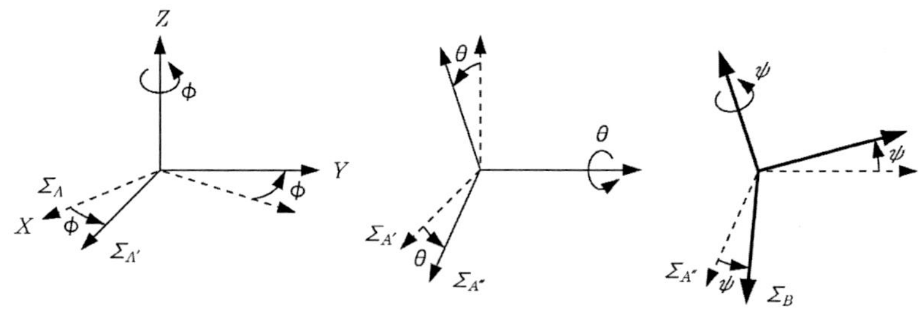

그림 7 · 3 오일러 각

마찬가지로 $\Sigma_{A'}$과 $\Sigma_{A''}$의 회전행렬 ${}^{A'}\boldsymbol{R}_{A''}$, $\Sigma_{A''}$과 Σ_{B}의 회전행렬 ${}^{A''}\boldsymbol{R}_{B}$은 아래와 같다.

$$ {}^{A'}\boldsymbol{R}_{A''} = \begin{bmatrix} C_\theta & 0 & S_\theta \\ 0 & 1 & 0 \\ -S_\theta & 0 & C_\theta \end{bmatrix} \tag{7·7} $$

$$ {}^{A''}\boldsymbol{R}_{B} = \begin{bmatrix} C_\psi & -S_\psi & 0 \\ S_\psi & C_\psi & 0 \\ 0 & 0 & 1 \end{bmatrix} \tag{7·8} $$

따라서 ${}^{A}\boldsymbol{R}_{B}$은 아래와 같이 구한다.

$$ \begin{aligned} {}^{A}\boldsymbol{R}_{B} &= {}^{A}\boldsymbol{R}_{A'}\,{}^{A'}\boldsymbol{R}_{A''}\,{}^{A''}\boldsymbol{R}_{B} \\ &= \begin{bmatrix} C_\phi C_\theta C_\psi - S_\phi S_\psi & -C_\phi C_\theta S_\psi - S_\phi C_\psi & C_\phi S_\theta \\ S_\phi C_\theta C_\psi + C_\phi S_\psi & -S_\phi C_\theta S_\psi + C_\phi C_\psi & S_\phi S_\theta \\ -S_\theta C_\psi & S_\theta S_\psi & C_\theta \end{bmatrix} \end{aligned} \tag{7·9} $$

이것이 오일러 각이 주어졌을 때의 **좌표변환행렬**이다. Euler(ϕ, θ, ψ)$={}^{A}\boldsymbol{R}_{B}$이라고 표현하는 경우도 있다.

다음으로 ${}^{A}\boldsymbol{R}_{B}$이 주어졌을 때 오일러 각(ϕ, θ, ψ)을 구해보자.

$$ {}^{A}\boldsymbol{R}_{B} = \begin{bmatrix} R_{11} & R_{12} & R_{13} \\ R_{21} & R_{22} & R_{23} \\ R_{31} & R_{32} & R_{33} \end{bmatrix} \tag{7·10} $$

수식 (7·9)와 수식 (7·10)의 제3열을 비교하여, $R_{13}=C_\phi S_\theta$, $R_{23}=S_\phi S_\theta$으로부터,

$$ S_\theta = \pm\sqrt{R_{13}^2 + R_{23}^2} \tag{7·11} $$

이것과 $R_{33}=C_\theta$으로부터,

$$\theta=\text{atan}\,2(\pm\sqrt{R_{13}{}^2+R_{23}{}^2},\ R_{33}) \tag{7·12}$$

$S_\theta \neq 0$되면, 동일한 방법으로

$$\phi=\text{atan}\,2(\pm R_{23},\ \pm R_{13}) \tag{7·13}$$

$$\psi=\text{atan}\,2(\pm R_{32},\ \mp R_{31}) \tag{7·14}$$

라고 구할 수 있다.

여기에서, $\cos^{-1}$이나 $\sin^{-1}$으로도 답은 구해지지만, 0도, 90도, 180도 부근에서 정밀도가 떨어지는 것과 a, b의 양수와 음수로 $-\pi < \theta \leqq \pi$의 범위에서 일대일로 대응된다는 것으로부터 atan 2(a, b) 함수를 적용하기로 한다.

오일러 각은 그림 7 · 4(a)에 제시한 로봇의 3자유도 관절배치에 대응한다.

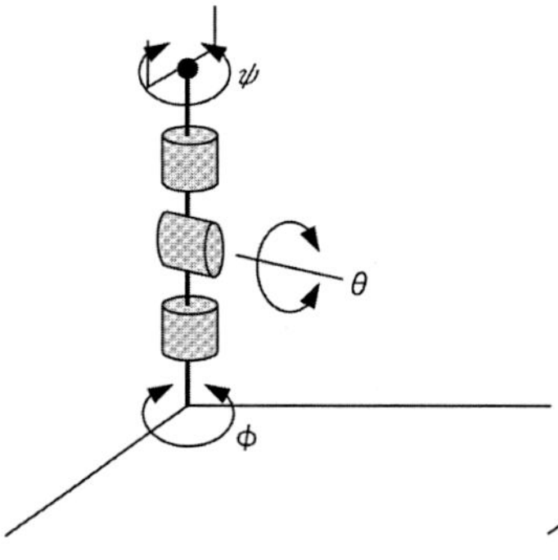

(a) 오일러 각 형태의 관절

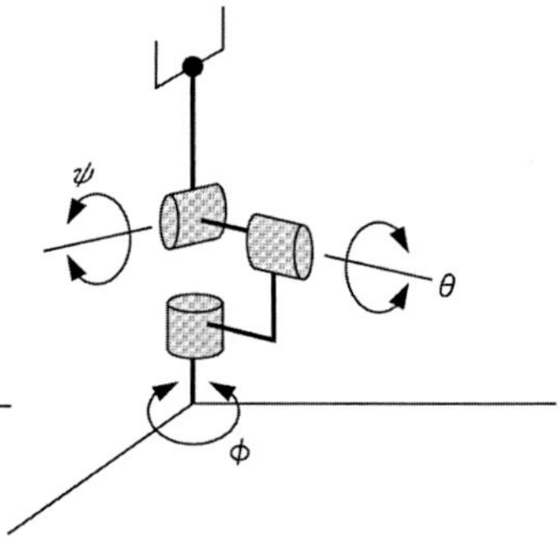

(b) 롤 · 피치 · 요각 형태의 관절

그림 7 · 4 로봇의 자세표현

3 롤·피치·요우각에 의한 변환

다음으로 롤·피치·요우각에 의한 자세표현을 설명하기로 한다. 이 표현방법도 기본적으로는 오일러 각과 같지만, 세 번째 회전각을 얻는 법이 약간 다르다. 롤·피치·요우각의 좌표변환을 그림 7·5에 나타내었다.

(i) 우선 Σ_A을 Z_A축 주위로 각도 ϕ만큼 회전시킨 좌표계를 $\Sigma_{A'}$로 한다.

(ii) 다음으로 $\Sigma_{A'}$을 $Y_{A'}$축 주위로 각도 θ만큼 회전한 좌표계를 $\Sigma_{A''}$로 한다.

(iii) 마지막으로 $\Sigma_{A''}$을 $X_{A''}$축 주위로 각도 ψ만큼 회전시킨 것을 좌표계 Σ_B로 한다.

이때의 각도(ϕ, θ, ψ)를 롤·피치·요우각이라고 한다. 오일러 각과 같이 변환행렬은 다음과 같이 구한다. 여기서는 변환행렬로서 $R(Z, \phi)$이라는 표기 방법을 사용하지만, 이것은 Z축 주위로 ϕ만큼 회전하는 것을 나타내는 변환행렬로, 다음과 같은 표현 방식도 자주 사용된다.

$$\boldsymbol{RPY}(\phi, \theta, \psi) = \boldsymbol{R}(z, \phi)\cdot\boldsymbol{R}(y, \theta)\cdot\boldsymbol{R}(x, \psi)$$
$$= \begin{bmatrix} C_\phi C_\theta & C_\phi S_\theta S_\psi - S_\phi C_\psi & C_\phi S_\theta C_\psi + S_\phi S_\psi \\ S_\phi C_\theta & S_\phi S_\theta S_\psi + C_\phi C_\psi & S_\phi S_\theta C_\psi - C_\phi S_\psi \\ -S_\theta & C_\theta S_\psi & C_\theta C_\psi \end{bmatrix} \qquad (7\cdot15)$$

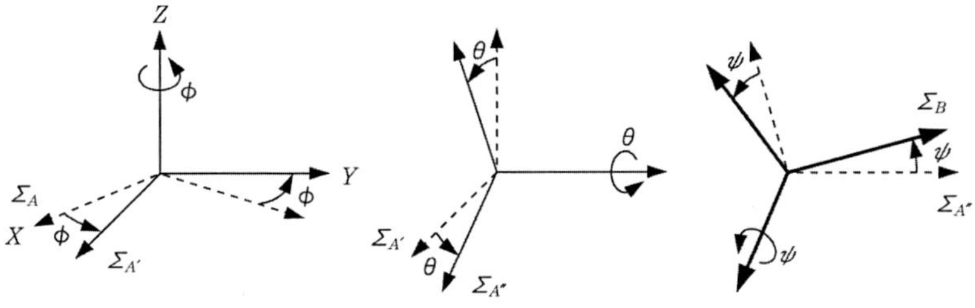

그림 7·5 롤·피치·요우각

롤·피치·요우각은 그림 7·4(b)에 제시한 로봇의 3자유도 관절배치에 대응한다.

7-2 관절 링크 파라메타란 어느 곳을 의미할까?

이상에서 설명한 변환행렬을 로봇의 관절에 적용시킨다. 여기에서는 일반화시키기 위해 관절 파라메타를 다음과 같이 정의한다. 다음과 같이 네 가지 변수로 링크기구를 기술하는 방법을 일반적으로 Denavit-Hartenberg 표기법(또는 DH 법)이라고 한다(그림 7·6).

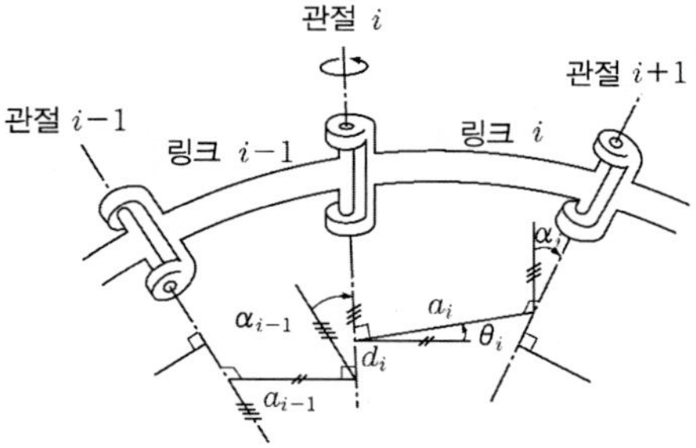

(a) 관절 i가 회전관절인 경우

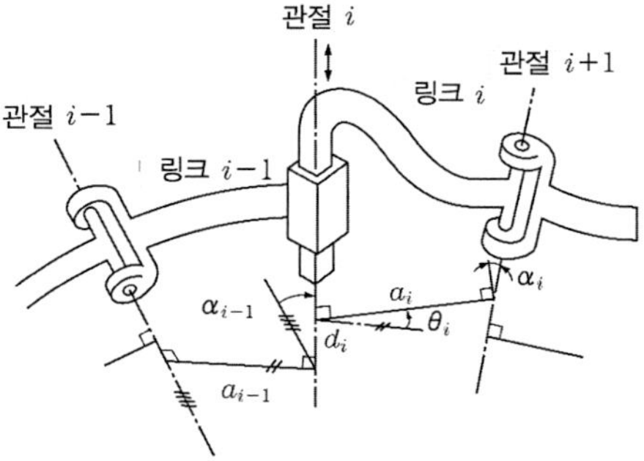

(b) 관절 i가 직동관절인 경우

그림 7·6 관절 파라메타를 나타내는 그림

DH법은 링크좌표계 Σ_i를 Σ_{i-1}에서 본 경우의 동차변환에 의한 기술법이며, 링크 파라메타는,

(i) x_i축에 따라 α_{i-1}만큼 병진
(ii) x_{i-1}축 둘레로 α_{i-1}만큼 회전
(iii) z_i에 따라 d_i만큼 병진
(iv) z_i축 둘레로 θ_i만큼 회전

이라고 정의할 수 있다. 여기에서 z_i는 관절 출력축의 방향으로 하고, x_i는 기준 좌표계에 대해 각 관절이 같은 방향이 되도록 한다.

따라서 변환행렬 ${}^{i-1}T_i$은 수식 (7·16)과 같이 된다.

$$
\begin{aligned}
{}^{i-1}\boldsymbol{T}_i &= \boldsymbol{T}_T(X_{i-1}, a_{i-1})\,\boldsymbol{T}_R(X_{i-1}, \alpha_{i-1})\,\boldsymbol{T}_T(Z_i, d_i)\,\boldsymbol{T}_R(Z_i, \theta_i) \\
&= \begin{bmatrix} 1 & 0 & 0 & a_{i-1} \\ 0 & 1 & 0 & 0 \\ 0 & 0 & 1 & 0 \\ 0 & 0 & 0 & 1 \end{bmatrix}
\begin{bmatrix} 1 & 0 & 0 & 0 \\ 0 & C_\alpha & -S_\alpha & 0 \\ 0 & S_\alpha & C_\alpha & 0 \\ 0 & 0 & 0 & 1 \end{bmatrix}
\begin{bmatrix} 1 & 0 & 0 & 0 \\ 0 & 1 & 0 & 0 \\ 0 & 0 & 1 & d_i \\ 0 & 0 & 0 & 1 \end{bmatrix} \\
&\quad \times \begin{bmatrix} C & -S & 0 & 0 \\ S & C & 0 & 0 \\ 0 & 0 & 1 & 0 \\ 0 & 0 & 0 & 1 \end{bmatrix} \\
&= \begin{bmatrix} C & -S & 0 & a_{i-1} \\ C_\alpha S & C_\alpha C & -S_\alpha & -S_\alpha \cdot d_i \\ S_\alpha S & S_\alpha C & C_\alpha & C_\alpha \cdot d_i \\ 0 & 0 & 0 & 1 \end{bmatrix}
\end{aligned}
\tag{7·16}
$$

여기에서, $S=\sin\theta_i$, $C=\cos\theta_i$, $S_\alpha=\sin\alpha_{i-1}$, $C_\alpha=\cos\alpha_{i-1}$

이 식을 이용하면 최선단 링크 좌표계 Σ_n을 Σ_0과 관계를 갖도록 하기 위한 변환은 다음 식으로 제시할 수 있다.

$$ {}^{0}T_6 = {}^{0}T_1\, {}^{1}T_2\, {}^{2}T_3\, {}^{3}T_4\, {}^{4}T_5\, {}^{5}T_6 \qquad (7\cdot17) $$

더욱이 링크 n에 장착된 말단효과기(엔드이팩터 또는 헨드)의 위치자세를 나타내는 좌표계 Σ_E이 Σ_n에 대해 ${}^{n}T_E$, 매니퓰레이터의 기초좌표계 Σ_0이 기준좌표계 Σ_R에 대해 ${}^{R}T_0$으로 기술될 경우, 말단효과기는 기준좌표계에 대해 다음에 제시한 위치자세에 있다. 그림으로 하면 그림 7 · 7과 같은 관계가 된다.

$$ {}^{R}T_E = {}^{R}T_0\, {}^{0}T_n\, {}^{n}T_E \qquad (7\cdot18) $$

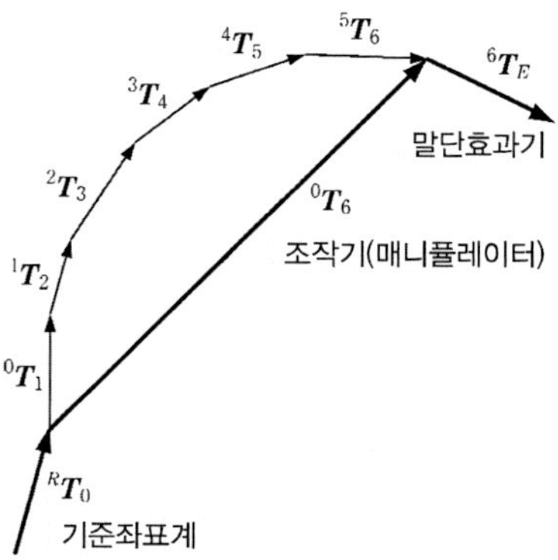

그림 7 · 7 좌표 변환 방정식

7-3 퓨마 형 로봇의 순운동학에 대해 풀어보자

앞 절에서 로봇의 관절에 대해 정의해 보았으므로, 다음으로 구체적인 예로 링크 파라메타 취급에 주의하며, 퓨마 형 로봇의 순운동학에 대해 연구해 보기로 한다. 그림 7 · 8에 나타난 퓨마 형 로봇의 구조 및 좌표계는 그림 7 · 9와 같다.

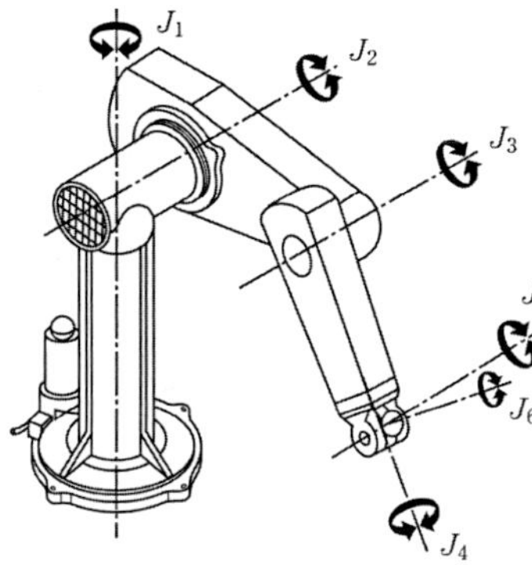

그림 7 · 8 퓨마 형 로봇

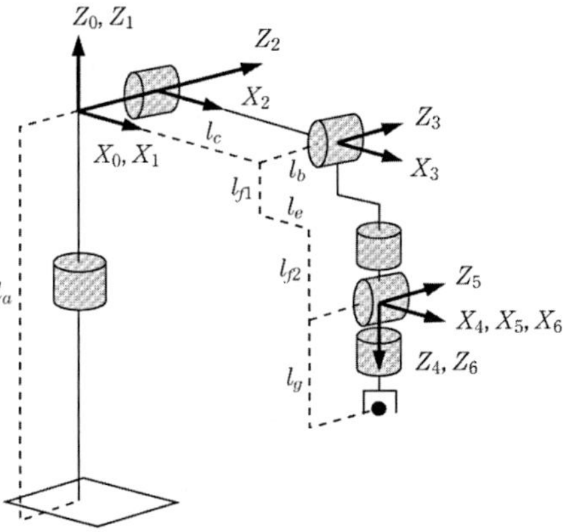

그림 7 · 9 퓨마 형 로봇의 구조와 좌표계

각 관절의 링크 파라메타는 **표 7 · 1**과 같이 구할 수 있으므로 이를 사용하면 변환행렬은 수식 (7·19)와 같이 된다. 여기에서, $l_f = l_{f1} + l_{f2}$이다.

표 7.1 퓨마 형 로봇의 링크 파라메타

i	a_{i-1}	α_{i-1}	d_i	θ_i
1	0	0°	0	θ_1
2	0	−90°	l_b	θ_2
3	l_c	0°	0	θ_3
4	l_e	−90°	l_f	θ_4
5	0	90°	0	θ_5
6	0	−90°	0	θ_6

$$
{}^{0}\boldsymbol{T}_1=\begin{bmatrix} C_1 & -S_1 & 0 & 0 \\ S_1 & C_1 & 0 & 0 \\ 0 & 0 & 1 & 0 \\ 0 & 0 & 0 & 1 \end{bmatrix},\quad
{}^{1}\boldsymbol{T}_2=\begin{bmatrix} C_2 & -S_2 & 0 & 0 \\ 0 & 0 & 1 & l_b \\ -S_2 & -C_2 & 0 & 0 \\ 0 & 0 & 0 & 1 \end{bmatrix}
$$

$$
{}^{2}\boldsymbol{T}_3=\begin{bmatrix} C_3 & -S_3 & 0 & l_c \\ S_3 & C_3 & 0 & 0 \\ 0 & 0 & 1 & 0 \\ 0 & 0 & 0 & 1 \end{bmatrix},\quad
{}^{3}\boldsymbol{T}_4=\begin{bmatrix} C_4 & -S_4 & 0 & l_e \\ 0 & 0 & 1 & l_f \\ -S_4 & -C_4 & 0 & 0 \\ 0 & 0 & 0 & 1 \end{bmatrix}
$$

$$
{}^{4}\boldsymbol{T}_5=\begin{bmatrix} C_5 & -S_5 & 0 & 0 \\ 0 & 0 & -1 & 0 \\ S_5 & C_5 & 0 & 0 \\ 0 & 0 & 0 & 1 \end{bmatrix},\quad
{}^{5}\boldsymbol{T}_6=\begin{bmatrix} C_6 & -S_6 & 0 & 0 \\ 0 & 0 & 1 & 0 \\ -S_6 & -C_6 & 0 & 0 \\ 0 & 0 & 0 & 1 \end{bmatrix} \tag{7·19}
$$

이와 같은 식에 의해 ${}^{0}\boldsymbol{T}_6$을 구할 수 있는데, 여기에서는 우선 팔 부분 3자유도 ${}^{0}\boldsymbol{T}_3$과 손목 부분 3자유도 ${}^{3}\boldsymbol{T}_6$을 구한 후 ${}^{0}\boldsymbol{T}_6$을 구하기로 한다.

$$
{}^{0}\boldsymbol{T}_3={}^{0}\boldsymbol{T}_1\,{}^{1}\boldsymbol{T}_2\,{}^{2}\boldsymbol{T}_3=\begin{bmatrix} C_1C_{23} & -C_1S_{23} & -S_1 & l_cC_1C_2-(l_b-l_d)S_1 \\ S_1C_{23} & -S_1S_{23} & C_1 & l_cS_1C_2-(l_b-l_d)C_1 \\ -S_{23} & -C_{23} & 0 & -l_cS_2 \\ 0 & 0 & 0 & 1 \end{bmatrix} \tag{7·20a}
$$

여기서, $C_{23} = \cos(\theta_2 + \theta_3)$, $S_{23} = \sin(\theta_2 + \theta_3)$으로 나타낸다.

$$
\begin{aligned}
{}^3\boldsymbol{T}_6 &= {}^3\boldsymbol{T}_4\, {}^4\boldsymbol{T}_5\, {}^5\boldsymbol{T}_6 \\
&= \begin{bmatrix} C_4C_5C_6 - S_4S_6 & -C_4C_5S_6 - S_4C_6 & -C_4S_5 & l_e \\ S_5C_6 & -S_5S_6 & C_5 & l_f \\ -S_4C_5C_6 - C_4S_6 & S_4C_5S_6 - C_4C_6 & S_4S_5 & 0 \\ 0 & 0 & 0 & 1 \end{bmatrix}
\end{aligned} \tag{7·20b}
$$

최종적으로 ${}^0\boldsymbol{T}_6$ 행렬은 아래와 같이 된다.

$$
{}^0\boldsymbol{T}_6 = \begin{bmatrix} R_{11} & R_{12} & R_{13} & p_x \\ R_{21} & R_{22} & R_{23} & p_y \\ R_{31} & R_{32} & R_{33} & p_z \\ 0 & 0 & 0 & 1 \end{bmatrix} \tag{7·21}
$$

여기에서,

$$
\begin{aligned}
R_{11} &= C_1[C_{23}(C_4C_5C_6 - S_4S_6) - S_{23}S_5C_6] + S_1(S_4C_5C_6 + C_4S_6) \\
R_{12} &= C_1[-C_{23}(C_4C_5S_6 + S_4C_6) + S_{23}S_5S_6] - S_1(S_4C_5S_6 - C_4C_6) \\
R_{13} &= -C_1(C_{23}C_4S_5 + S_{23}C_5) - S_1S_4S_5 \\
R_{21} &= S_1[C_{23}(C_4C_5C_6 - S_4S_6) - S_{23}S_5C_6)] - C_1(S_4C_5C_6 + C_4S_6) \\
R_{22} &= S_1[-C_{23}(C_4C_5S_6 + S_4C_6) + S_{23}S_5S_6] + C_1(S_4C_5S_6 - C_4C_6) \\
R_{23} &= -S_1(C_{23}C_4S_5 + S_{23}C_5) + C_1S_4S_5 \\
R_{31} &= -S_{23}(C_4C_5C_6 - S_4S_6) - C_{23}S_5C_6 \\
R_{32} &= S_{23}(C_4C_5S_6 + S_4C_6) + C_{23}S_5S_6 \\
R_{33} &= S_{23}C_4S_5 - C_{23}C_5 \\
p_x &= C_1(l_cC_2 + l_eC_{23} - l_fS_{23}) - l_bS_1 \\
p_y &= S_1(l_cC_2 + l_eC_{23} - l_fS_{23}) + l_bC_1 \\
p_z &= -l_cS_2 - l_eS_{23} - l_fC_{23}
\end{aligned}
$$

따라서 위치 p_x, p_y, p_z은 수식 (7·21)에서 구할 수 있으며, 오일러 각은 수식 (7·12)~(7·14)와 같이 된다.

7-4 역운동학 – 선단의 위치로부터 관절각을 구하기 위해서는?

관절각이 주어졌을 때는 이상에서와 같이 선단의 위치·자세를 도출해 낼 수 있었다. 다음에는 선단의 위치·자세가 주어졌을 경우, 관절각을 구하는 역운동학 문제에 대해 설명하기로 한다. 역운동학을 풀려면 대수적으로 푸는 방법과, 반복 계산 알고리즘에 의해 푸는 방법이 있다. 실시간으로 답을 얻기 위해서는 전자가 바람직하지만, 일반적인 로봇 팔의 기구에서 반드시 해답을 얻을 수 있는 것은 아니다.

예제 그림 7 · 10에 나타낸 3자유도의 로봇 팔에서 역운동학을 풀어보자. 이 팔의 링크 파라메타는 표 7 · 2와 같이 되며, 변환행렬은 다음과 같이 구할 수 있다.

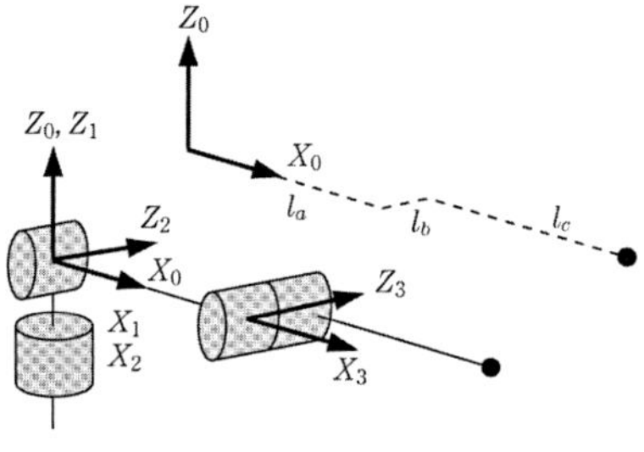

그림 7 · 10 3자유도 팔

표 7.2 3자유도 팔의 링크 파라메타

i	a_{i-1}	α_{i-1}	d_i	θ_i
1	0	0°	0	θ_1
2	0	−90°	0	θ_2
3	l_a	0°	0	θ_3

$$
{}^{0}\boldsymbol{T}_1=\begin{bmatrix} C_1 & -S_1 & 0 & 0 \\ S_1 & C_1 & 0 & 0 \\ 0 & 0 & 1 & 0 \\ 0 & 0 & 0 & 1 \end{bmatrix},\quad {}^{1}\boldsymbol{T}_2=\begin{bmatrix} C_2 & -S_2 & 0 & 0 \\ 0 & 0 & 1 & 0 \\ -S_2 & -C_2 & 0 & 0 \\ 0 & 0 & 0 & 1 \end{bmatrix},
$$

$$
{}^{2}\boldsymbol{T}_3=\begin{bmatrix} C_3 & -S_3 & 0 & l_a \\ S_3 & C_3 & 0 & 0 \\ 0 & 0 & 1 & 0 \\ 0 & 0 & 0 & 1 \end{bmatrix},
$$

$$
{}^{0}\boldsymbol{T}_3=\begin{bmatrix} C_1C_2 & -C_1S_2 & -S_1 & 0 \\ S_1C_2 & -S_1S_2 & C_1 & 0 \\ -S_2 & -C_2 & 0 & 0 \\ 0 & 0 & 0 & 1 \end{bmatrix}{}^{2}\boldsymbol{T}_3
$$

$$
=\begin{bmatrix} C_1C_2C_3-C_1S_2S_3 & -C_1C_2S_3-C_1S_2C_3 & -S_1 & l_aC_1C_2 \\ S_1C_2C_3-S_1S_2S_3 & -S_1C_2S_3-S_1S_2C_3 & C_1 & l_aS_1C_2 \\ -S_2C_3-C_2S_3 & S_2S_3-C_2C_3 & 0 & -l_aS_2 \\ 0 & 0 & 0 & 1 \end{bmatrix} \tag{7·22}
$$

여기서 손끝의 위치가 ${}^{0}\boldsymbol{r}=[r_x,\ r_y,\ r_z]^T$으로 주어졌다고 하면 ${}^{3}\boldsymbol{r}=[l_c,\ 0,\ l_b]^T$이므로,

$$
{}^{0}\boldsymbol{r}={}^{0}\boldsymbol{T}_3\,{}^{3}\boldsymbol{r}={}^{0}\boldsymbol{T}_1\,{}^{1}\boldsymbol{T}_2\,{}^{2}\boldsymbol{T}_3\,{}^{3}\boldsymbol{r} \tag{7·23}
$$

가 된다. 수식 (7·22)와 수식 (7·23)에 의해 다음과 같은 수식관계가 성립한다.

$$
\left.\begin{aligned} r_x &= l_c(C_1C_2C_3-C_1S_2S_3)-l_bS_1+l_aC_1C_2 \\ r_y &= l_c(S_1C_2C_3-S_1S_2S_3)+l_bC_1+l_aS_1C_2 \\ r_z &= l_c(-S_2C_3-C_2S_3)-l_aS_2 \end{aligned}\right\} \tag{7·24}
$$

수식 (7·24)에서 θ_1, θ_2, θ_3을 구한다. 여기에서 대수적으로 풀기 쉽도록 수식 (7·23)을 다음 식과 같이 변형시킨다.

$$({}^0\boldsymbol{T}_2)^{-1}\,{}^0\boldsymbol{r} = {}^2\boldsymbol{T}_3\,{}^3\boldsymbol{r} \tag{7·25}$$

$$\begin{bmatrix} C_1C_2 & S_1C_2 & -S_2 & 0 \\ -C_1S_2 & -S_1S_2 & -C_2 & 0 \\ -S_1 & C_1 & 0 & 0 \\ 0 & 0 & 0 & 1 \end{bmatrix} {}^0\boldsymbol{r} = \begin{bmatrix} C_3 & -S_3 & 0 & l_a \\ S_3 & C_3 & 0 & 0 \\ 0 & 0 & 1 & 0 \\ 0 & 0 & 0 & 1 \end{bmatrix} {}^3\boldsymbol{r} \tag{7·26}$$

이 되며, 다음과 같은 식을 얻을 수 있다.

$$C_1C_2r_x + S_1C_2r_y - S_2r_z = l_cC_3 + l_a \tag{7·27a}$$

$$-C_1S_2r_x - S_1S_2r_y - C_2r_z = l_cS_3 \tag{7·27b}$$

$$-S_1r_x + C_1r_y = l_b \tag{7·27c}$$

또한 마찬가지로 다음 식에 대해서 생각해 보면,

$$({}^0\boldsymbol{T}_1)^{-1}\,{}^0\boldsymbol{r} = {}^1\boldsymbol{T}_3\,{}^3\boldsymbol{r} \tag{7·28}$$

$$C_1r_x + S_1r_y = l_cC_{23} + l_aC_2 \tag{7·29a}$$

$$-S_1r_x + C_1r_y = l_b \tag{7·29b}$$

$$r_z = -l_cS_{23} - l_aS_2 \tag{7·29c}$$

가 된다. 먼저 θ_1은 수식 (7·27c) 또는 수식 (7·29b)로 구할 수 있다.

$$\theta_1 = \mathrm{atan2}(-r_x, r_y) \pm \mathrm{atan2}(\sqrt{r_x^2 + r_y^2 - l_b^2}, l_b) \tag{7·30}$$

다음 θ_3은 수식 (7·29a)~(7·29c)의 양변을 2승하여, 합을 구함으로서 구할 수 있다.

$$r_x^2+r_y^2+r_z^2=l_a^2+l_b^2+l_c^2+2l_al_cC_3$$
$$\theta_3=\pm\text{atan}2(k,\ r_x^2+r_y^2+r_z^2-l_a^2-l_b^2-l_c^2)$$
$$k=\sqrt{(r_x^2+r_y^2+r_z^2-l_b^2+l_a^2+l_c^2)^2-2[(r_x^2+r_y^2+r_z^2-l_b^2)^2+l_a^4+l_c^4]} \quad (7\cdot31)$$

마지막으로, θ_2는 수식 (7·27a), (7·27b)를 다음 식과 같이 변형시켜 구한다.

$$[r_z^2+(C_1r_x+S_1r_y)^2]S_2=-r_z(l_cC_3+l_a)-(C_1r_x+S_1r_y)l_cS_3$$
$$[r_z^2+(C_1r_x+S_1r_y)^2]C_2=(C_1r_x+S_1r_y)(l_cC_3+l_a)-l_cS_3r_z$$
$$\theta_2=\text{atan}2[-r_z(l_cC_3+l_a)-(C_1r_x+S_1r_y)l_cS_3,\ (C_1r_x+S_1r_y)(l_cC_3+l_a)-l_cS_3r_z] \quad (7\cdot32)$$

수식 (7·30)~(7·32)에서 2종류의 θ_1과 2종류의 θ_3에 대해 각각 θ_2가 정해지고, (θ_1, θ_2, θ_3)의 조합으로서 총 4종류의 해답이 존재하는 것을 알 수 있다. 이것을 그림으로 나타내면 그림 7 · 11과 같이 되며, 나머지 2개는 각각 팔꿈치가 아래쪽에 있는 경우이다.

다음으로 6자유도 로봇 팔의 경우를 생각해보자. 손끝의 3관절이 회전관절로,

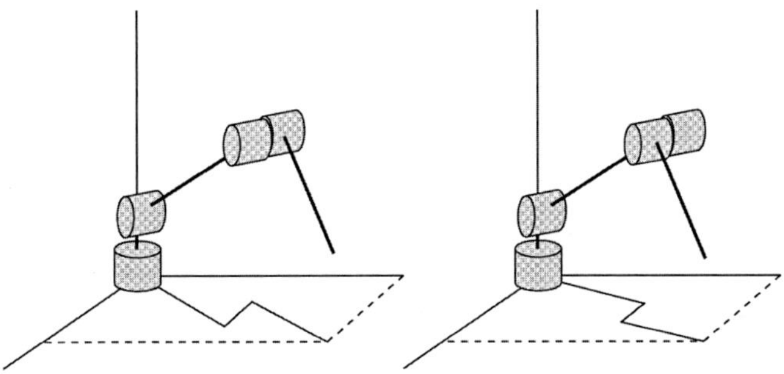

그림 7 · 11 3자유도 로봇 팔의 해답

이 관절회전축이 한 점에서 교차되는 경우 답을 얻을 수 있다는 것이 알려져 있다(Pieper의 방법). 즉, 이 경우 Σ_4, Σ_5, Σ_6의 원점은 같아지고, 앞의 예에서 제시한 것처럼 선단의 위치·자세가 주어져 있다면, 손목 관절의 각도 θ_1, θ_2, θ_3을 구할 수 있다.

다음 식에 의해 θ_4, θ_5, θ_6을 구한다.

$$({}^0\boldsymbol{T}_3)^{-1}\,{}^0\boldsymbol{T}_6 = {}^3\boldsymbol{T}_4\,{}^4\boldsymbol{T}_5\,{}^5\boldsymbol{T}_6 \tag{7·33}$$

좌변은 계산이 가능하므로 우변의 각 요소와 비교하면 θ_4, θ_5, θ_6을 구할 수 있다. 이들 계산은 수식 (7·12)~(7·14)와 마찬가지로 구하면 된다.

7–5 로봇의 야코비행렬이란 무엇인가?

앞 절에서는 관절각과 선단 위치와의 정적 관계에 대해 설명하였다. 본 절에서는 관절각속도와 선단속도와의 관계(미분관계라고도 한다), 그리고 관절 토크와 선단 힘의 관계에 대해 설명하기로 한다.

1 | 야코비행렬

본 절에서도 그림 7 · 12에 제시했던 2자유도 로봇 팔을 예로 들어 설명해 가기로 한다. 그림에 제시했던 로봇 팔 선단 P의 위치는 다음의 식과 같이 나타낼 수 있다.

$$\left.\begin{aligned} x_p &= l_1 C_1 + l_2 C_{12} \\ y_p &= l_1 S_1 + l_2 S_{12} \end{aligned}\right\} \tag{7·34}$$

양변을 시간으로 미분하면,

$$\left.\begin{aligned}\frac{dx_p}{dt}&=-\frac{d\theta_1}{dt}l_1S_1-\left(\frac{d\theta_1}{dt}+\frac{d\theta_2}{dt}\right)l_2S_{12}\\ \frac{dy_p}{dt}&=\frac{d\theta_1}{dt}l_1C_1+\left(\frac{d\theta_1}{dt}+\frac{d\theta_2}{dt}\right)l_2C_{12}\end{aligned}\right\} \qquad (7\cdot35)$$

이 된다. 또한 행렬로 나타내면,

$$\frac{d\boldsymbol{P}}{dt}=\boldsymbol{J}(\boldsymbol{\theta})\frac{d\boldsymbol{\theta}}{dt} \qquad (7\cdot36)$$

가 된다.

$$\boldsymbol{P}=[x_p,\ y_p]^T, \qquad \boldsymbol{\theta}=[\theta_1,\ \theta_2]^T \qquad (7\cdot37)$$

이기 때문에 행렬 $\boldsymbol{J}$는 아래와 같이 된다. $[\quad]^T$은 전치행렬을 나타낸다.

$$\boldsymbol{J}(\boldsymbol{\theta})=\begin{bmatrix}-l_1S_1-l_2S_{12} & -l_2S_{12}\\ l_1C_1+l_2C_{12} & l_2C_{12}\end{bmatrix} \qquad (7\cdot38)$$

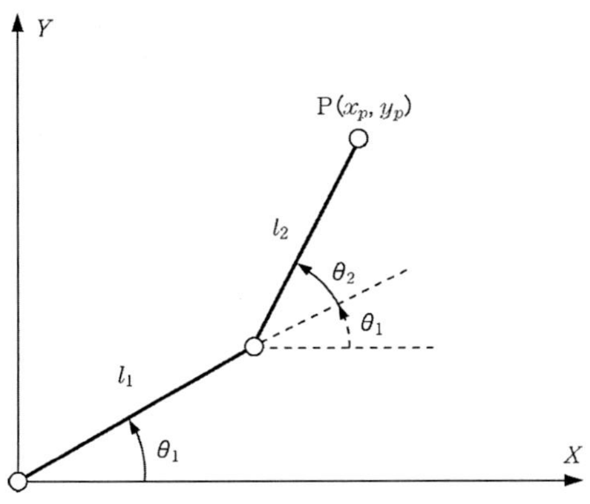

그림 7 · 12 2자유도 로봇 팔

여기에서 행렬 $\boldsymbol{J}$를 **야코비행렬(야코비안)**이라 한다. 수식 (7·36)은 다음 식과 같이 나타낼 수도 있다.

$$\delta \boldsymbol{P} = \boldsymbol{J}(\boldsymbol{\theta})\, \delta \boldsymbol{\theta} \tag{7·39}$$

즉, 야코비행렬은 관절각이 조금씩 변화했을 때, 손끝이 작업좌표계에서 어떤 식으로 변화하는지를 나타낸 것으로, 관절각 각속도와 작업좌표계에서의 속도 관계를 나타낸 것이라고 할 수 있다.

이상은 2자유도의 예를 나타낸 것인데, 6자유도 로봇 팔에서도 마찬가지이다. 결과만 제시하였지만, 일반적으로 회전관절로 구성되는 경우에는 다음과 같이 나타내어진다.

$$\boldsymbol{J} = \begin{bmatrix} {}^0\boldsymbol{z}_1 \times ({}^0\boldsymbol{P}_r - {}^0\boldsymbol{P}_1) & {}^0\boldsymbol{z}_2 \times ({}^0\boldsymbol{P}_r - {}^0\boldsymbol{P}_2) & \cdots & {}^0\boldsymbol{z}_n \times ({}^0\boldsymbol{P}_r - {}^0\boldsymbol{P}_n) \\ {}^0\boldsymbol{z}_1 & {}^0\boldsymbol{z}_2 & \cdots & {}^0\boldsymbol{z}_n \end{bmatrix} \tag{7·40}$$

$${}^0\boldsymbol{z}_i = {}^0\boldsymbol{R}_i \boldsymbol{e}_z \tag{7·41}$$

단, $e_z = [0\ \ 0\ \ 1]^T$

회전관절의 경우,

$$\boldsymbol{J}_{ri} = \begin{bmatrix} {}^0\boldsymbol{z}_i \times {}^0\boldsymbol{P}_{ei} \\ {}^0\boldsymbol{z}_i \end{bmatrix} \tag{7·42}$$

직동관절의 경우,

$$\boldsymbol{J}_{si} = \begin{bmatrix} {}^0\boldsymbol{z}_i \\ 0 \end{bmatrix} \tag{7·43}$$

이 된다.

따라서 관절 i의 z축 회전의 각속도 $\dot{\theta}_i$에 의해, 팔 선단은 매우 짧은 시간 내

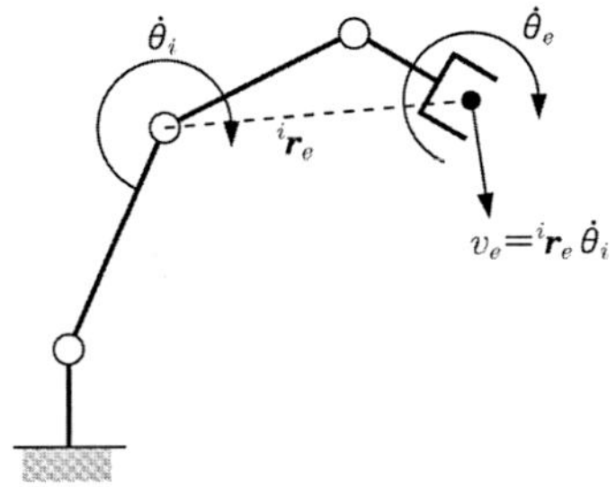

그림 7 · 13 관절속도와 선단속도와의 관계

에 회전 중심으로부터의 거리 ${}^0\boldsymbol{P}_{ei}$에 매우 작은 각도를 가한 거리만큼, $\boldsymbol{z}_i$ 벡터와 ${}^0\boldsymbol{P}_{ei}$ 벡터의 외적방향으로 움직인다. 또한 팔 선단은 z_i 방향을 축으로 한 각속도 $\dot{\theta}_i$로 회전한다. 직동관절의 경우는 팔 선단은 관절 i의 변위속도 $\dot{d}_i$ 그대로 움직이며 회전하지는 않는다.

이것은 그림 7 · 13에 제시된 평면 내의 로봇 팔을 생각해 보면 이해하기 쉽다. 즉, 관절 i가 각속도 $\dot{\theta}_i$로 회전하면 손끝 선단에는 회전에 의한 각속도

$$\dot{\theta}_e = \dot{\theta}_i \tag{7·44}$$

와 관절로부터의 거리에서 병진 속도가 발생한다.

$$\dot{\boldsymbol{P}}_e = {}^i\boldsymbol{r}_e\dot{\theta}_i \tag{7·45}$$

수식 (7·42)는 이상에 대한 내용을 3차원으로 표기한 것이다.

2 | 정력학과 야코비행렬

다음으로 로봇 팔 선단에서 발생하는 힘 · 토크와 관절 토크의 관계에 대해 생각해 보자. 여기에서 **가상일의 원리**를 이용하면, 선단에서의 힘 · 토크를 $\boldsymbol{f}$, 가상

변위를 $\delta \boldsymbol{p}$, 관절에서의 토크를 τ, 가상변위를 $\delta \boldsymbol{q}$로 함으로써 다음과 같은 식이 성립된다.

$$\begin{aligned} &\delta p_x f_x + \delta p_y f_y + \delta p_z f_z + \delta\phi_x m_x + \delta\phi_y m_y + \delta\phi_z m_z \\ &\quad = \delta q_1 \tau_1 + \delta q_2 \tau_2 + \delta q_3 \tau_3 + \cdots + \delta q_n \tau_n \end{aligned} \tag{7·46}$$

$$\boldsymbol{f}^T \delta \boldsymbol{p} = \boldsymbol{\tau}^T \delta \boldsymbol{q} \tag{7·47}$$

한편, 손끝의 가상변위와 관절의 가상변위와의 사이에는,

$$\delta \boldsymbol{p} = \boldsymbol{J} \delta \boldsymbol{q} \tag{7·48}$$

가 성립되므로, 결국,

$$\boldsymbol{\tau}^T = \boldsymbol{f}^T d\boldsymbol{p}/d\boldsymbol{q} = \boldsymbol{f}^T \boldsymbol{J} \tag{7·49}$$

$$\boldsymbol{\tau} = \boldsymbol{J}^T \boldsymbol{f} \tag{7·50}$$

이 된다. 이것은 팔 선단에서의 힘을 각 관절 토크로 변환하는 것이다. 이렇게 야코비행렬은 로봇 팔 기구와 제어에 있어서 매우 중요한 행렬이다.

REFRESH 20 **가상일의 원리**

힘이 평형상태에 있기 위한 필요충분조건은 여러 방향의 가상위치에 대해 가상일이 제로가 된다는 것을 의미한다. 결국, 로봇 팔이 외부에서 한 일과 외부로부터 받은 일은 같다.

3 | 로봇 팔의 특이자세

작업좌표계(기준좌표계)에서 손끝 속도가 주어졌을 때, 야코비행렬을 이용한

관절속도는 다음 식으로 구할 수 있다.

$$\dot{\boldsymbol{q}} = \boldsymbol{J}^{-1}\dot{\boldsymbol{p}} \tag{7·51}$$

단, $\boldsymbol{J}^{-1}$은 반드시 존재하지는 않는다. $\boldsymbol{J}$가 정칙이 아닌 조건은, $\det\boldsymbol{J}=0$로 구할 수 있으며, 이때 $\boldsymbol{J}^{-1}$은 존재하지 않는 특이자세(또는 특이점)이라고 한다.

그림 7 · 12에 제시했던 2자유도 팔의 예로 생각해 보자.

$$\det\boldsymbol{J} = \det\begin{bmatrix} -l_1S_1 - l_2S_{12} & -l_2S_{12} \\ l_1C_1 + l_2C_{12} & l_2C_{12} \end{bmatrix} = l_1l_2S_2 = 0 \tag{7·52}$$

따라서 $\theta_2 = n\pi$일 때 특이자세가 된다. 또한 det는 행렬식을 나타낸다.

$\theta_2 = 0$이라고 하면,

$$\dot{\boldsymbol{P}} = \begin{bmatrix} \dot{x} \\ \dot{y} \end{bmatrix} = \begin{bmatrix} 0 & 0 \\ l_1 + l_2 & l_2 \end{bmatrix}\begin{bmatrix} \dot{\theta}_1 \\ \dot{\theta}_2 \end{bmatrix} \tag{7·53}$$

θ_2가 0°와 90° 부근의 운동의 모양을 그림 7 · 14로 나타내었다.

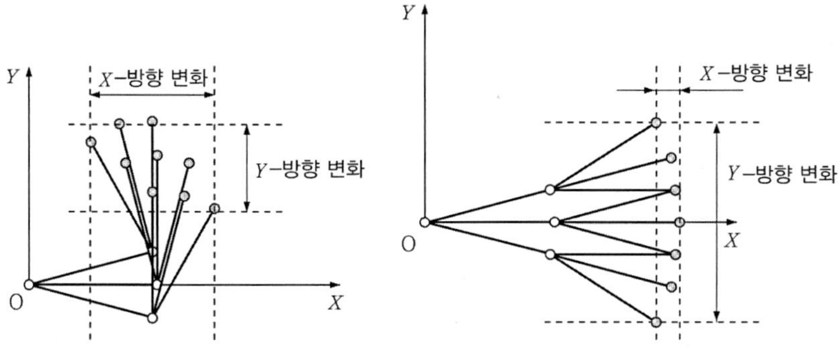

(a) $\theta_2 = 90°$ 부근에서의 팔의 움직임 (b) $\theta_2 = 0°$ 부근에서의 팔의 움직임

그림 7 · 14 팔 자세에 따른 움직임의 차이

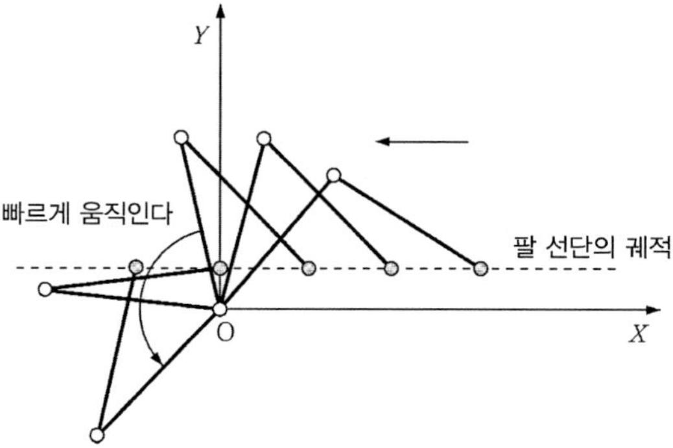

그림 7 · 15 특이자세부근을 지나는 팔의 움직임

따라서 90° 구부린 자세에서는 X, Y축 방향으로의 변위가 거의 같지만, 0°에서는 작은 X축 방향의 변위에서도 Y축 방향으로 크게 변위하는 것을 알 수 있다. 결국, θ_2가 90° 부근에서는 X, Y 방향 모두 같은 감도로 움직이지만, 0° 부근에서는 Y 방향의 감도가 높아진다. 약간이라도 오차가 생기면 Y축 방향으로 민감하게 움직이기 때문에 정밀하기는 어렵다.

다음으로 팔에 달린 손끝을 1직선으로 연속하여 움직였을 때의 모양은 그림 7 · 15와 같다.

특이자세부근(팔꿈치가 구부러져 겹쳐진 자세)에서는 θ_1이 크게 움직이는 것

REFRESH 21 **팔 자세와 야코비행렬**

그림 7 · 14 및 그림 7 · 15를 보면 인간의 팔과 대응하고 있음을 알 수 있다. 즉 우리가 작업할 경우 팔꿈치를 거의 90°로 구부리고 있을 때가 모든 방향에 대해 균일하게 작업하기 쉽고, 힘을 주고 싶을 때는 특이자세와 같이 팔을 곧게 펴거나 가능한 한 팔꿈치를 구부린다. 증력기구로 **토글기구**라는 것이 있는데 이것도 같은 원리를 이용한 것으로 매우 흥미로운 것이다.

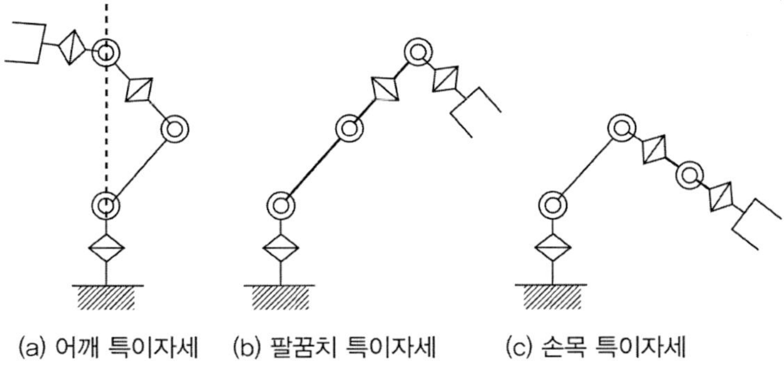

그림 7 · 16 퓨마 형 로봇의 특이자세(오프셋이 아닐 경우)

을 알 수 있다. 즉, 특이자세에 가까워짐에 따라 속도는 무한대에 근접하여 큰 토크가 발생한다.

그러면 퓨마 형 로봇의 특이자세에 대해 생각해 보자. 퓨마 형 로봇의 특이자세는 그림 7 · 16과 같이 3종류로 분류할 수 있다. $\det \boldsymbol{J}=0$을 도출해도 되지만, 직감만으로도 이해할 수 있다. 어깨 특이자세에서는 팔꿈치의 관절 위치가 정해져 있지 않고, 팔꿈치 특이자세에서는 팔꿈치를 곧게 편 자세로 더 이상 늘어나지 않으며, 손목 특이자세에서는 손목이 곧게 펴진 자세로 손목 피치관절의 전후 롤 관절 위치가 정해져 있지 않다. 이처럼 특이자세는 동작 범위한계에서 발생한 상태이기 때문에 관절 위치를 한 번에 정할 수 없는 자세를 의미한다.

REFRESH 22 **용장(冗長 : 번거롭게 긺) 자유도란?**

2장에서 설명한 것처럼 공간 속에서 6자유도가 되면 임의 위치결정이 가능하다. 7자유도 이상의 다관절 팔을 용장 자유도 팔 혹은 용장 매니퓰레이터라고 한다. 일반적으로 손끝의 위치자세를 정해도 관절각은 한 곳으로 정할 수 없다. 예를 들면 인간의 팔은 7자유도로 1자유도가 많기 때문에 손과 어깨를 구속해도 팔꿈치의 위치를 움직일 수 있다.

이와 같은 사실을 통해 알 수 있듯이, 어디에 특이자세가 있는지를 파악하는 것이 매우 중요하다. 특이자세에서의 거리를 팔 기구의 조작성 지표로 삼을 수도 있다. 또한 그림 7 · 15에서 처럼 특이자세 근방에서는 관절각이 급격히 변화한다. 따라서 실제 사용할 때는 특이자세를 비롯해 특이자세 근방에서는 작업을 하지 못하도록 하는 경우가 많다.

특이자세 문제에 대한 대응방법으로 다음의 세 가지를 고려해 볼 수 있다.

- 특이자세가 적은 기구를 이용한다.
- 운용상, 특이자세 부근은 사용하지 말며 동작범위를 제한한다.
- 제어적으로 회피한다. 예를 들면 관절 수가 많은 용장 자유도 팔을 이용함으로써, 특이자세를 피한 궤도생성이 가능하다. 또한 장해물을 회피하는 궤도를 부여할 수도 있다. 이 경우 야코비행렬은 정칙이 아니기 때문에 의사역행렬(擬似逆行列)이라고 불리는 것을 사용한다.

트라이얼 7

7-1 수식 (7·2)에서의 회전변환행렬, $\boldsymbol{R}_x$, $\boldsymbol{R}_y$, $\boldsymbol{R}_z$를 도출해 보자.

7-2 수식 (7·15)에서의 롤 · 피치 · 요우각을 나타내는 변환행렬을 도출해 보자.

7-3 그림 7 · 8의 퓨마 형 로봇에서 그림 7 · 17에서와 같이 기준좌표계 Σ_R 및 손끝 좌표계 Σ_E가 있을 경우, 손끝 위치 벡터를 $\boldsymbol{r}=(r_1, r_2, \cdots, r_6)^T$로 하여 순운동학 문제의 답을 구하고, 다음으로 관절변수가 $q_a=(0°, -45°, 0°, 0°, -45°, 90°)$이 될 때의 $\boldsymbol{r}$의 값을 구해보자[51)]. 단, r_1, r_2, r_3는 Σ_R에서 본 X, Y, Z 좌표, r_4, r_5, r_6는 오일러 각으로 한다.

7-4 표 7 · 2의 링크 파라메타 구하는 법을 설명해 보자.

7-5 그림 7 · 18의 2자유도 로봇 팔에 대해, 선단에 f_x의 힘을 가했을 때의 각 관절에서의 토크를 구해보자.

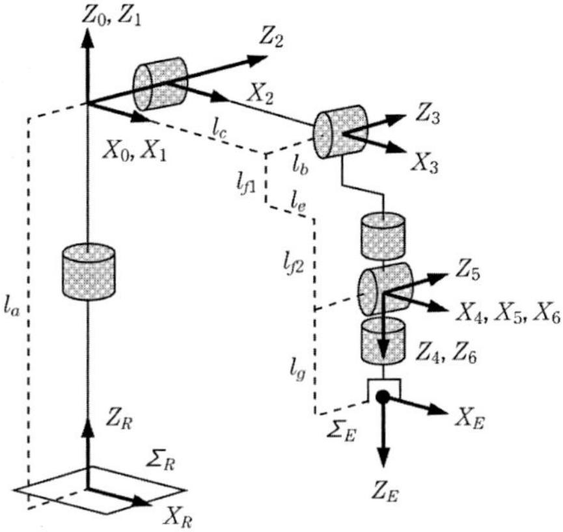

그림 7 · 17 손끝 좌표계와 기준좌표계

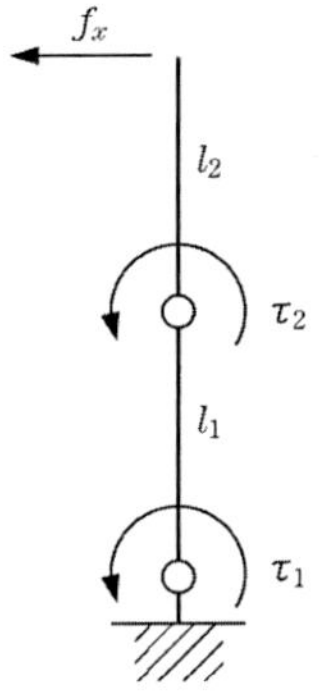

그림 7 · 18 2자유도 로봇 팔

로봇 운동제어

8

CHAPTER

7장에서는 로봇 팔 손끝의 목표위치(작업좌표계)가 주어졌을 때, 역운동학을 이용한 관절 목표각도를 구하는 법에 대해 설명했다. 또한 6장의 관절각 베이스 제어계를 조합시키면 로봇의 운동제어 기본 계가 완성된다. 본장에서는 이 조합을 중심으로 로봇의 운동제어에 필요한 제어계의 구성방법에 대해 설명하기로 하겠다.

8-1 로봇의 위치제어는 어떻게 하는 것일까?

로봇 위치제어(작업좌표계)는 그림 8 · 1과 같이 PTP(Point To Point) 제어와 CP(Continuous Pass) 제어의 2종류가 있다. 전자는 목표위치까지의 도중 궤적을 규정하지 않고, 고속으로 2점 사이를 이동시키고자 하는 픽 앤 프레스 작업 등에 많이 이용된다. 후자는 직선보간 동작이나 원호보간, 스플라인 보간 등의 **궤적제**

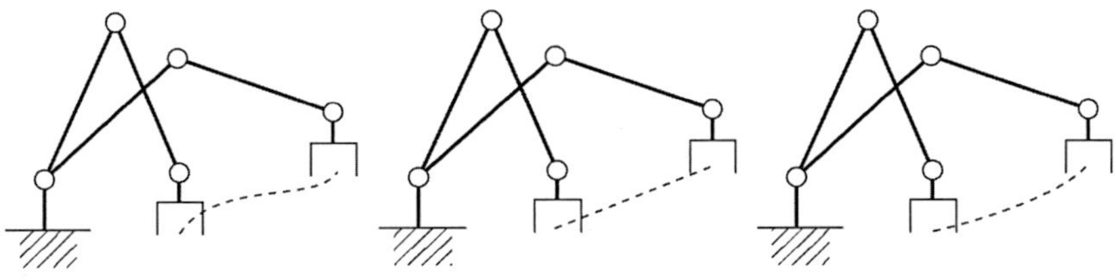

(a) PTP 제어 (b) CP 제어(직선보간) (c) CP 제어(원호보간)

그림 8 · 1 PTP 제어와 CP 제어

어로, 아크 용접이나 실링 작업, 장해물을 피하며 작업하는 픽 앤 프레스 작업 등에서 이용된다.

1 PTP 제어

PTP 제어에 대한 블록그림은 그림 8·2와 같다. 역운동학을 푸는 블록과 6장에서 설명한 관절 베이스 제어계 블록으로 구성되고 있다. 후자의 경우 6관절 로봇이라면 그림 6·19가 6개 늘어선 것이라고 생각하면 된다.

그림 8·2에서 x_{rf}는 작업좌표계(x, y, z, roll, pitch, yaw)에서의 최종목표위치, θ_{arf}는 역운동학에서 얻어진 각 팔 출력축에서의 최종목표위치를 나타낸다. 따라서 PTP 제어를 하기 위해서는 역운동학을 1회 계산한 후, S자 가감속으로 모터 목표치 $\ddot{\theta}_{mr}$, $\dot{\theta}_{mr}$, θ_{mr}을 생성하여, 수식 (6·45)으로부터 얻은 모터구동토크를 가해주면 된다.

산업용 로봇 컨트롤러에서는 역운동학과 궤도생성을 한 개의 CPU에서, 관절 서보계를 다른 CPU에서 행하는 경우가 많다. 그러나 최근 컴퓨터에서는 전류제어계가 내장된 서보 드라이버(모터 구동용 엠프 계)를 준비하면, 한 개의 CPU에서 6관절의 역운동학에서부터 속도제어계까지를 제어주기 1 ms 이하로 할 수 있다. 이것은 다음의 CP 제어에서도 마찬가지이다.

PTP 제어에서의 궤도제어 포인트는 각축을 동기(同期)(동시에 움직이기 시작

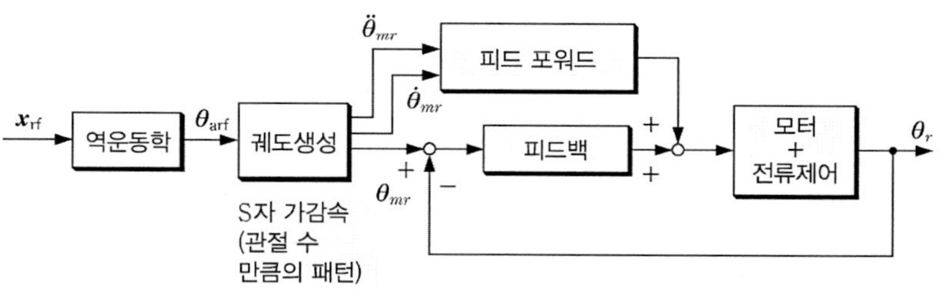

그림 8·2 PTP 제어 블록그림

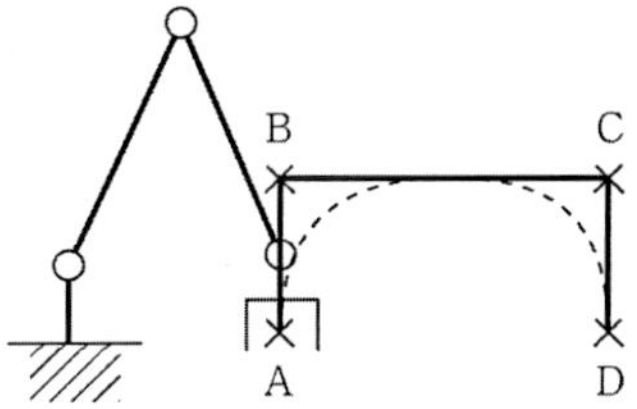

그림 8 · 3 패스 동작

해 동시에 정지)시키는 것이다. 이를 위해서는 우선 어떤 관절이 동작하는데 가장 많은 시간이 걸리는지를 조사해서 궤도생성을 위한 파라메타(그림 6 · 15, 그림 6 · 16의 형태를 결정하는 것)를 계산한다. 여기에서 동일한 관절동작범위인 경우 감속비가 큰 쪽이 시간이 더 걸리게 된다. 다른 축은 그 축의 동작시간과 같아지도록 궤도 파라메타를 생성하면 된다.

PTP 제어의 변형으로 **패스 동작** 또는 **숏 커트 동작**이라고 불리는 것이 있다. 이것은 몇 가지 지시점이 있을 때 도중 지시점을 건너 뛰고 사이클 타임(텍트 타임)을 단축하는 방법이다. 예를 들면 그림 8 · 3의 아치형 동작(픽 앤 프레스에서 주로 나타나는 패턴)으로 지시된 B, C점 코너를 둥글게 동작시키는 것이다. 여기에서 둥근 상태를 **패스 율**이라고 부르며, 가변적이다. [Refresh8]에 소개한 표준 사이클 타임용 동작 패턴은 이와 같은 패스 동작을 이용하였다.

2 | CP 제어

그림 8 · 4에 CP 제어 블록그림을 나타내었다. PTP 제어와의 주된 차이는 역운동학을 시시각각(궤도제어주기마다)으로 풀어야 한다는 것이다. 사전에 전체 점에 대해 모두 풀어두는 일은 산업용 로봇 컨트롤러에서는 하지 않는다. 이것은 메모리를 많이 소비할 뿐 아니라, 도중에 감속정지명령이 주입되는 등과 같은 임기응변 궤도생성이 요구되기 때문이다. CP 제어를 실시하기 위해서는 S자 가감속으로 $\ddot{\boldsymbol{x}}_r$, $\dot{\boldsymbol{x}}_r$, $\boldsymbol{x}_r$을 생성한 후, 다음 식에 따라 모터 목표치를 구하고, 수식

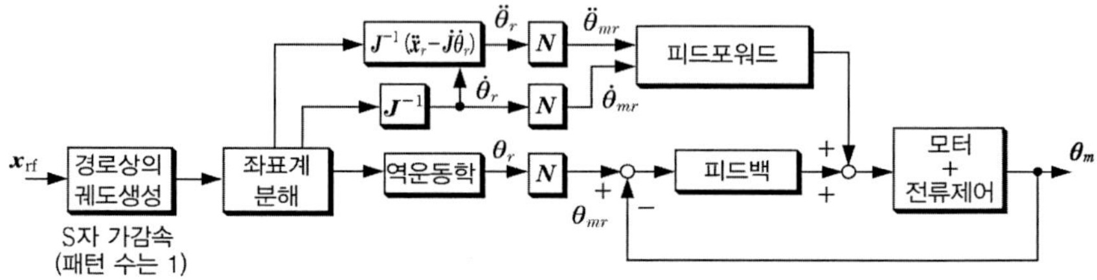

그림 8 · 4 CP 제어 블록그림

(6·45)를 이용하면 된다. 여기서 역운동학의 함수를 Λ^{-1}로 한다.

$$\left.\begin{aligned} \ddot{\boldsymbol{\theta}}_{mr} &= \boldsymbol{N}\ddot{\boldsymbol{\theta}}_r = \boldsymbol{N}\boldsymbol{J}^{-1}(\ddot{\boldsymbol{x}}_r - \dot{\boldsymbol{J}}\dot{\boldsymbol{\theta}}_r) \\ \dot{\boldsymbol{\theta}}_{mr} &= \boldsymbol{N}\dot{\boldsymbol{\theta}}_r = \boldsymbol{N}\boldsymbol{J}^{-1}\dot{\boldsymbol{x}}_r \\ \boldsymbol{\theta}_{mr} &= \boldsymbol{N}\boldsymbol{\theta}_r = \boldsymbol{N}\boldsymbol{\Lambda}^{-1}(\boldsymbol{x}_r) \end{aligned}\right\} \quad (8\cdot1)$$

또한, $N = \text{diag}(n_1,\ n_2,\ \cdots)$이다.

그림 8 · 2의 PTP 제어에서는 S자 가감속 패턴을 관절만큼 생성할 필요가 있지만, CP제어에서는 직선이나 원호 등 경로 상에서 한 개의 패턴을 생성하면 된다. 그 밖에도 그림 8 · 5에서와 같이 스플라인 함수를 이용하여 반드시 지시점 A에서 D를 지나도록 경로를 만들고, 그 경로 상에서 일정속도를 낼 수 있는 궤도를 생성하는 방법도 있다. 이때 주의해야 할 점은 직선상에서는 S자 가감속이라도 관절각으로 역변환되면 급격한 각속도변화가 발생한다는 것이다. 특이점 부근에

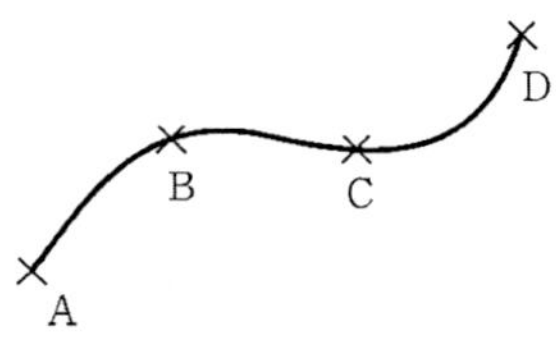

그림 8 · 5 스플라인 보간

서는 이것이 현저해지면서 동작속도를 많이 떨어뜨리지 않으려고 모터 드라이버에서 모터 토크나 속도 리미트가 가해진다. CP를 이용한 작업에서는 수행가능한지 충분한 사전검토가 필요하다.

또한 피드포워드를 하지 않는 경우에는 필요없지만, $\ddot{\theta}_{mr}$, $\dot{\theta}_{mr}$ 등의 관절각도에서의 피드포워드에 필요한 가속도, 속도 목표치를 계산하기 위해서는 야코비행렬의 역행렬 $\boldsymbol{J}^{-1}$이 필요하다. 또한 $\ddot{\theta}_r$을 생성하는데 $\dot{\boldsymbol{J}}$ 도 필요하지만, CP 때는 동작속도를 PTP때에 비해 떨어뜨리는 것이 보편적이기 때문에 특이점 부근과 같은 J 변화가 심한 좌표에서 작업을 하지 않는 한, $\dot{\boldsymbol{J}}=0$으로 하여 $\ddot{\theta}_r=\boldsymbol{J}^{-1}\ddot{\boldsymbol{x}}_r$과 같이 간략화해도 된다.

또한 CP 동작 때 손끝 자세의 3자유도(롤 · 피치 · 요우각)를 어떻게 보간할 것인가는 중요한 문제이다. 가령, 동일한 직선보간에서도 초기 자세와 최종 자세가 다른 경우, 적당한 방법으로 자세를 회전시켜야 한다. 자세각의 보간은 이미지화하기 어렵기 때문에 예기치 못한 동작이 발생하는 경우가 있다. 따라서 초기 자세와 최종 자세를 임의의 가상 1축 회전으로 회전시키는 **1축 회전법**이나 손끝 롤 축 회전을 분리한 2축 회전법을 이용한 보간이 사용된다.[51)]

3 | 다항식에 의한 순간 궤도생성

6 장에서 소개하였고, 8-1절에서도 사용했던 S자 가감속을 사용하기 어려운 경우가 있다. 예를 들면 시각 피드백을 이용한 타깃의 트랙킹을 생각해 보자. 최종 위치를 확정하지 않고 항상 이동하고 있기 때문에 그림 6 · 16과 같은 S자 가속도 패턴을 계산해도 그 즉시 의미가 없어지고 만다. 여기에서는 이와같은 경우에 효과적인 궤도생성법에 대해 설명하기로 하겠다.

우선 CCD 카메라 등의 시각장치가 있으며, 목표물이 몇 초 후 (t_f)에 어디 (x_f)에 존재하는지 추정하는 알고리즘이 실제 장착되어 있다고 하자. 로봇의 손끝을 t_f 후에 x_f로 동작시키기 위해서는 다음과 같이 하면 된다.

x_f을 역변환하여 관절각 목표위치 θ_f을 구한다. 다음의 식 처리를 관절 수만큼 실시한다. 현재 위치 θ_0, 속도 $\dot{\theta}_0$으로 하면 시작점, 종점의 경계조건 및 속도연속조건으로부터 다음 식을 얻을 수 있다.

$$\theta(0)=\theta_0 \tag{8·2}$$

$$\dot{\theta}(0)=\dot{\theta}_0 \tag{8·3}$$

$$\theta(t_f)=\theta_f \tag{8·4}$$

$$\dot{\theta}(t_f)=\dot{\theta}_f\,(=0\text{ 으로 한다}) \tag{8·5}$$

수식 (8·2)~(8·5)를 만족하는 시각 t의 다항식은 다음과 같이 3차식으로 표시할 수 있다.

$$\theta(t)=a_3t^3+a_2t^2+a_1t+a_0 \tag{8·6}$$

$$\dot{\theta}(t)=3a_3t^2+2a_2t+a_1 \tag{8·7}$$

$$\ddot{\theta}(t)=6a_3t+2a_2 \tag{8·8}$$

수식 (8·2)~(8·5)를 수식 (8·6), (8·7)에 대입해서,

$$\theta(0)=a_0=\theta_0 \tag{8·9}$$

$$\dot{\theta}(0)=a_1=\dot{\theta}_0 \tag{8·10}$$

$$\theta(t_f)=a_3t_f^{\,3}+a_2t_f^{\,2}+a_1t_f+a_0=\theta_f \tag{8·11}$$

$$\dot{\theta}(t_f)=3a_3t_f^{\,2}+2a_2t_f+a_1=\dot{\theta}_f=0 \tag{8·12}$$

수식 (8·9)~(8·12)를 풀면 a_0로부터 a_3을 구할 수 있다. 따라서 구해진 3차식을 그래프로 나타내면 그림 8·6과 같이 된다.

$$a_0 = \theta_0 \tag{8·13}$$

$$a_1 = \dot{\theta}_0 \tag{8·14}$$

$$a_2 = \frac{1}{t_f^2}[3(\theta_f - \theta_0) - 2\dot{\theta}_0 t_f] \tag{8·15}$$

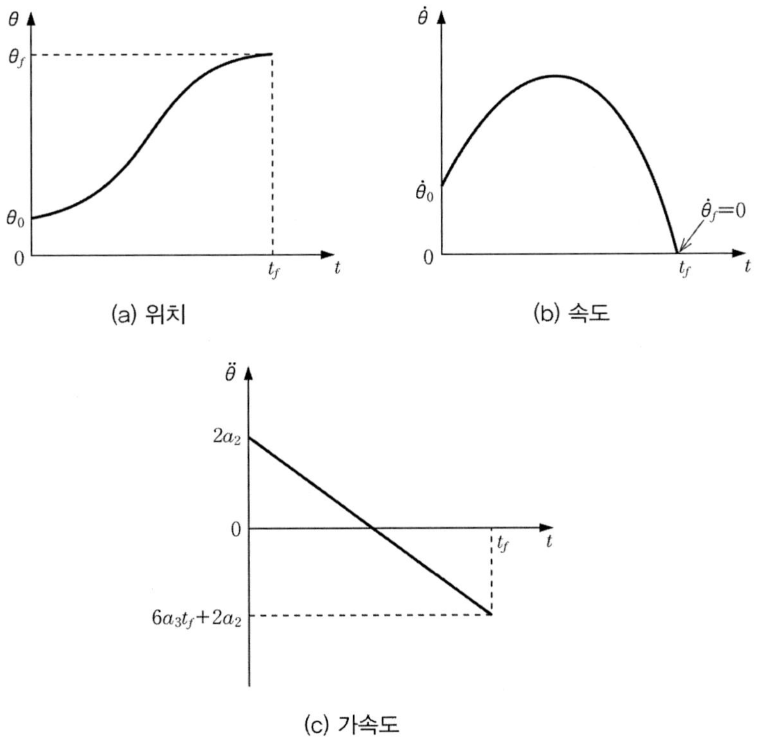

그림 8 · 6 3차식에 의한 궤도 생성

$$a_3=\frac{1}{t_f^3}[-2(\theta_f-\theta_0)+\dot{\theta}_0 t_f] \tag{8·16}$$

수식 (8·13)~(8·16)은 간단하며 시각장치로부터 새로운 정보 (t_f, x_f)가 들어올 때마다 즉시 계산할 수 있어 속도까지 연속된 궤도를 생성할 수 있다. 여기서는 PTP 동작으로 생각했지만, 목표점까지 직선보간에서 움직이게 하고자 할 경우, 경로상의 궤도를 한 개 생성하여 매주기 관절각으로 역변환하면 된다.

이상과 같은 3차 다항식의 예에서는 가속도가 불연속이 된다. 이와 같은 경우에 시작점, 종점의 경계조건을 가속도까지 부여하면 연속되어(5차 다항식이 됨), 관절의 진동을 초래하지 않는 궤도를 생성할 수 있다. 단, 궤도의 첫 가동이 늦기 때문에 최고속도가 3차식의 경우보다 크다.

8-2 야코비행렬을 이용한 역운동학의 해법이란?

7 장에서와 같이 역운동학의 해답을 얻어내는 것은 쉽지 않다. 특히 작업범위를 넓히기 위해 각 링크 사이에 오프셋을 부착하면 해답을 구할 수 없는 경우가 많다. 여기서는 2종류의 해결법을 소개하고자 한다.

1 J^{-1}(역야코비행렬)에 의한 역운동학의 해법

이것은 뉴튼 랩슨법을 이용한 것으로 다음의 식과 같이 반복 계산에 의해 수렴한 $\boldsymbol{\theta}_{ri}$를 역운동학의 답으로 사용하는 것이다.

$$\boldsymbol{\theta}_{r_{i+1}}=\boldsymbol{\theta}_{r_i}+\boldsymbol{K}\boldsymbol{J}^{-1}(\boldsymbol{\theta}_{r_i})\cdot(\boldsymbol{x}_{r_i}-\boldsymbol{x}_r) \qquad (i=1, 2, \cdots) \tag{8·17}$$

$$\boldsymbol{x}_{r_i}=\boldsymbol{\Lambda}(\boldsymbol{\theta}_{r_i}) \tag{8·18}$$

여기에서 $\boldsymbol{K}$는 수렴 튜닝용 게인이다. PTP 제어와 같이 현재 위치와 최종 위치가 크게 떨어져 있는 경우에는 수렴하지 않을 우려가 있다. 그러나 CP 제어와 같이 궤도 생성을 주기마다 역운동학으로 풀 경우는 현재(목표) 위치와 최종목표 위치가 매우 가깝기 때문에 수렴계산은 1회 정도면 되는 실용적인 방법이다(PTP 제어에도 응용 가능). 이 경우 수식 (8·17)을 변형해서,

$$\boldsymbol{\theta}_{r_{i+1}} = \boldsymbol{\theta}_i + \boldsymbol{J}^{-1}(\boldsymbol{\theta}_{r_i}) \cdot (\boldsymbol{x}_r - \boldsymbol{x}_i) \qquad (i=0, 1, \cdots) \tag{8·19}$$

로 해 본다. 여기에서는 $\boldsymbol{K}=\boldsymbol{I}$로 하고, $\boldsymbol{\theta}_{ri} \fallingdotseq \boldsymbol{\theta}_i$라고 가정했다.

수식 (8·19)를 관절 서보계의 목표치로 부여하면 현재 위치 θ_i의 피드백 그룹이 소거되어 그림 8·7과 같은 블록그림을 얻을 수 있다.

$$\dot{\boldsymbol{\theta}}_{r_{i+1}} = \boldsymbol{J}^{-1}(\boldsymbol{\theta}_{r_i}) \cdot (\boldsymbol{x}_r - \boldsymbol{x}_i)/\Delta T \tag{8·20}$$

으로 근사(近似)시키면 속도목표치가 얻어진다. 더욱이 차분을 하면 가속도 목표치도 얻을 수 있기 때문에 속도, 가속도 목표치의 피드포워드도 가능하다. 단, 이 차분에서는 값이 불연속이 될 가능성을 내포하고 있기 때문에 주의가 필요하다.

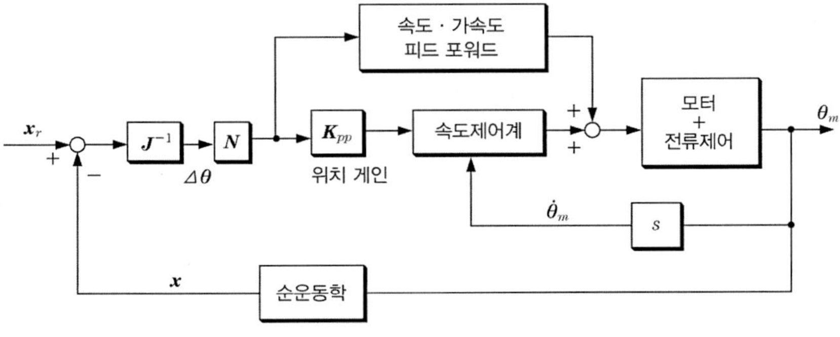

그림 8 · 7 역 야코비행렬을 가진 운동제어

2 J^T(야코비 전치행렬)에 의한 역운동학의 해법

이 방법은 「위치편차에 비례한 힘을 J^T에서 관절 토크로 변환」하는 방식을 이용하고 있어 J^{-1}을 풀지 않아도 되는 것이 포인트이다. 그림 8·8에 제시한 블록 그림을 이용하여 모터의 시뮬레이션 요령으로 수렴계산을 하면 θ_r과 $\dot{\theta}_r$을 동시에 구할 수 있다. 그림 8·8의 모터 모델은 적분기 한 개이지만 미리 큰 속도 피드백을 가지고 있었다고 생각하면 된다. J^T법에서는 각 링크 길이나 직동, 회전 관절의 배치에 따라서 게인 행렬의 튜닝이 어려워 답의 수렴성은 J^{-1}법 쪽이 뛰어나다. 그러나 특이점 통과나 용장 팔의 대응이 용이하다는 점에서 J^T법은 유효한 방법이다.

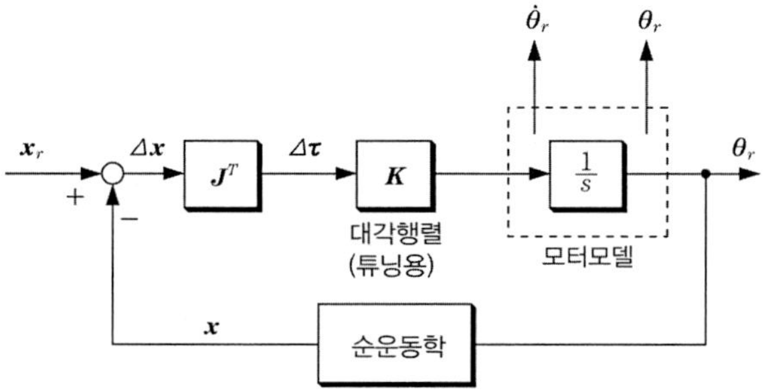

그림 8·8 야코비 전치행렬을 가진 역운동학의 해법

8-3 로봇의 동적 위치제어를 배우자

8-1절까지 로봇의 위치제어는 로봇 각축의 위치제어를 독립적으로 실시하면 실현가능하다고 보고 이론을 전개해 왔다. 현재 세계의 90% 이상의 로봇은 이와 같은 사고에 의거하여 동작하고 있다고 할 수 있다. 그러나 DD 로봇과 같이 각 축 사이에서 움직이는 간섭력을 무시할 수 없는 경우가 있다. 이 경우, 많은 링크 시스템의 운동방정식에 근거한 동적제어가 효과적이다. **동적제어**에는 피드포

워드 형과 피드백 형(**계산토크법**)이 있는데, 후자가 관절각 센서에서 얻어진 실제 관절변수를 이용하기 때문에 궤도추종성이 좋다. 본 절에서는 그림 6 · 19의 피드포워드 부분만을 변경하면 되는 전자의 방법에 대해 설명하기로 한다.

1 로봇(다 링크시스템)의 운동방정식

일반적으로 로봇 팔은 다음과 같은 운동방정식으로 나타낼 수 있다.

$$\boldsymbol{M}(\boldsymbol{\theta})\ddot{\boldsymbol{\theta}} + \boldsymbol{h}(\boldsymbol{\theta}, \dot{\boldsymbol{\theta}}) + \boldsymbol{D}\dot{\boldsymbol{\theta}} + \boldsymbol{f}(\dot{\boldsymbol{\theta}}) + \boldsymbol{g}(\boldsymbol{\theta}) = \boldsymbol{\tau} \qquad (8 \cdot 21)$$

단, $\boldsymbol{\theta}$: 관절함수

$\boldsymbol{\tau}$: 구동토크

$\boldsymbol{M}(\theta)\ddot{\theta}$: 관성력항

$\boldsymbol{h}(\theta), \dot{\theta}$: 원심력 및 코리올리력항

$\boldsymbol{D}\dot{\boldsymbol{\theta}}$: 점성마찰력항

$\boldsymbol{f}(\dot{\boldsymbol{\theta}})$: 동마찰력항

$\boldsymbol{g}(\boldsymbol{\theta})$: 중력항

피드포워드 형의 동적제어에서는 수식 (8·21)의 각 물리 파라메타 $\boldsymbol{M}(\boldsymbol{\theta})$의 동정치 $\hat{\boldsymbol{M}}(\boldsymbol{\theta})$ 등을 이용하여,

$$\boldsymbol{\tau}_{FF} = \hat{\boldsymbol{M}}(\boldsymbol{\theta}_r)\ddot{\boldsymbol{\theta}}_r + \hat{\boldsymbol{h}}(\boldsymbol{\theta}_r, \dot{\boldsymbol{\theta}}_r) + \hat{\boldsymbol{D}}\dot{\boldsymbol{\theta}}_r + \hat{\boldsymbol{f}}(\dot{\boldsymbol{\theta}}_f) + \hat{\boldsymbol{g}}(\boldsymbol{\theta}_r) \qquad (8 \cdot 22)$$

과 같은 목표궤도 θ_r, $\dot{\theta}_r$, $\ddot{\theta}_r$에서의 피드포워드 입력을 그림 8 · 9에서와 같이 합성한다. 이처럼 위치, 속도, 가속도로부터 관절토크를 산출하는 것을 **역동력학을 푼다**라고 한다. 이상적으로는 $\boldsymbol{N}^{-1}\tau_{FF}$을 모터에 가하면 목표궤도에 일치하도록 제어된다. 그러나 동정치에는 오차가 포함되어 있으며, 수식 (8·21)은 관절강도 등을 반영하지 않기 때문에 목표궤도에는 완전히 일치하지 않는다.

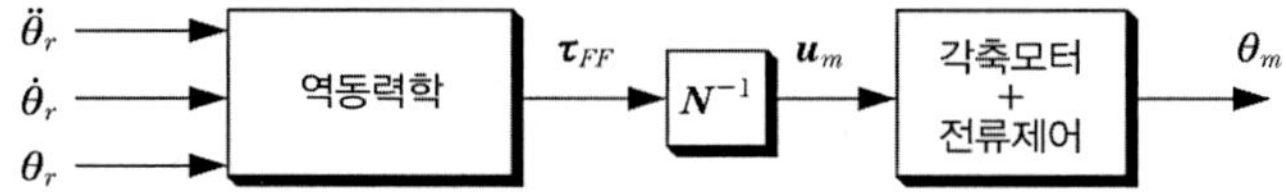

그림 8 · 9 피드포워드만의 동적 제어

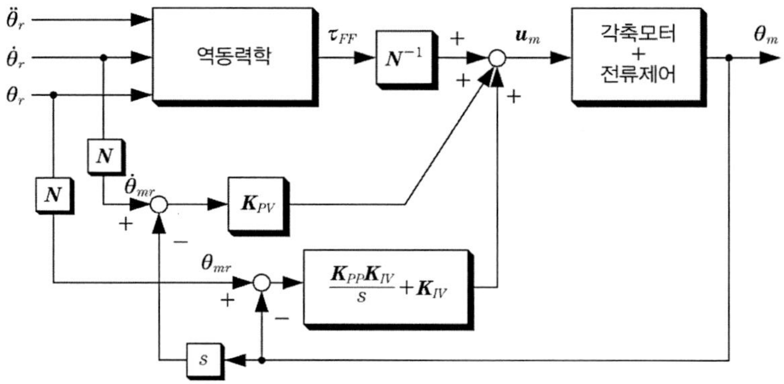

그림 8 · 10 관절 서보 장착 피드포워드형 동적제어

따라서 6장에서 기술한 피드백 제어시스템을 조합시킨 것이 그림 8 · 10이다. 이때의 제어입력 u_m은,

$$u_m = N^{-1}\tau_{FF} + \left(\frac{K_{PP}K_{IV}}{s} + K_{IV}\right)\cdot(\theta_{mr} - \theta_m) + K_{PV}(\dot{\theta}_{mr} - \dot{\theta}_m) \qquad (8\cdot23)$$

으로 나타낼 수 있다. 여기에서는 K_{IV} 등을 관절수 차원의 대각행렬로 하고 있다. 수식 (8·23)은 그림 6 · 19에서 $\hat{J}\ddot{\theta}_{mr} + \hat{D}\dot{\theta}_{mr}$ 대신에 $N^{-1}\tau_{FF}$으로 하고, $K_{RP} = I$, $K_{RV} = K_{PV}$로 설정했을 때의 제어측이다.

이렇게 피드포워드형의 동적제어는 관절 서보시스템으로부터 이동하기 쉽다는 것을 알 수 있다. 한편 피드백 형에서는 목표치가 없는 경우라도 간섭력의 보상이 이루어져 정밀도가 높은 제어가 가능하지만, 관절 서보시스템에서 결정된 피드백 게인을 그대로 사용할 수 없다는 문제점이 있다. 어느 쪽이든 동적제어는 파라메타 동정의 정밀도에 의존하여, 고속으로 동력학을 풀어야 한다.

2 | 2자유도 팔의 다이나믹스

다음 예제로써 그림 8·11에 제시했던 2자유도 로봇 팔의 운동방정식을 풀어 보자. 여기서는 라그랑쥬 함수를 이용하여 운동방정식을 산출한다.

운동에너지를 $\boldsymbol{K}$, 위치에너지를 $\boldsymbol{P}$, 라그랑지안을 $\boldsymbol{L}$, 일반화힘을 $\boldsymbol{F}$로 한다.

$$\left.\begin{aligned} &\boldsymbol{L}=\boldsymbol{K}-\boldsymbol{P} \\ &\boldsymbol{F}_i=\frac{d}{dt}\frac{\partial \boldsymbol{L}}{\partial \dot{q}_i}-\frac{\partial \boldsymbol{L}}{\partial q_i} \end{aligned}\right\} \tag{8·24}$$

일반화좌표로 $q_1=\theta_1$, $q_2=\theta_2$, 일반화힘으로 $F_1=\tau_1$, $F_2=\tau_2$로 한다. 링크 1에 대해서는,

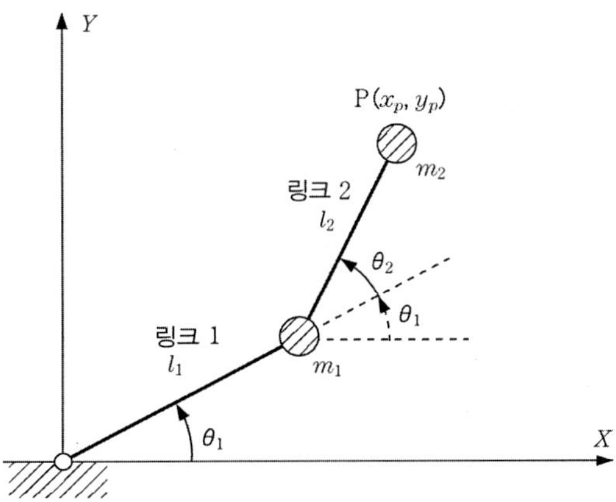

그림 8·11 2자유도 팔

$$\left.\begin{aligned} K_1 &= \frac{1}{2} m_1 l_1^2 \dot{\theta}_1^2 \\ P_1 &= m_1 g l_1 S_1 \end{aligned}\right\} \tag{8·25}$$

가 되며, 링크 2에 대해서는,

$$\left.\begin{aligned} v_2^2 &= \dot{x}_2^2 + \dot{y}_2^2 \\ K_2 &= \frac{1}{2} m_2 v_2^2 \\ &= \frac{1}{2} m_2 l_1^2 \dot{\theta}_1^2 + \frac{1}{2} m_2 l_2^2 (\dot{\theta}_1^2 + 2\dot{\theta}_1 \dot{\theta}_2 + \dot{\theta}_2^2) \\ &\quad + m_2 l_1 l_2 C_2 (\dot{\theta}_1^2 + \theta_1 \dot{\theta}_2) \\ P_2 &= m_2 g l_1 S_1 + m_2 g l_2 S_{12} \end{aligned}\right\} \tag{8·26}$$

이 된다. 이로써 $L = K_1 + K_2 - P_1 - P_2$을 구해, 수식 (8·24)에 대입하면 운동방정식은 수식 (8·27)로 나타낼 수 있다.

$$\begin{bmatrix} \tau_1 \\ \tau_2 \end{bmatrix} = \begin{bmatrix} I_{11} & I_{12} \\ I_{21} & I_{22} \end{bmatrix} \begin{bmatrix} \ddot{\theta}_1 \\ \ddot{\theta}_2 \end{bmatrix} + \begin{bmatrix} C_{11} & C_{12} \\ C_{21} & C_{22} \end{bmatrix} \begin{bmatrix} \dot{\theta}_1^2 \\ \dot{\theta}_2^2 \end{bmatrix} + \begin{bmatrix} C_{11}' & C_{12}' \\ C_{21}' & C_{22}' \end{bmatrix} \begin{bmatrix} \dot{\theta}_2 \dot{\theta}_1 \\ \dot{\theta}_1 \dot{\theta}_2 \end{bmatrix} + \begin{bmatrix} G_1 \\ G_2 \end{bmatrix} \tag{8·27}$$

REFRESH 23 **순동력학과 역동력학**

동력학에도 순과 역이 있다. 목표궤도(위치, 속도, 가속도)로부터 각 관절토크를 구하는 것을 **역동력학**(逆動力學), 관절토크로 선단의 운동을 구하는 것을 **순동력학**(順動力學)이라 한다. 순동력학은 팔의 파라메타가 정확하면 팔이 어떤 식으로 운동할지 시뮬레이션화가 가능하기 때문에 사전에 팔의 운동을 평가할 수 있다. 동적제어를 행하는 경우에는 역동력학을 가진다.

여기서 제1항은 관성력, 제2항은 원심력, 제3항은 코리올리력, 제4항은 중력을 나타낸다. 단, 각 파라메타는 아래와 같다.

$$
\left.\begin{aligned}
I_{11} &= (m_1+m_2)\,l_1^2+m_2l_2^2+2m_2l_1l_2C_2 \equiv \alpha+2\beta C_2 \\
I_{22} &= m_2l_2^2 \equiv \gamma \\
I_{12} &= I_{21} = m_2l_2^2+m_2l_1l_2C_2 \equiv \gamma+\beta C_2 \\
C_{11} &= C_{22} = 0 \\
C_{12} &= -m_1l_1l_2S_2 \equiv -\beta S_2 \\
C_{21} &= m_2l_1l_2S_2 \equiv \beta S_2 \\
C_{11}' &= C_{12}' = -m_2l_1l_2S_2 \equiv -\beta S_2 \\
C_{21}' &= C_{22}' = 0 \\
G_1 &= (m_1+m_2)\,gl_1C_1+m_2gl_2C_{12} \equiv \varepsilon C_1+\varphi C_{12} \\
G_2 &= m_2gl_2C_{12} \equiv \varepsilon C_{12}
\end{aligned}\right\} \qquad (8{\cdot}28)
$$

이 예제에서는 관절에 질량이 있다고 가정했지만, 실제로는 각 링크의 관성모멘트나 중심 오프셋 등이 있어 매우 복잡해진다. 또한 α, β, γ, ε, φ는 운동방정식의 **기저 파라메타**라고 불리며 실제로 동정이 가능하다[54)]. 이들의 동정에 약간의 노력을 필요하지만, 수식 (8·28)은 온라인으로 쉽게 계산할 수 있다. 동적제어가 유효한 감속비는 동작가속도에도 영향을 받지만, 30에서 50 이하가 기준이 된다. DD 로봇에서는 I_{11}과 I_{12}이 동일한 수준의 크기가 되기 때문에 간섭력은 무시할 수 없다.

8-4 향후 중요시 될 로봇의 힘 제어란 무엇일까?

로봇 선단의 힘을 제어하는 방법에 대해 설명하기로 한다. 위치제어만으로는 위치오차가 생기면 어떤 부품들을 끼워 맞추기가 힘들어 진다. 실제로 시편 등을 정확히 ±수 mm 정도까지 정밀하게 설치하기는 매우 어렵다. 이러한 오차를 로봇이 받아들여 스스로 해결해 줄 수 없을까? 첫째는 4장에서 설명한 것처럼 스

그림 8 · 12 그라인더 작업에서의 힘 제어[55)]

프링 등을 이용하여 기계적으로(**수동적**이라고도 함)대응하는 방법이 있다. 여기에서는 제어적(**능동적**이라고도 함)으로 스프링처럼 동작을 실현시키는 방법에 대해 설명하기로 한다. 그림 8 · 12는 그라인더 작업로봇에 힘 제어를 적용하여 곡면으로 연마하고 있는 모습이다.

이렇게 로봇이 힘을 제어할 수 있게 되면 작업 내용이 비약적으로 많아지게 된다. 특히 미래에 인간과 공존해야 할 로봇, 상냥해야 할 로봇의 경우에는 힘 제어가 반드시 필요하다.

힘 제어에는 직접 토크를 제어하는 방식과 간접적으로 힘 정보를 기초로 위치를 제어하는 방식이 있다[54)]. 본 절에서는 실용성 높은 위치제어형의 힘 제어방식으로 임피던스 제어, 힘 제어, 강성 제어에 대해서 설명하기로 한다.

1 | 임피던스 제어

임피던스 제어란 로봇의 외력이 가해질 때 외력과 그 외력에 따른 변위가 원하는 질량-스프링-점성계의 응답이 되도록 모터의 구동토크를 주는 방법이다. 예를 들면 그림 8 · 13에 주어진 1자유도의 시스템에 대하여 생각해보자. 이 응답을

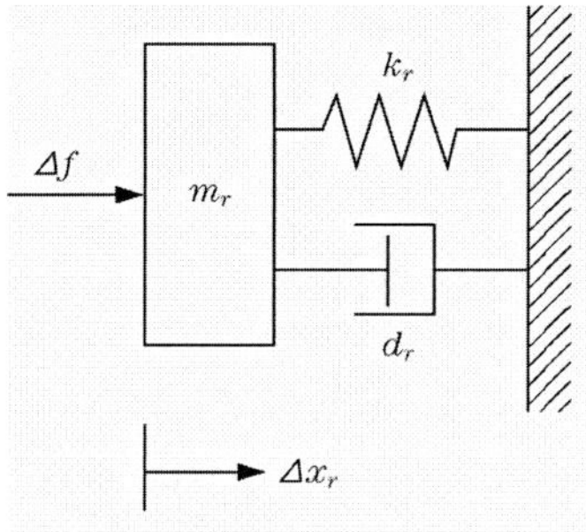

그림 8 · 13 임피던스 모델

주는 시스템은 다음 식으로 나타낼 수 있다.

$$m_r \Delta \ddot{x}_r + d_r \Delta \dot{x}_r + k_r \Delta x_r = \Delta f_r \tag{8·29}$$

여기에서 $\Delta x_r = x - x_r$: 기준위치 x_r에서의 변위, m_r : 모델 질량, d_r : 모델 점성마찰계수, k_r : 모델 스프링 정수, $\Delta f = f - f_r$: 기준력 f_r로부터의 힘이다. 블록 그림은 그림 8 · 14와 같다.

여기에서, 가령 $m_r = 10$ kg, $d_r = 40$N · s, $k_r = 600$N/m로 설정하여 펄스 상의 Δf을 더하면 시간응답은 그림 8 · 15에서와 같이 기계모델의 감쇠와 같은 동특성

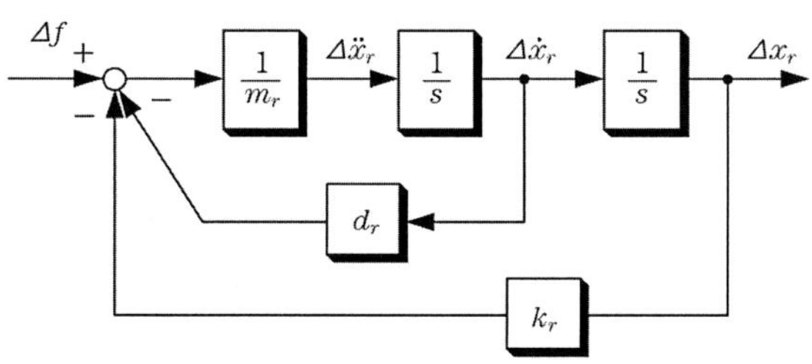

그림 8 · 14 임피던스 모델의 블록도

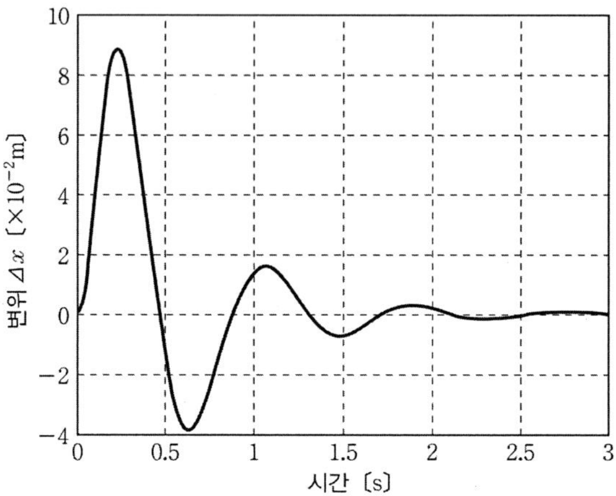

그림 8 · 15 임피던스 모델의 응답 예

을 얻을 수 있다. 이때 감쇠계수는 $\zeta = 0.258$로 하였다.

다음으로 손목에 6 축 힘센서가 장착된 외력 $\boldsymbol{f}$가 계측되는 로봇에서 x방향의 힘 f_x에 대해 임피던스를 가지도록 제어해 보자. 이때 로봇이 멈춰있거나 혹은 움직이거나 상관없다. 제어 블록도는 그림 8 · 16처럼 된다. 그림에서 S는 **컴플라이언스 선택행렬**이라 불리며[3] 이 경우, x 방향만 임피던스 제어를 하므로,

$$\boldsymbol{S} = \mathrm{diag}[1, 0, 0, 0, 0, 0] \tag{8·30}$$

이다. 단, diag은 대각행렬을 나타낸다.

그림 8 · 16에서 피드포워드가 필요없으면 점선 안에는 실시하지 않아도 된다.

여기에서는 x 방향만 임피던스 제어를 했지만, $\boldsymbol{S}$를 이용함으로서 힘 제어와 위치제어 방향을 자유롭게 선택할 수 있다. $\boldsymbol{S}$ 행렬의 1의 수만 **임피던스 모델** $(m_r s^2 + d_r s + k_r)^{-1}$에서 출력을 계산한다. 계산양은 위치제어만 했을 경우에 비해 크게 증가하지 않는다.

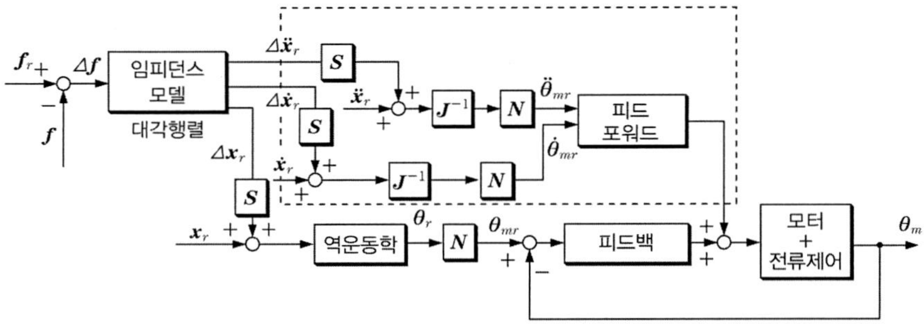

그림 8 · 16 임피던스 제어블록도(힘 제어도 포함)

따라서 임피던스 제어를 할 때에 다음 식에 의해 모터 목표치를 구하여 식 (6·45)을 이용하여 구동토크를 더하면 된다.

$$\left.\begin{aligned} \Delta\ddot{x}_r &= \frac{1}{m_r}[-d_r\Delta\dot{x} - k_r\Delta x + (f_x - f_{xr})] \\ \Delta\dot{x}_r &= \frac{1}{s}\Delta\ddot{x}_r \\ \Delta x_r &= \frac{1}{s}\Delta\dot{x}_r \end{aligned}\right\} \tag{8·31}$$

$$\left.\begin{aligned} \ddot{\boldsymbol{\theta}}_{mr} &= \boldsymbol{N}\boldsymbol{J}^{-1}(\ddot{\boldsymbol{x}}_r + \boldsymbol{S}\Delta\ddot{\boldsymbol{x}}_r) \\ \dot{\boldsymbol{\theta}}_{mr} &= \boldsymbol{N}\boldsymbol{J}^{-1}(\dot{\boldsymbol{x}}_r + \boldsymbol{S}\Delta\dot{\boldsymbol{x}}_r) \\ \boldsymbol{\theta}_{mr} &= \boldsymbol{N}\boldsymbol{\Lambda}^{-1}(\boldsymbol{x}_r + \boldsymbol{S}\Delta\boldsymbol{x}_r) \end{aligned}\right\} \tag{8·32}$$

단, $\ddot{\theta} \fallingdotseq \boldsymbol{J}^{-1}\ddot{x}$

2 힘 제어

힘 제어의 경우 그림 8 · 14에서 $k_r=0$으로 하여 적분특성을 가진 임피던스 모

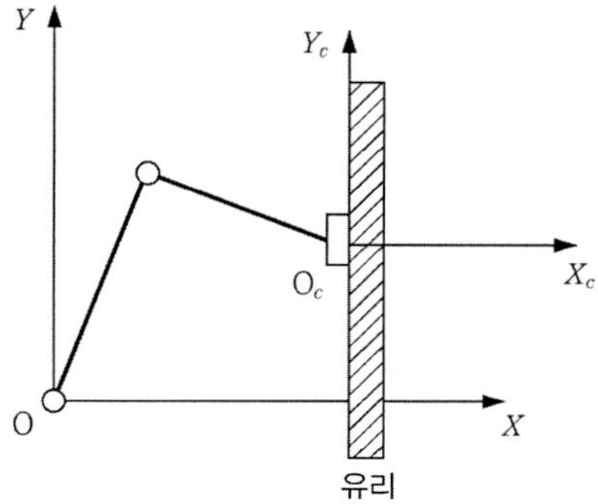

그림 8 · 17 힘 제어와 위치제어의 방향을 제어한 유리 닦기의 예

델을 이용하면 1형 서보 시스템이 되어 정상편차 없이 스텝 상의 힘 목표치 f_r에 추종시킬 수 있다. 대상물과 떨어진 곳에서 힘 제어를 하기 위해서는 $f_r=0$, $k_r \neq 0$으로 하여 대상물에 근접시켜 $f \neq 0$이 되면 $f_r \neq 0$, $k_r=0$으로 하면 좋다. 힘 제어의 경우는 컴플라이언스 선택행렬인 1의 값은 통상은 x 방향이라고 하는 바와 같이 한 개이지만, 끝에 밀어 붙으려 할 때는 두 개가 되는 경우도 있다. 예를 들면 그림 8 · 17의 유리청소의 예에서는 X_c 방향에 힘 제어, Y_c 방향에 위치제어를 하면 좋다.

이와 같이 힘 제어에서도 임피던스 제어와 동일한 시스템을 사용할 수 있다는 것을 알 수 있다. 힘 제어의 대상물이 단단할 경우에는 임피던스 모델의 m_r, d_r, k_r의 비를 유지하면서 수치를 크게 하여 루프 게인을 낮출 필요가 있다. 또한 임피던스 모델이 2차 필터가 되어 있기 때문에 별도의 노이즈 제거용 로우패스 필터를 삽입할 필요는 없다. 또한 여기에서 소개한 임피던스 제어는 임피던스 모델 팔로잉 제어로 분류될 수 있으며, 토크 지령에 따라 폐루프 특성을 규정하는 엄밀한 의미에서의 임피던스 제어는 아니다.

3 힘 센서를 이용하지 않는 강성 제어

다음으로 로봇 팔 선단의 강성을 힘 센서를 이용하지 않고 관절의 서보 강성으로 제어하는 방법에 대해 생각해 보자. 작업 좌표에서 손끝이 $\boldsymbol{K}_{PX}$라고 하는 강성을 가진다고 하면,

$$\boldsymbol{f}=\boldsymbol{K}_{PX}\delta\boldsymbol{x} \tag{8·33}$$

이 된다. 여기에서 $\boldsymbol{K}_{PX}$는 6×6의 대각 행렬로 3개의 강성과 3개의 비틀림 강성을 성분으로 한다.

야코비행렬을 이용하여 관절각 공간으로 변환하면,

$$\boldsymbol{f}=\boldsymbol{K}_{PX}\boldsymbol{J}(\boldsymbol{\theta})\,\delta\boldsymbol{\theta} \tag{8·34}$$

또한 정적인 힘 $\boldsymbol{\tau}=\boldsymbol{J}^T\boldsymbol{f}$을 고려해서 관절토크로 변환하면

$$\boldsymbol{\tau}=\boldsymbol{J}^T(\boldsymbol{\theta})\,\boldsymbol{K}_{PX}\boldsymbol{J}(\boldsymbol{\theta})\,\delta\boldsymbol{\theta} \tag{8·35}$$

이 된다. 여기에서 관절이 다음 식의 PD(비례, 미분) 제어되고 있다고 하자.

$$\boldsymbol{\tau}=\boldsymbol{K}_P\boldsymbol{e}+\boldsymbol{K}_V\dot{\boldsymbol{e}} \tag{8·36}$$

$\boldsymbol{K}_P$, $\boldsymbol{K}_V$는 정수 게인의 대각행렬이며 $\boldsymbol{e}$는 관절각오차 $(\boldsymbol{\theta}_d-\boldsymbol{\theta})$로 한다.

따라서 $\boldsymbol{K}_P=\boldsymbol{J}^T\boldsymbol{K}_{PX}\boldsymbol{J}$이라고 하면, 다음 식에 따라 작업좌표에서의 강성을 관절좌표에서의 강성으로 만들 수 있다. 이것을 **강성 제어**(stiffness control)라고 한다.

$$\boldsymbol{\tau}=\boldsymbol{J}^T(\boldsymbol{\theta})\,\boldsymbol{K}_{PX}\boldsymbol{J}(\boldsymbol{\theta})\,\boldsymbol{e}+\boldsymbol{K}_V\dot{\boldsymbol{e}} \tag{8·37}$$

따라서 위치 PD 제어에서 게인을 약하게 하면 강성 제어가 가능해지므로 간

단히 끼워 맞추는 작업에서는 힘 센서를 쓰지 않고 실행시킬 수 있다. 중력이 가해지는 경우에는 중력 보상(운동방정식의 $\boldsymbol{g}(\boldsymbol{\theta})$을 계산해서 피드포워드)을 하면 감도가 더욱 좋아진다.

트라이얼 8

TRIAL

8-1 로봇 팔의 제어가 복수의 관절의 움직임을 고려하지 않고 각 관절에서의 제어로 실현되는 이유를 생각해 보자

8-2 수식 (8·27)에서 링크의 관성모멘트 I_1, I_2를 포함한 운동방정식을 구해보자.

8-3 그림 8 · 16에서는 힘 제어에 대해서도 동일한 시스템으로 구성할 수 있다는 것을 설명했다. 왜 힘 제어가 가능한지 원리를 생각해 보자.

8-4 힘 제어, 임피던스 제어, 강성 제어의 차이를 설명해 보자.

8-5 힘 제어가 필요한 작업의 예를 들어서 설명해 보자.

로봇의 지능화

- 자율제어와 원격 조작 -

지금까지 로봇 팔의 운동제어에 대해 설명하였다. 즉, 어떤 임의의 위치가 주어지면 그곳에 로봇 팔의 끝을 위치시킬 수 있다. 그러나 작업에 따라서는 어떻게 목표위치를 생성해야 하는지가 문제가 되는 경우도 있다.

일반적으로 산업용 로봇은 티칭(지시)에 따라 차례차례 목표 위치를 세팅하고 일련의 작업을 프로그램 하는 경우가 많다. 이 프로그램을 사용하여 동일한 작업을 반복한다. 따라서 대상물의 형태나 장소, 작업 순서가 변하면 프로그램을 수정해야 한다. 이러한 점에서 약간의 위치오차가 생겨도 힘 센서나 CCD 카메라에서 화상처리함으로써 동일한 프로그램이라도 대응가능한 범위가 넓어지게 된다. 즉 힘 센서에 의해 위치오차를 수정하는 것처럼 로봇 팔이 힘 제어 되거나 시각 센서에 따라 거리를 정확히 계측하여 위치를 보정할 수 있다.

이와 같이 **센서 피드백**에 따라 지능화가 조금씩 진행된다. 그러나 작업순서나 상황판단을 할 수 있게 되기 위해서는 아직 과제가 많다. 그래서 다음과 같이 자동적 혹은 자율적으로 작업하는 로봇과 원격 조작형 로봇으로 나누어진다. **지능화**란 보다 상위 레벨에서 로봇에게 작업할 수 있도록 하는 것이라고 생각할 수 있다.

- 자율제어 로봇 (판단의 고도화)

  검출 → 인식 → 판단 → 계획 → 행동 (운동 → 확인)

- 원격조작 로봇 (국지적인 센서피드백)

  검출 → → → → 행동 (반사운동)

  인간이 인식, 판단하여 계획 및 행동기준을 작성한다.

9-1 자율제어 로봇이란 무엇인가?

자율제어 로봇은 인간이 어떻게 행동하는지를 생각함으로써 이해할 수 있다. 즉 무엇을 하는가? **(일)**, 어디에 무엇이 있는가? **(계측과 인식)**, 어떤 순서로 하는가? **(행동계획)**, 어떻게 손이나 몸을 움직이는가? **(궤도생성)**, 등으로 이것이 수준 높은 생각이다. 이후부터는 그다지 의식하지 않지만, 실제로 생각한 곳으로 손을 움직이는 **(운동제어)** 동작을 한다.

그림 9·1에 자율로봇에 대한 구성을 제시하였다. 계측한 결과는 상위 시스템으로 피드백되어 운동제어나 원격인식에 반영된다. 또한 상위 시스템에서 데이터베이스를 참조 혹은 수정하면서 작업의 스킬 등의 정보를 얻은 후 팔의 운동을 제어한다.

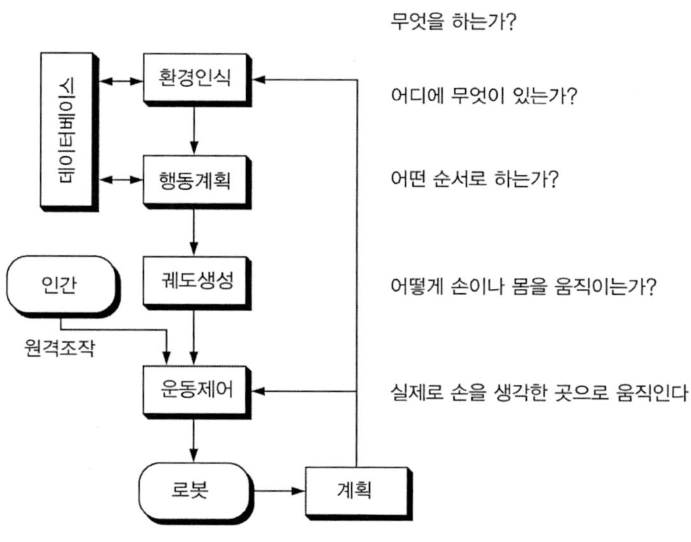

그림 9·1 자율제어 로봇의 구성

표 9.1 비치발리볼의 작업 알고리즘

	로봇의 동작	처리내용
1	볼을 찾는다.	CCD 카메라를 향한다.
		볼의 위치, 속도를 계측한다.
2	볼의 위치를 예측한다.	현재 궤적에서 볼의 운동방정식을 푼다.
		볼의 경로를 산출한다.
3	임팩트 위치에 라켓을 흔들기 시작한다.	팔 선단의 라켓의 위치와 자세를 정한다.
		라켓이 가도록 팔 관절각도, 각속도, 각가속도를 계산한다.
		관절을 구동하는 모터에 지령을 보낸다.
4	볼을 보내는 장소를 생각한다.	(CCD 카메라로 상대측을 잘 본다)
		전략에 따라 보낼 장소를 바꾼다.
5	라켓을 컨트롤 한다.	볼에 맞았을 때 힘의 벡터를 계산한다.
		관절모터로의 지령값을 조정한다.

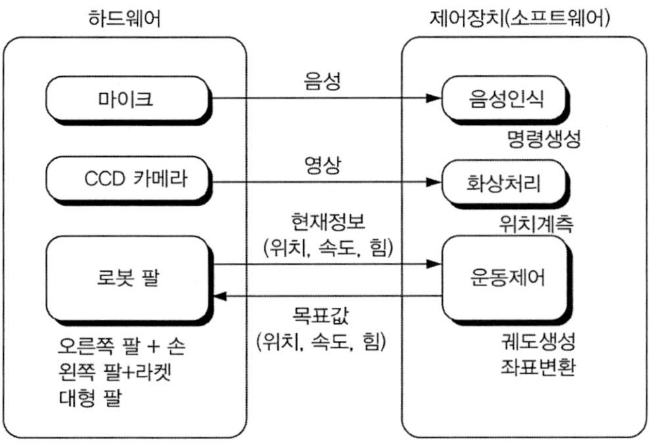

그림 9 · 2 비치발리볼 로봇의 구성

예를 들면 그림 1 · 6에 제시한 사람과 비치발리볼을 하는 로봇을 생각해 보자. 자율적으로 볼을 검출하고 라켓의 궤도를 생성하여 경기를 이어가기 위해서는 어떤 것이 필요할까? 표 9 · 1은 비치발리볼 로봇의 작업 알고리즘을, 그림 9 · 2는 로봇 시스템에 대한 구성을 나타낸 것이다. 이밖에도 음성지령에 따라 소리로 '빨간 볼을 집어라'고 명령하거나 화상처리에 의해 여러 사람 속에서 특정한 사람의 얼굴을 인식하거나, 움직임을 검출하여 손을 흔들고 있는 사람을 찾을 수도 있다. 또한 사람의 힘에 맞추어 악수를 할 수도 있으며, 미래의 휴먼 프렌들리 로봇이나 지능 로봇에 필요한 기초 기술이 이곳에 종합되어 있다.[15)]

9-2 로봇 언어를 통한 지능화에 대해 생각해 보자

구체적으로 지능화라는 것을 로봇언어를 통해 생각해 보도록 하자. 여기에서는 작업의 예로, 'A에 있는 컵을 B로 옮긴다'고 상정해 보자. 운동제어에서 설명했던 것처럼 목표위치를 차례로 입력해 가는 경우에는 프로그래밍하기가 매우 힘들다. 따라서 아래와 같은 로봇용 프로그램언어를 도입해 보자.

로봇 언어에 의한 프로그램 예

태스크(코맨드)

place Cup from A to B

로봇 언어

1) set A: 데이터베이스(DB)에서 좌표 A(위치, 자세)를 입력한다.
2) set B: 1)과 같음
3) set Cup: DB에서 컵의 좌표 및 크기 등을 입력한다.
4) move to A: A점으로 손끝을 이동시킨다. 현재 위치에서 A점까지 직선으로 잇고, 속도 패턴을 생성한다. 각 시각에서의 선단 위치를 각 관절 각도로 변환하여 관절을 구동한다.

5) grasp cup: 컵을 쥔다. 손을 쥐고 모터전류가 흐르는 값이 될 때까지 쥔다.
6) move to B: 4)와 같음
7) release cup: 손을 잡기 전 위치까지 벌려준다.
8) home: 홈 포지션으로 돌아온다. 이동은 4)와 같다.

여기에서 지능화에 대해 좀 더 생각해 보기로 하자.

- 상위 코맨드에서의 자동 프로그램 생성
  상위 태스크의 코맨드(place Cup from A to B)에서 자동적으로 로봇언어를 생성한다. 혹은, 보이스 코맨드(음성지령)를 해석한다.
- 데이터베이스(DB)의 자동 갱신
  예에서는 각 위치가 이미 DB에 입력되어 있다고 하였지만, 카메라로 컵 등의 위치를 적절히 검출하여 환경 DB에 입력하고 수정한다.
- 경로생성
  환경 DB에 축적된 지도 정보에 대해 장애물 등이 있는 경우에 동작경로를 자동 생성한다.
- 스킬생성
  DB에는 환경 DB, 지식 DB, 스킬 DB 등이 있어 이른바 작업요령, 기술 등의 스킬이나 학습의 결과가 데이터베이스화 된다.

라고 하는 지능화를 생각해 볼 수 있다.

9-3 원격조작형 매니퓰레이터란 무엇일까?

원격조작형의 로봇은 상황판단 및 목표치의 생성을 인간이 하는 것으로 대표적인 **원격조작 로봇**으로 그림 9·3에 보이는 **마스터 매니퓰레이터**가 있다. 일반적으로 마스터 팔을 조작함으로서 작업을 하는 위치에 있는 슬래이브 팔을 자유

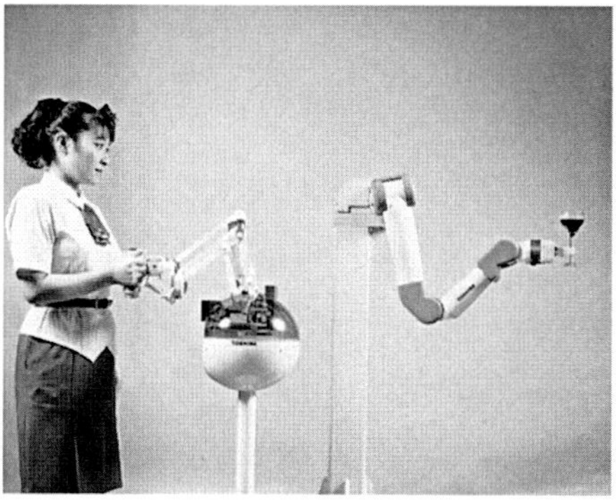

그림 9·3 마스터 슬레이브 매니퓰레이터의 예[56)]

롭게 조종하는 것이다. 조종자는 작업장소에 있는 카메라로부터 보내온 영상을 모니터로 보면서 마스터 팔을 조작한다. 이때 주위 상황을 카메라를 통해 보고 있기 때문에 세세한 것까지는 보기는 어렵다. 따라서 이전부터 작업시에 슬래이브 팔에 가해지는 반력을 마스터 팔로 되돌리면 섬세한 작업을 할 수 있다. 이러한 제어를 **바이래터럴 제어**, 즉 **양방향 제어**라고 한다.

예를 들면 벽을 누르면 그 반력이 마스터 팔에 돌아오므로 작업자는 벽에 닿았다는 것을 알 수 있다. 또한 힘을 되돌리지 않은 것을 **유니래터럴**(**한 방향**이라는 의미) **제어**라고 하며, 목표치만을 제시한다. 유니래터럴 방식은 마스터에 액츄에이터를 사용하지 않기 때문에 조이스틱 등으로 간단히 구성할 수 있다. 또한 슬래이브 팔을 힘 제어하면 상대에게 과부하를 줄 걱정을 할 필요도 없다.

9-4 마스터 슬래이브 매니퓰레이터 제어란

마스터-슬래이브 매니퓰레이터의 쌍방 제어에는 그림 9·4부터 그림 9·6에서와 같이 대칭형, 힘 반사형, 힘 귀환형이 있다. 또한 이들의 동적제어 및 임피던스 제어를 가하는 방식 등이 연구되고 있다[54]. **대칭형**은 마스터, 슬레이브와 함께 위치 서보 시스템으로 구성되어 위치 편차에 따라 구동력을 각각 마스터, 슬레이브에 발생시키는 것이다. 마스터와 슬레이브의 위치가 어긋남에 따라 편차분만큼의 힘이 마스터에서 느껴진다. 간단히 구성할 수 있다는 장점이 있지만 마스터의 마찰이 작아야 한다.

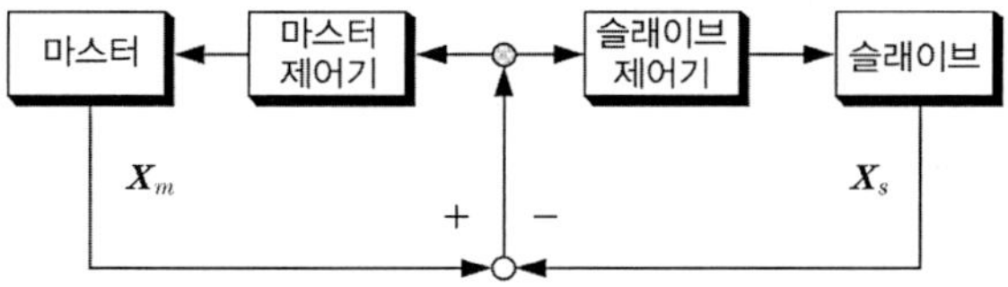

그림 9 · 4 대칭형 쌍방 제어

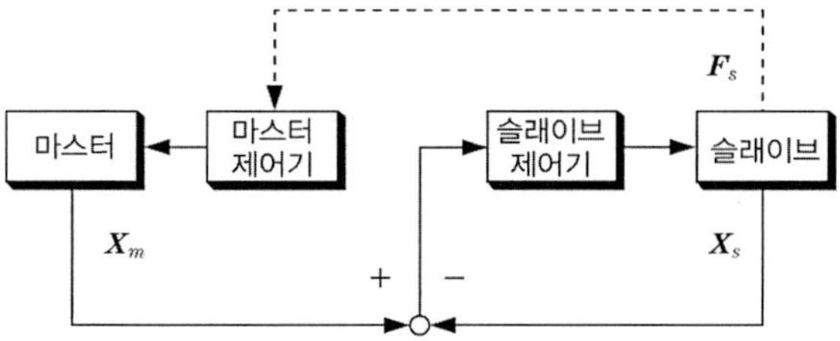

그림 9 · 5 힘 반사형 쌍방 제어

REFRESH 24 마스터 슬레이브 매니퓰레이터의 연구동향

그림 9 · 3은 **이구조(異構造) 마스터 슬레이브 매니퓰레이터**라고 불린다. 조작 측의 마스터 팔은 인간이 조작하기 쉬운 형태를 하고 있어 다양한 형태의 슬레이브 팔을 컨트롤할 수 있다. 이 경우 구조가 다르기 때문에 좌표를 변환한다. 최근에는 마스터와 슬레이브 사이에 ISDN이나 인터넷 등의 네트워크를 연계한 연구도 이루어지고 있어[57] 로봇을 이용하여 미국에서 프랑스에 있는 환자를 원격 수술하였다[58]. 훗날 아무 곳에서나 로봇을 원격 조작할 수 있게 될 것이다.

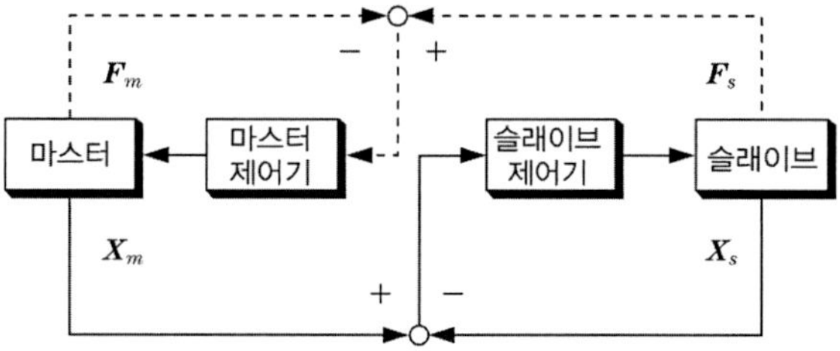

그림 9·6 힘 귀환형 쌍방 제어

REFRESH 25 로봇 겸자(鉗子)

그림 9·7은 원격조작기술을 응용한 복강경하 수술용 로봇 겸자이다. 종래의 겸자 선단에 손목관절을 만들어 조작부의 동작을 전기적으로 선단에 전하는 것이다. 지금까지의 겸자로는 불가능했던 방향에서 봉합이 가능하므로 수술 분야에서 새로운 기술을 사용할 수 있게 되었다. 외경이 3 mm인 것까지 개발되었다.[56)]

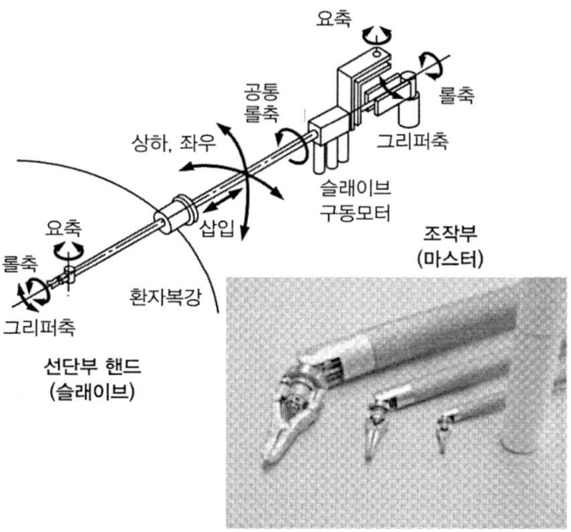

그림 9·7 로봇 겸자

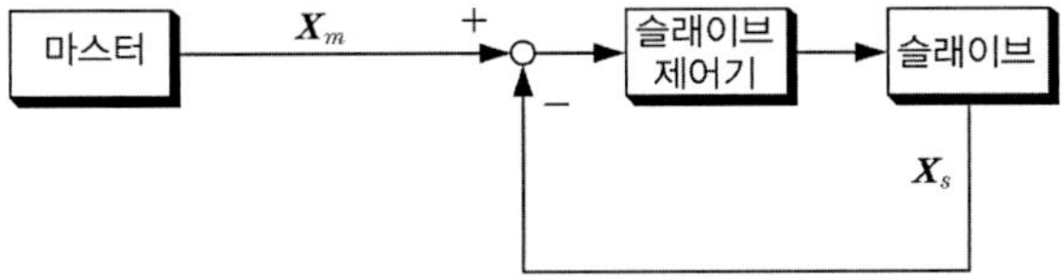

그림 9·8 유니래터럴(위치 서보계)

힘 반사형은 슬래이브는 위치제어, 마스터는 슬래이브에서의 반력에 따른 구동력을 발생시키는 것이다. 힘의 응답은 대칭형보다 뛰어나지만 이것도 마스터의 마찰이 작지 않으면 조작성이 좋지 않다.

힘 귀환형은 슬래이브의 위치제어, 마스터는 힘 제어로 구성되어 있다. 이 경우 마스터측에도 힘 센서가 필요하지만 마스터는 파워 어시스트되기 때문에 마스터의 조작성이 매우 좋다. 참고로 유니래터럴의 경우 서보계를 그림 9·8로 나타내었다.

9-5 가상현실과 원격로봇공학의 공통성

가상현실과 원격로봇공학에는 공통기술이 많다. **가상현실(버추얼 리얼리티)**은 그림 9·9와 같이 CG 등으로 제작된 가상공간 안에 자신이 있는 것같이 체감하는 기술이다. 원격조작에 의해 로봇을 제어하는 **원격로봇공학**에서는 그림 9·10에서와 같이 실제 로봇이 존재하고 있어서 실세계와 물리적인 간섭을 한다는 점이 크게 다른 점이다. 가상환경의 제시방법이나 가상환경 속의 로봇을 움직이게 하는 방법 등은 동일한 기술이다. 특히 CG에 의한 가상환경의 표시는 로봇에서는 시뮬레이터로 이용가치가 높다.

실제 로봇과 분리하여 오프라인 지시의 확인이나 로봇을 조작하는 훈련장치로 이용될 뿐 아니라 실제 로봇과 연동시켜 실제 로봇의 위치를 가상환경 내에 표시함에 따라 실시간으로 동작 확인이 가능하다(**리얼타임 시뮬레이터**라고 함). 우

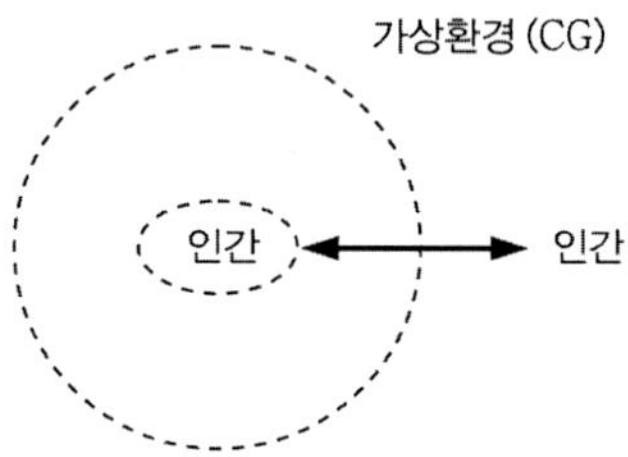

그림 9 · 9 버추얼 리얼리티

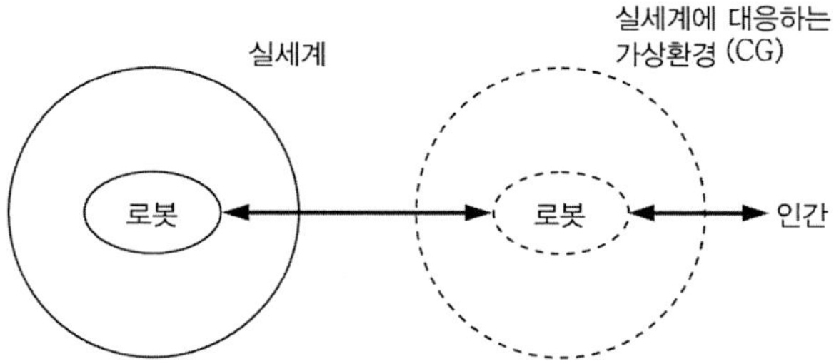

그림 9 · 10 원격로봇공학

주로봇의 경우에는 통신에 시간지연이 발생하므로 컴퓨터 그래픽(CG)에 의해 지령위치를 시간지연 없이 표시하면 실제 로봇 위치를 예측할 수 있다(**예측 디스플레이**). 또한, 고방사선 환경 하에서는 CCD 카메라를 사용할 수 없으므로 가상환경 속에서 로봇이 어디에 있는지 감시할 수 있다. 그 밖에 마스터 팔 기술은 가상현실의 포스 디스플레이(힘 제시장치), 햅틱 디바이스(촉각, 역각제시장치)에도 응용할 수 있다.

9-6 원격조작 및 자율제어

원격조작형 로봇으로 할 것인지, 자율제어 로봇으로 할 것인지는 작업 내용에

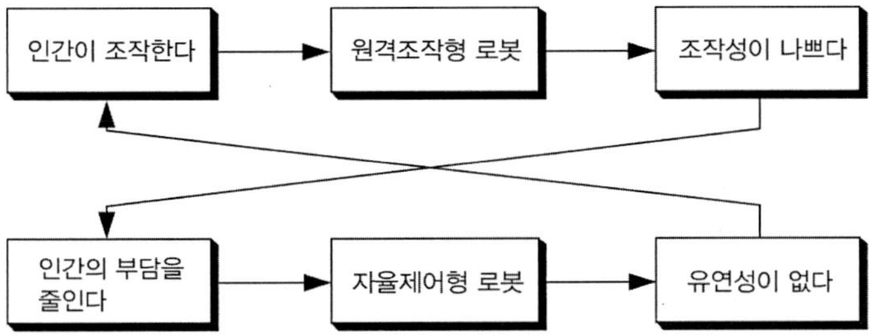

그림 9 · 11 원격조작형 로봇과 자율제어형 로봇의 관계

따라 다르다. 자율제어로 제작하고 싶어도 현재 상태에서는 원격조작으로 제작해야 하는 경우도 있다. 가령 메인터넌스 등이 그 한 예이다. 또한 직접 조작해 보고 싶거나 유사체험을 해보고 싶은 경우에는 원격 조작이 좋다. 의료응용분야에서도 완전한 자율제어는 상상하기 어렵다. 물론 원격제어와 자율제어의 융합도 있으며 부분적으로 자율제어를 이용해도 효과적이다. 사실, 인간밖에 할 수 없는 작업에는 원격이 좋다. 따라서 인간이 조작하게 될 부담도 경감된다. 액체가 든 컵을 옮길 때 흘리지 않도록 자율적으로 수평을 유지할 수 있다면 조작하기 편해질 것이다. 현재로서는 그림 9 · 11에서와 같이 각각의 기술적 진보에 맞추어 원격기술, 자율기술 모두의 수준을 높여 가는 것이 전체적으로 바람직하다고 생각된다.

REFRESH 26 **우주로봇의 원격조작실험**

필자는 실제로 우주 로봇을 원격 조작할 수 있는 기회가 있었다. 찬스는 한 번 밖에 없었다. 지상훈련장치로 훈련을 한 덕분에 원만하게 실험을 마칠 수 있었다. 실제로 궤도상 500 km에 있는 로봇이 움직이고 있는지 실감해 볼 시간은 없었지만 성공적이어서 어깨의 짐을 덜게 되었음은 말할 나위도 없다. 그날은 나사(NASA)와 회선이 연결되지 않아 보조 회선으로 실험이 이루어졌다.[60] 정말 많은 사람들의 협력으로 이루어지고 있다는 사실을 깊이 깨달았다. 또한 이 실험은 다른 사람에 비해 순서가 앞당겨지면서 무인우주 로봇을 지상에서 원격조작한 세계 최초의 작업실험이 되었다.

트라이얼 9

9-1 가상환경을 사용해서 로봇으로 작업을 할 때는 어떤 것에 주의하면 좋을지 생각해 보자.

9-2 지상에서 우주의 로봇 팔을 원격 조작할 경우에 대해 생각해 보자. 이때 통신시간지연이 왕복 6초 발생했다고 하면 지령한 결과를 볼 때까지 6초가 걸리게 된다. 이것은 원격조작에 어떤 영향을 미칠까? 또한 어떤 CG 시뮬레이터를 이용하면 완전한 조작이 가능할까?

9-3 미래에 로봇이 어떠한 분야에 이용될 것인지 생각해 보자.

9-4 최근에는 수술을 지원하는 로봇 팔에 대한 연구가 이루어지고 있다. 로봇으로 수술을 지원할 때의 장점과 단점에 대해 생각해 보자.

로봇의 과제와 미래

10 CHAPTER

현재의 로봇은 제한된 환경하에서 제한된 작업을 하고 있는 수준이다. 환경조건이 다르면 대상물을 검출할 수 없고, 인식할 수도 없다. 또한 센서 피드백이 이루어지고 위치오차도 어느 수준 이내가 아니면 작업할 수 없다. 물론 작업 내용이 바뀌면 작업자도 프로그램을 적극적으로 다시 수정해야 한다. 당분간은 이와 같은 한정적인 상황을 어떻게 확대시켜 갈지에 대해 연구할 필요가 있다. 전자는 센싱에 대한 문제가 크다. 후자에 대해서는 작업내용이 로봇의 동작으로 바뀌어 있지 않다. 즉, 작업을 어떻게 프로그래밍하면 좋을지, 작업 자체에 대한 역학이 규명되어 있지 않다. 이 연구는 현장에서 이루어지는 연구지만 이것이 이루어지지 않으면 로봇은 단순한 티칭 플레이백의 영역에서 벗어날 수 없다.

로봇의 응용분야는 굉장히 폭이 넓다. 그리고 매우 꿈이 큰 분야이다. 인간과

REFRESH 27 **로보콘(로봇 콘테스트)**

최근 로보콘이 대유행하고 있는 것 같다. 리모컨 조작형에서부터 자율제어 로봇까지 천차만별이며 로보콘 전문 잡지도 발행되고 있다. 학교에서도 이와 같은 교육이 학생들에게 인기가 있다고 한다. 사물을 생각한 대로 움직이게 하는 것은 직접 참가하는 쪽이나, 평가하는 쪽 모두에게 즐거울 것이라고 생각한다. 메카트로닉스 교육으로 응용성이 높은 기술을 획득할 수 있다. 또한 각각의 메카트로닉스 기구가 인텔리전트화 된다면 시스템으로서의 로봇이 실현될 것이다. 로봇에만 국한시키지 말고 인텔리전트한 다양한 기계를 개발하였으면 한다.

공존하는 로봇을 실현시키기 위해서는 하나하나 과제를 극복해가야 한다. 산업용 로봇의 경우에는 시장이 로봇을 양성했듯이 새로운 시장이나 용도에 의해 로봇의 성능이 향상될 것을 기대한다. 로봇 콘테스트 환경 속에서 성장한 젊은 세대들이 이와 같은 분야에 공헌하게 될 것이다. 다음 절에는 이와 같은 기대를 바탕으로 향후 중요시 될 기술과 시장성에 대해 설명하기로 한다.

10-1 점점 중요해지는 시스템계의 통합(System Integration)

그림 10 · 1은 로봇에 관한 계의 구성을 나타낸 한 예이다. 이것은 ApriAlpha 라고 하는 로봇 정보가전과 그 컨트롤러 계 구성[61]인데, 아래의 그림을 보면 알 수 있듯이 로봇은 지금까지 설명했던 운동제어뿐만 아니라 다양한 요소 기술이 필요하다. 모듈로 표현했지만 화상처리, 음성처리, 지식처리, 통신, 이동제어, 여기에 로봇 팔이나 손의 제어도 포함된다. 이러한 요소 기술은 단독으로는 기능

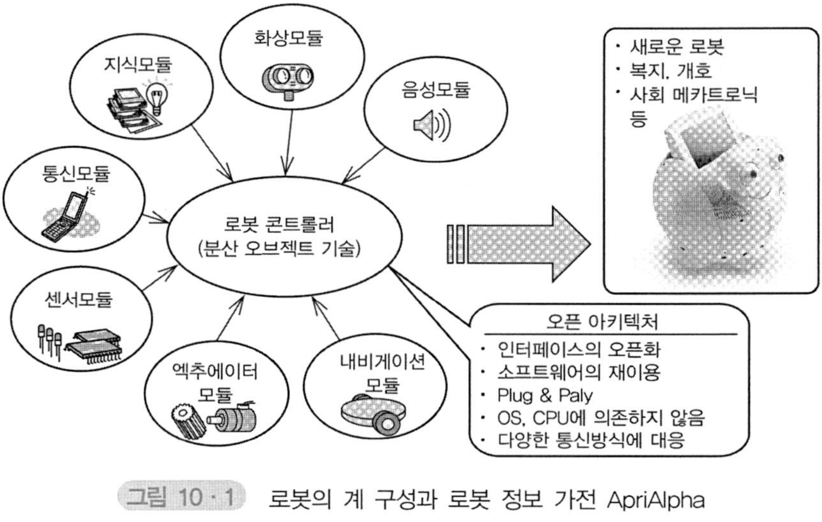

그림 10 · 1 로봇의 계 구성과 로봇 정보 가전 ApriAlpha

하지만 이 모두를 연결시켜 계(system)로서 기능하게 하는 일은 그리 간단하지 않다. 그러나 복수의 요소가 연대함으로써 작업의 확실성이 높아진다. 예를 들면 얼굴인식과 음성인식을 연대시키면 인물인식에 대한 신뢰성은 높아진다. 또한 그림 10 · 1과 같이 인터페이스를 정의하여 모듈화하고, 구성요소를 교체하기 쉽게 함으로써 간단하게 체계화 할 수 있다. 이를 위해 CORBA 등과 같은 **분산 오브젝트 기술** 등이 이용된다. 이와 같이 목적에 맞추어 시스템을 통합하기 위한 방법론 및 기술을 계 통합(system integration)이라고 하며, 이제부터 체계화되어 갈 것이라고 생각한다.

10-2 차세대 로봇이란?

미래의 로봇을 **차세대 로봇**이라고 한다. 경제산업성에서는 사람과 공동 작업까지 포함한 '차세대 산업용 로봇'과 사람과 공존하며 서비스를 제공하는 '서비스 로봇' 두 가지로 정의하고 있다. 생활지원 로봇 등도 포함되어 있다. 로봇이 공장 밖으로 나가면 공도이용(公道利用) 및 무선통신 등과 같은 다양한 문제가 발생한다. 그때마다 허가를 받아야 되기 때문에 이러한 문제에 대해 로봇 특구라고 하여 각종 실증실험을 쉽게 할 수 있도록 해주는 체계가 생겼다. 또한 엘리베이터에 로봇이 탈 경우의 등에 대한 문제도 논의되고 있다. 이렇게 기술이 진보해 가면 이제까지 신경 쓰지 않았던 제도나 규제 등에 대한 문제도 함께 고려되어야 한다.

10-3 차세대 로봇의 시장창출

여기에서는 1999년부터 2009년까지 전개되었던 내용에 대해 다시 살펴 보고자 한다. 최초에 개발된 엔터테인먼트 로봇은 실용화되었지만, 이후 사업이 철수되었다. 2005년에 개최된 '사랑(愛) · 지구박람회'에는 서비스 로봇이 다수 등장하여 서비스 로봇의 원년이라고도 불리기도 한다. 이것을 계기로 공장 이외의 곳에 로봇을 적용시키는 사업이 진화되었다고 생각된다. 아직 새로운 시장이라고 할 정도는 아니지만 시장화까지는 시간이 걸리게 마련이다. 또한 가격이 저렴한 정원용 클리너 로봇은 현재에도 시판되고 있다. 치유 시스템 로봇도 착실하게 시장규모가 커지고 있다. 그 밖에 빌딩청소 로봇, 식사지원 로봇 등도 확실하게 그 시장이 확대되어 가고 있다. 외과수술지원 로봇도 전세계 누계로 1,000대가 넘는다. 돌봄이용 어시스턴트는 실용화가 시작되었다. 점차 로봇, 혹은 로봇기술(RT)을 도입한 메카트로닉스 기기가 증가해 갈 것이라고 생각한다.

10-4 요소 기술의 진보

기술적인 진보는 어떠할까? 큰 진보로는 CPU의 고성능화에 따른 인식, 제어 기술의 고도화와 센서 개발에 의한 성능이 눈부시게 향상되었다. 휴머노이드 로봇의 메카니즘과 제어도 확립되어가고 있다. 뇌파를 이용한 브레인 머신 인터페이스(BMI)에 의한 로봇조작 연구도 이루어지고 있다.

레저 레인지 파인더(LRF)는 저가이며 소형인 것이 개발되어 거의 대부분의 이동 로봇에 탑재되고 있다. CPU의 클락은 약 100배나 빨라졌다. 이에 의해 SIFT 등 견고한 화상처리나 이동 로봇에서의 지도와 자기위치추정을 동시에 실시하는 SLAM, 휴머노이드 로봇 등의 초다관절 기구의 운동제어 등, 고도의 알고리즘 장착이 실제로 가능해져 실시간으로 제어가 가능하게 되었다. 소형로봇에서의 소리발생 위치확인(音源定位)과 인식도 실현되었다. 이처럼 로봇은 계이므로 센서 등과 같은 요소의 성능이 향상되면 로봇의 성능 자체도 향상된다.

10-5 네트워크 기술과의 융합은 빼놓을 수 없다

인터넷이 보급됨에 따라 네트워크 기술이 발전하였다. 로봇도 정보 네트워크를 이용하는 것이므로 다른 로봇과의 협조, 가전 등의 조작, 로봇 외부에 장착된 센서나 DB를 이용함으로서 그 기능을 확장시킬 수 있다. 더욱이 RFID 태그가 보급됨에 따라 카메라나 거리센서와 같은 계측뿐만 아니라 대상물에 관한 속성을 읽어내는 정보를 네트워크 환경에서 얻을 수 있게 되었다. 이와 같은 환경에 놓인 센서 등의 정보를 구조화 하거나 (**환경정보 구조화**)[63] 공간을 지능화 (공간지, 인텔리전트 스페이스)함으로써 로봇의 작업성을 향상시키는 연구개발도 발전해 가고 있다. 특히 네트워크 기술과 로봇기술과의 융합을 네트워크 로봇이라고 한다[64]. 로봇은 네트워크의 액티브한 디바이스가 되어갈 것이다.

10-6 서비스 로봇의 표준화

한편 공통화나 기초기술의 개발로서, 로봇용 미들웨어의 경우 연구개발이 활발해지고 있고, 이용이 또한 증가하고 있다. 관청 내의 연대에 의한 **공통 플랫폼 기술** 등에 의해[63] 로봇 개발 인프라가 정비되어가고 있다. 이에 따라 비즈니스 모델 등에 맞추어 로봇이 도입되기 쉬워질 것으로 생각된다. 산업용 로봇에 대해서는 국제표준화기구(ISO)에서 표준화가 이루어지고 있는데, 서비스 로봇에 대해서도 새로운 국제표준을 목표로 활발한 활동이 전개되고 있다. 국제표준화 단체인 OMG에서는 미들웨어, 로봇 위치관리의 표준화가 진행되고 있다. 특히 사

REFRESH 28 **혼자서도 산관학(産官學)이 가능한가?**

필자는 산관학(産官學)의 일을 동시기에 경험했다. 국가 프로젝트를 추진하기도 하고, 대학에서 박사과정 학생들의 프로젝트 연구를 지도하기도 하였으며, 기업에서 로봇을 연구개발하는 등 1인 3역을 수행했다. 재무성까지 예산을 설명하기 위해 간 적도 있다. 어떻게 시책이 시작되며, 어떻게 학내에서 교육이 이루어지고 있는지, 그리고 이것들이 어떻게 기업으로 연결되는지, 각기 다른 입장의 시스템이 있다는 것을 알았다. 이에 대해 항상 생각하며 앞으로 반영해 가고자 한다.

람 가까이에서 작업해야 할 가능성이 높은 서비스 로봇은 안정성이 중요하기 때문에 ISO에서 논의가 시작되고 있다. 지속적인 보급을 위해서는 국제적으로 인정을 받을 필요가 있다.

트라이얼 10

10-1 지금까지 펫 로봇(엔터테인먼트 로봇)이 다양하게 발표되었다. 강아지형, 고양이형, 말을 암기하는 펫 인형 등과 같은 커뮤니케이션을 즐기는 로봇이다. 이와 같은 로봇에 필요한 기술의 예를 들어 보자. 그림 10·2에 이와 같은 로봇의 예를 제시하였다.

그림 10·2 엔터테인먼트 로봇 AIBO
(사진제공—소니(주))

10-2 2001년에 보고된 로봇에 대한 시장예측에서는, 2010년에 3조 엔, 2025년에는 8조엔이 될 것이라고 예측했다[65]. 그러나 실제로 로봇 시장은 그만큼 신장하지 않았다. 그 원인에 대해 생각해 보자.

10-3 일본의 로봇 개발은 어떻게 발전되어 왔을까? 또한 어떻게 발전해 갈 것인가?

10-4 국제표준화가 왜 중요한지 생각해 보자.

트라이얼 해답

이 책에서의 「트라이얼」은 반드시 얼마나 이해했는지 확인하기 위한 것뿐만 아니라, 본문에 실었어야 하는 내용이 꽤 많이 포함되어 있다. 본문은 서두에서도 설명했듯이 로봇의 시나리오를 이해하는데 주안점을 두고 있으므로, 본문에서의 해설은 최소로 하고 기타 과제로서 정리해 보았다. 반드시 「트라이얼」도 숙지하여 로봇공학에 대해 보다 심도있게 연구했으면 하는 바램이다.

트라이얼 1

TRIAL

1-1 메카트로닉스 제품은 주변에 매우 많다. 예를 들면 카메라의 자동 초점 기구, 자동문, 자동 개찰기 등이다. 어떻게 센싱하여 메카니즘을 구동하고 있는지 조사해 보자.

1-2 산업용 로봇에서는 조립용 로봇, 용접용 로봇, 도장용 로봇이 공장에서 가동되고 있다. 특수 환경에서는 우주 정거장용 로봇 팔 외에 잠수조사선 (심해 6500) 등의 매직핸드가 샘플링용으로 사용되고 있다. 사회용으로는 빌딩이나 공항 등에서 바닥 청소 로봇이 자동으로 운전되고 있다.

1-3 예를 들면 인간(생물)과 부분적으로 닮은 형태로 비슷한 동작을 하는 기계에는 어떤 것이 있는가를 생각해보자.

1-4 모터, 기어, 감속기, 브레이크, 위치검출기, 속도검출기, 베어링 등으로 이루어진다. 상세한 사항은 3장을 참조.

1-5 로봇팔과 볼을 검출하기 위한 카메라가 필요하다. 카메라 화상에서 화상처리하여 볼을 발견하고, 볼 운동을 예측하여 그 위치로 로봇 팔을 움직인다. 이 일련의 동작을 실시간으로 처리해야 한다. 상세한 것은 9장을

참조할 것.

1-6 그림 1·7은 2007년의 세계 산업용 로봇 가동대수이다. 일본은 점유율에서 톱이지만, 독일이나 한국 등이 점유율을 높이고 있다. 특히 독일에서는 식품에 대한 응용이 일본 이상이며 한국도 국가 프로젝트로 많은 예산을 들여 새로운 로봇 연구 개발을 지원하고 있다. 유럽에서는 인지(Cognition), 미국에서는 군사 등과 같이 나라별로 연구 방향성에서 특징을 보이고 있다[64].

트라이얼 2

2-1 로봇 관절을 나타내는 방법은 다양한데, 도해-1에 위치 결정의 3 자유도 기구에 대한 참조 예를 제시하였다.

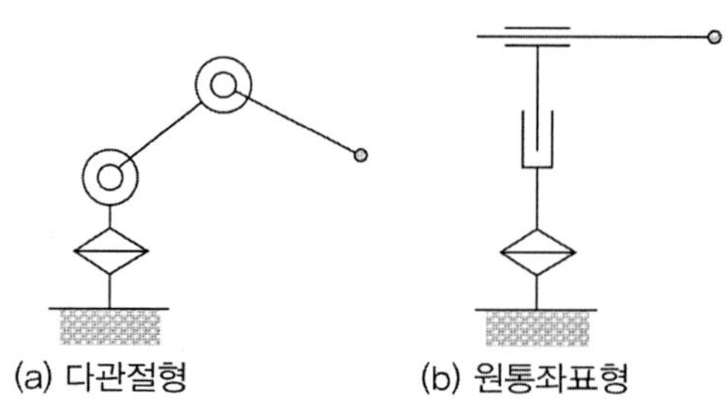

◀ 도해-1 ▶

2-2 인간형 로봇이 크기까지 거의 인간과 유사하다면, 인간이 실행해 온 환경이나 도구를 그대로 사용할 수 있다. 즉, 로봇을 위한 특별한 환경이나 도구를 준비할 필요가 없다. 또한 친근감도 증가할 것이다. 반면, 인간과 같은 크기, 중량으로 만들기에는 기술적으로 매우 어려운데, 모터 등이 커지고, 배터리가 무거워지며, 더욱이 전신운동 밸런스를 제어하는 것이

어려운 등과 같은 과제가 많다.

2-3 생물은 매우 뛰어난 기능을 가지고 있다. 예를 들면, 다리로 보행하는 로봇을 만들 경우, 어떻게 다리를 움직이면 좋을지 생물에게 배울 것이 많다. 원래 로봇은 인간을 지향한 과학으로서의 연구방향도 포함되어 있으므로 생물을 견본으로 하기도 한다.

2-4 바퀴형은 평탄한 지면에서는 이동 가속이 크지만, 울퉁불퉁한 지면 등에서는 이동이 곤란해진다. 한편 보행형은 이동 속도는 바퀴형에 비해 늦지만, 디딜 곳이 안 좋은 곳에서도 이동이 가능하다. 각각의 장점을 조합한 하이브리드 형태도 연구되고 있다[67].

2-5 n개의 관절로 이루어진 로봇 팔에서 각 관절 질량을 m, 엔드 이펙터의 질량을 m_e이라 하고, 링크 길이는 d로 각 관절마다 공통이다. 도해-2와 같은 자세일 때 관절 J_1에는 최대 정지 토크가 걸린다. 이때, 제1관절의 토크는 다음과 같은 식이 된다.

$$\tau_1 = mgd + 2mgd + \cdots + (n-1)\,mgd + nm_e\,gd_e = \sum_{2}^{n}(n-1)\,mgd + nm_e\,gd_e$$

이 식에 의해 앞의 관절 중량이 근원부의 부하가 되어 관절수가 증가하는 만큼 근원측에는 큰 토크가 걸리는 것을 알 수 있다. 따라서 로봇 팔은 필요한 자유도로 만드는 것이 전체적으로 봤을 때 효율이 좋다.

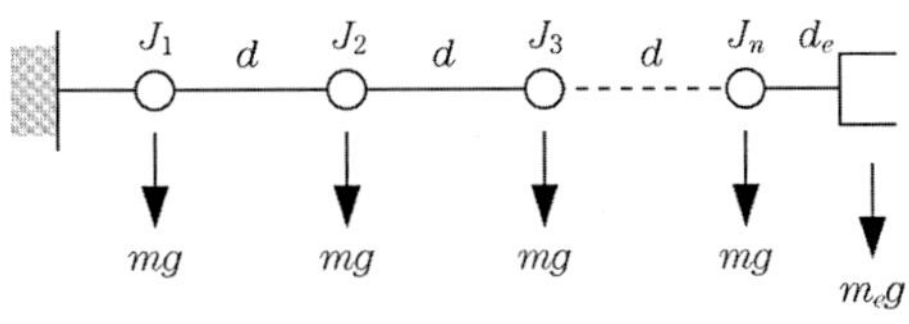

도해-2

2-6 자벌레의 이동방법은 도해-3(a)와 같다. 뒷다리 A를 들어 올려 앞다리 B에 근접시켜 발을 땅에 디딘 다음, 앞다리 B를 들어 올려 앞으로 나아간

다. 이를 반복 실행시키면 전진할 수 있다. 동일하게 이 방식을 배관 내 이동 로봇에 응용한 것이 도해-3(b)이다. 먼저 A를 지름 방향으로 축소시키고, C를 축소시켜 A를 끌어 당긴다. 그 후 A를 당기고, B를 축소하여 C를 늘린다. 그리고 B를 당기면 1사이클 이동이 실행된다. 바퀴 이동에 비해 이동 속도가 늦지만 견인력은 강하다.

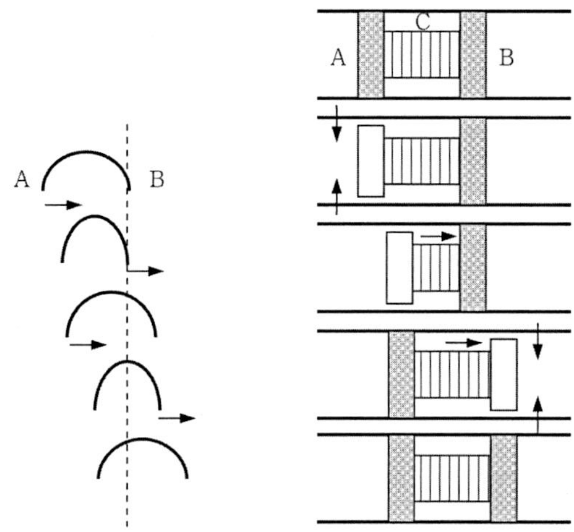

(a) 자벌레의 이동 방법　　　(b) 배관 내 이동 로봇에 대한 응용

《 도해-3 》

트라이얼 3

3-1 먼저 그림 3·7의 관절에서는 기어를 통한 회전방향에 주의하면 모터의 회전각 θ_{m1}, θ_{m2}와 회전 및 휨 관절각 θ_1, θ_2에는 식 (3·1a)과 같은 관절식이 있다. 모터 1을 플러스 방향으로 회전시키면, 휨 관절은 움직이지 않고 회전관절이 마이너스 방향으로 회전한다. 모터 2가 플러스 방향으로

회전하면 휨 관절은 마이너스 방향으로 휘고, 관절 내의 기어의 맞물림에 의해 회전관절도 마이너스 방향으로 회전한다. 이로써 이 기구에서는 관절을 회전시키기 위해서는 모터 1, 2, 즉 2개를 협조시켜야 한다. 이는 기구적으로 결정되기 때문에 기구간섭이라고 한다.

$$\begin{bmatrix}\theta_1\\ \theta_2\end{bmatrix}=\begin{bmatrix}-1 & -1\\ 0 & -1\end{bmatrix}\begin{bmatrix}\theta_{m1}\\ \theta_{m2}\end{bmatrix} \tag{3·1a}$$

마찬가지로 그림 3·8의 관절기구에서는 식 (3·1b)가 된다.

$$\begin{bmatrix}\theta_1\\ \theta_2\end{bmatrix}=\begin{bmatrix}1/2 & -1/2\\ 1/2 & 1/2\end{bmatrix}\begin{bmatrix}\theta_{m1}\\ \theta_{m2}\end{bmatrix} \tag{3·1b}$$

3-2 다양하게 검토해 보기 바란다. 도해-4는 해답 예이다. 3단 구성으로 하여 감속비는 입력 측에서 5, 4, 5로 합계 100(=5×4×5)이다. 2단 째를 5로 하면 바깥지름이 커진다. 실제로는 감속비만으로 크기가 결정되는 것이 아니라 전달 토크에 의해 기어의 크기가 결정된다.

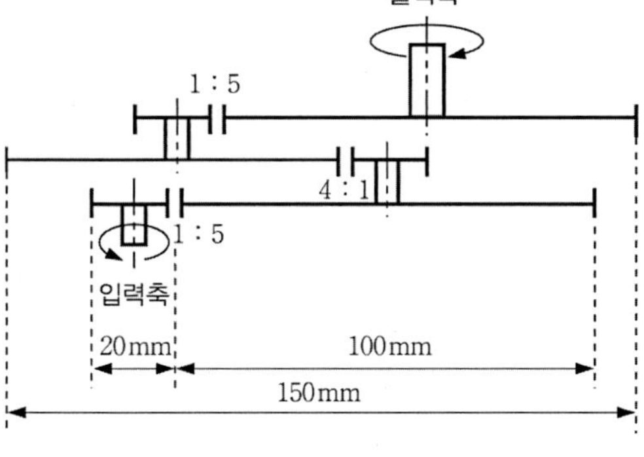

◀ 도해-4 ▶

3-3 감속기를 이용하는 장점은, 토크를 증대시키므로 모터가 작아도 되고 기어열 등을 복잡하게 조립하지 않아도 되기 때문에 감속기구가 작아짐으로써 전체적으로 로봇이 소형 경량화 된다. 또한, 모터축의 엔코더 분해능, 브레이크의 정밀도와 토크가 그다지 높지 않아도 된다. 반면, 단점으로는 감속기구의 효율이 나쁘면 모터토크가 효과적으로 전달되지 않고, 감속기의 기계적 성능(백 래시, 강성 등)이 로봇의 성능에 크게 영향을 미친다. 더욱이 로봇의 자세가 바뀌어도 모터축 환산 관성모멘트는 감속비의 2제곱 분의 1이 되므로 모터에는 외란의 영향이 작다(6-1절 참조).

3-4 태양(sun)기어 회전속도 w_1, 반경 r_1, 유성기어의 회전속도 w_2, 반경 r_2, 커리어의 회전속도를 w_c로 하면 회전속도 w와 접선 방향의 속도 v에는 다음과 같은 식이 성립한다. 도해-5 참조.

$$v_1 = r_1\omega_1, \qquad v_c = v_1/2$$

$$\omega_2 = \frac{v_1 - v_c}{r_2} = \frac{r_1\omega_1 - r_1\omega_1/2}{r_2} = \frac{Z_1}{2Z_2}\omega_1 \tag{3·4a}$$

$$\omega_c = \frac{v_c}{r_1 + r_2} = \frac{r_1}{2(r_1 + r_2)}\omega_1 \tag{3·4b}$$

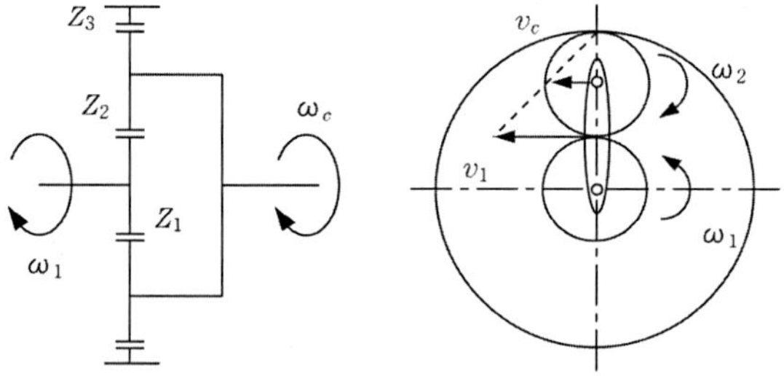

《 도해-5 》

감속비는 w_1과 w_c와의 비율이며, 또한 $r_3 = r_1 + 2r_2$로부터

$$n = \frac{\omega_1}{\omega_c} = \frac{2(r_1 + r_2)}{r_1} = \frac{2(Z_1 + Z_2)}{Z_1} = \frac{Z_1 + Z_3}{Z_1} \tag{3·4c}$$

로 구할 수 있다.

3-5 사이클 타임이라 하더라도 스카라 로봇의 정격 하중이나 팔 길이로도 달라진다. 같은 사양에서 비교해 볼 필요가 있다. 또한 고속화에는 철저한 경량설계, 모터나 감속기, 모터 드라이버의 고성능화, 제어기법 등에 대해 연구하는 등 종합적으로 설계함으로써 성능을 높일 수 있다. 또한 시장에 따라 경쟁이 심한 부분은 그 만큼 성능도 빨리 향상된다. 스카라 로봇도 2000년과 비교해 보면 가격이 큰 폭으로 하락하고 있다. 한편, DD 모터의 경우에는 가격 외에 중량이 무거워 관성이 크다는 단점이 있기 때문에 설계에 따라 감속기 사용과 경쟁하는 경우도 발생할 수 있다.

3-6 이 경우에는 높은 정밀도의 회전이 목적이 아니라 기어 등과 같은 전달기구 제거에 의한 저소음화, 저진동화가 목적이다[68)].

트라이얼 4

4-1 스트레인 게이지 A측에서 흐르는 전류를 I_A, B측에서 흐르는 전류를 I_B라고 한다. 브리지가 균형적이면, 저항의 변화만큼 (ΔR) V_{CD}로 검출되므로, V_{CD}를 구하면 수식 (4·1a)이 된다.

$$\left.\begin{aligned}
&E=(R_A+\Delta R_A)I_A+R_CI_A=(R_B-\Delta R_B)I_B+R_DI_B\\
&R_A=R_B=R_C=R_D=R \text{ とすれば,}\\
&I_A=\frac{E}{2R+\Delta R}\\
&I_B=\frac{E}{2R-\Delta R}\\
&V_{CD}=(R+\Delta R)I_A-(R-\Delta R)I_B\\
&\quad=\frac{R+\Delta R}{2R+\Delta R}E-\frac{R-\Delta R}{2R-\Delta R}E\\
&\quad=\frac{2R\Delta R}{4R^2-\Delta R^2}E\fallingdotseq\frac{2R\Delta R}{4R^2}E=\frac{\Delta R}{2R}E \qquad (R\gg\Delta R)
\end{aligned}\right\} \quad (4\cdot1a)$$

여기에서 스트레인 게이지가 한 개뿐인 경우($R_D=0$)와 비교해 보자.

$$V_{CD}=\frac{R+\Delta R}{2R+\Delta R}E-\frac{R}{2R}E=\frac{\Delta R}{2(2R+\Delta R)}E\fallingdotseq\frac{\Delta R}{4R}E \quad (4\cdot1b)$$

따라서 R_A와 R_B는 스트레인의 방향이 반대가 되기 때문에 출력이 2배가 된다. 더욱이, R_A(+방향), R_B(−방향), R_C(−방향), R_D(−방향)이 되도록 배치하면, 출력은 4배가 된다.

또한, 온도변화에 의한 영향은 R_A와 R_B 모두 같기 때문에, $V_{AC}=V_{AD}$, $V_{CD}=0$이 되는 것을 알 수 있다. 브리지회로는 스트레인 게이지뿐만 아니라, 와전류식 거리센서에도 사용된다.

4-2 먼저, CCD 카메라 등으로 컵이 어디에 있는지, 넓은 시야 안에서 찾는다. 다음으로 장소를 알면 로봇과의 거리(위치)를 레이저 거리 측정기 등으로 계측한다. 로봇 핸드 중심으로 컵이 올 수 있도록 로봇 팔을 움직인다. 그리고 핸드 안에 컵이 있는지를 근접센서로 검출하여 확인한다. 이후 손을 오므려, 컵을 집은 후 일정한 악력으로 유지한다. 그동안, 터치센서로 만진 것을 확인하고, 힘 센서나 모터전류에서 악력을 제어한다. 이러한 일연의 동작을 생각하는 것은 매우 중요하다. 이 센싱 시나리오가

완성된 후, 구체적으로 어떤 종류의, 어떤 사양 센서를, 어디에 장착할 것인지 설계해 나가는 것이다.

4-3 자동문의 예에서 생각해 보자. 통상적으로 적외선 센서로 인간을 검출하는 경우가 많지만, 오작동 현상도 발생하므로 매트식 센서로 체중이 가해지는 것을 검출하여 문을 개폐하는 경우도 있다. 이러한 발상은 로봇에도 응용할 수 있다.

4-4 산업용 로봇의 경우는 주위에 팬스를 설치하여 기계적으로 들어갈 수 없도록 하고 있으며, 더욱이 광전식 센서로 광로(光路)가 차단되면 로봇이 정지하는 등과 같은 조치를 취하고 있다. 광전식 센서 대신 매트식 센서를 사용하는 경우도 있다. 이러한 안전대책을 **인터록 시스템**이라고 한다. 이밖에 주의를 환기시키기 위해 파일럿램프를 점멸시키거나, 반송로봇에는 차임벨 등을 사용하는 경우도 있다.

4-5 인간이 로봇 곁에 있다는 것을 검출할 수 있게 하는 것이 바람직하다. 먼저, 비접촉식 센서로 접촉 전에 검출하여 속도를 낮추고, 로봇 본체의 터치센서 등으로 접촉 시 멈추게 하거나, 혹은 모터를 서보 프리로 하여 접촉하면 물러나게 하는 등과 같은 방법을 고안되어 있다. 이를 위해 이동로봇에는 적외선센서, 초음파센서, 범퍼센서 등과 같은 것들이 다양하게 장착되어 있는 것도 있다. 또한, 재질이나 기구에 대한 연구도 필요하다. 트라이얼 (4-3)~(4-5)은 이러한 로봇이며, 해답은 한 예에 지나지 않는다.

트라이얼 5

5-1 다관절 매니퓰레이터 손가락으로 제작될 핸드인 경우 관절 각도를 확실하게 결정하고, 또한 각 손가락의 위치관계, 선단에서의 각 손가락이 발생할 힘 등을 계산하여 결정해야 한다. 한편, FMA를 이용한 핸드인 경우 공압 온오프제어에 의해 각 손가락이 오므라들면 되므로, 정확한 위치

결정이나 연산은 필요 없다. 고무 마찰과 탄성변형에 의해 대상물을 집을 수 있으므로 기구, 제어 모두 간단해진다. 단, 정밀한 파지(把指)는 할 수 없고 이동시킬 수 있는 중량도 작다.

5-2 수식 5·6의 일반 해는 $i=C_1e^{-\lambda t}+C_2$으로 주어진다. 초기 조건 $t=0$일 때 $i=0$, $t\rightarrow\infty$일 때 $i=I_a=\dfrac{E_b}{R_a}$이며, $C_2=-C_1$이므로,

$$i=C_2(1-e^{-\lambda t})=I_a(1-e^{-\lambda t}) \tag{5·2a}$$

이를 수식 5·6에 대입시키면,

$$\left.\begin{aligned}
&E_b=E_b(1-e^{-\lambda t})+\frac{L_aE_b}{R_a}\lambda e^{-\lambda t}\\
&R_a=R_a(1-e^{-\lambda t})+L_a\lambda e^{-\lambda t}\\
&(R_a-L_a\lambda)\,e^{-\lambda t}=0\\
&\lambda=\frac{R_a}{L_a}
\end{aligned}\right\} \tag{5·2b}$$

이 식으로부터 시정수는 $\tau_e=\dfrac{L_a}{R_a}$라고 구할 수 있다.

수식 (5·7)로 $t=\tau_e$라고 하면,

$$i_a=I_a(1-e^{-1})=I_a\left(1-\frac{1}{2.72}\right)\fallingdotseq 0.63I_a \tag{5·2c}$$

따라서, 시정수는 정상치의 약 63%에 도달할 때까지의 시간이라는 것을 알 수 있다.

5-3 직동운동의 에너지가 그대로 회전운동의 에너지로 변환된다고 하고,

$$\frac{1}{2}J\dot{\theta}^2=\frac{1}{2}M\dot{x}^2 \tag{5·3a}$$

$$J = M\left(\frac{\dot{x}}{\dot{\theta}}\right)^2 \tag{5·3b}$$

여기에서, 볼 스크류 1회전으로 너트는 P[mm] 변위함으로서, 회전각 θ와 병진변위는 다음과 같은 관계가 된다.

$$\theta = \frac{2\pi}{P}x \tag{5·3c}$$

수식 (5·2c)를 미분하여, 수식 (5·2b)에 대입시키면 다음의 수식을 얻을 수 있다.

$$J = M\left(\frac{P}{2\pi}\right)^2 \tag{5·3d}$$

5-4 저항은 $F_a = \mu W$가 되므로, 부하하중에 의한 마찰토크는 다음과 같이 된다. 또한, 이 식은 볼 스크류의 입력토크와 출력병진력의 관계식과 같다.

$$T = \frac{F_a \cdot P}{2\pi \cdot \eta} \times 10^{-3} \cdot n = \frac{3 \times 5}{2\pi \times 0.9} \times 10^{-1} \times 10 = 2.7$$

이 밖에 볼 스크류의 예압에 의한 마찰토크 등이 있다.

5-5 이유는 두 가지이다. 정밀도가 좋은 가속도검출이 어렵다는 것이 그 한 가지이다. 또한 다른 한 가지는 전류제어 대신에 가속도 제어로 하면 전력증폭부에 어떤 전류가 흐를지 관리할 수 없고, 과도하게 큰 전류가 흘러 파워소자나 모터를 파괴할 위험이 있다는 것이다. 가속도를 제어하고 싶을 경우에는, 전류제어와 속도제어 사이에 가속도제어를 삽입한다. 외란 옵저버라 불리는 제어계는, 가속도제어의 방식을 이용한 PID 제어의 연장선상에 있는 제어 시스템이다[49]. 6-6절을 참조할 것.

5-6 전압에 관한 방정식은 다음과 같다.

$$E_b = R_a \cdot i_a + K_e \cdot \omega \tag{5·6a}$$

모터 토크는 운동방정식 및 토크 정수에 의해 다음과 같은 수식으로 나타낼 수 있다. 6장을 참조할 것. 여기서 w는 회전수이다.

$$T_m = J_m \cdot \frac{d\omega}{dt} = K_T \cdot i_a \tag{5·6b}$$

위의 2개의 수식에서 i_a를 소거하면 다음 식과 같이 된다.

$$E_b = R_a \cdot i_a + K_e \cdot \omega + \left(J_m \cdot \frac{R_a}{K_T}\right) \cdot \frac{d\omega}{dt} \tag{5·6c}$$

이것은, 수식 (5·6)과 같은 형태이므로, 계수를 다음과 같이 비교하여 수식 (5·9)에 대입시키면 된다.

$$R_a \rightarrow K_e, \qquad L_a \rightarrow J_m \cdot \frac{R_a}{K_T} \tag{5·6d}$$

$$\tau_m = J_m \cdot \frac{R_a}{K_e \cdot K_T} \tag{5·6e}$$

트라이얼 6

TRIAL

6-1 수식 (6·7)에서 최대관성, 최소관성은 다음 식과 같이 된다.

$$J_{\min} + n^2 J_1 = 2.0 + 100^2 \times 0.01 = 102[\mathrm{kg \cdot m^2}]$$

$$J_{\max} + n^2 J_1 = 6.0 + 100^2 \times 0.01 = 106[\mathrm{kg \cdot m^2}]$$

따라서 출력축에서 본 경우, 감속비가 크다는 사실에 근거하여 관성은 출력축의 관성보다 입력축의 관정이 지배적임을 알 수 있다.

6-2 그림 6·7을 수식으로 나타내면 다음과 같은 식이 된다.

$$u_m = \frac{K_{IV}}{s}(\dot{\theta}_{mr} - \dot{\theta}_m) - K_{PV} \qquad (6 \cdot 2a)$$

$$\dot{\theta}_m = \frac{1}{Js + D} u_m \qquad (6 \cdot 2b)$$

수식 (6·2a)를 수식 (6·2b)에 대입하면,

$$\dot{\theta}_m = \frac{1}{Js+D} u_m = \frac{K_{IV}}{(Js+D)s}(\dot{\theta}_{mr} - \dot{\theta}_m) - \frac{K_{PV}}{Js+D}\dot{\theta}_m \qquad (6 \cdot 2c)$$

$$(Js^2 + Ds + K_{PV}s + K_{IV})\dot{\theta}_m = K_{IV}\dot{\theta}_{mr} \qquad (6 \cdot 2d)$$

따라서 전달함수는 다음과 같은 식이 된다.

$$\frac{\dot{\theta}_m}{\dot{\theta}_{mr}} = \frac{K_{IV}}{Js^2 + Ds + K_{PV}s + K_{IV}} \qquad (6 \cdot 2e)$$

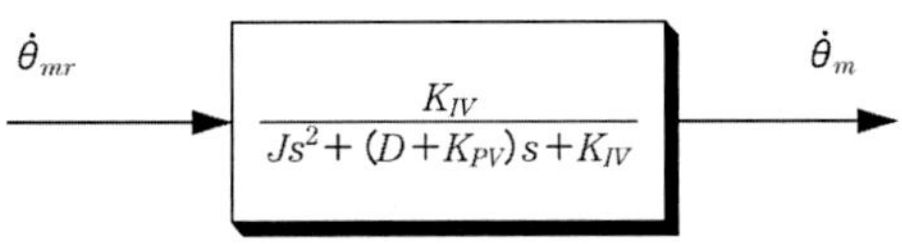

《 도해-6 》

이와 같이 수식과 블록그림과는 밀접한 관계가 성립한다.

6-3 스프링-매스-댐퍼기계 모델의 운동방정식을 구하면 다음과 같은 식이 된다.

$$M\ddot{x}_2(t) + D\dot{x}_2(t) + Kx_2(t) = Kx_1(t) \qquad (6 \cdot 3a)$$

$$(Ms^2 + Ds + K)\,x_2 = Kx_1 \tag{6·3b}$$

이 모델도 2차지연 시스템이라는 것을 알 수 있다. x_1과 x_2의 관계함수, 고유진동수 및 점성마찰계수는 수식 (6·3d), (6·3e)와 같이 된다.

$$\frac{x_2}{x_1} = \frac{K/M}{s^2 + (D/M)\,s + K/M} \tag{6·3c}$$

$$\omega_n = \sqrt{\frac{K}{M}} \tag{6·3d}$$

$$\zeta = \frac{D}{2\sqrt{KM}} \tag{6·3e}$$

따라서 이 특성도 그림 6·8과 동일하며, 응답이 진동적일 경우 점성마찰계수 D를 크게 해주면 ζ가 커져 진동이 억제된다. 운동이 종료할 때까지 시간을 단축시키기 위해서는 스프링 정수 K를 크게(혹은 질량 M을 작게)하면 좋다.

이 식에 의해 피드 백 제어에서 진동의 경우 속도 게인을 크게 하는 것은 감쇠계수 ζ를 크게 하는 것과 등가관계를 이룬다. 마찬가지로 목표치에 대한 수렴성을 빠르게 할 경우에 위치 게인을 크게 하는 것은 고유진동수 w_n을, 즉 스프링 정수를 크게 하는 것과 등가관계임을 알 수 있다.

6-4 1. *M*, *D*를 동정하는 다른 방법

① 본문에서는 속도의 스텝 응답 데이터의 시정수에서 M을 구했지만, $t=0$에서 접선의 기울기로부터도 M을 구할 수 있다. 확인해 두기 바란다.

② 수식 (6·14) ~ (6·16)에서

$$\frac{\dot{\theta}_m}{V}-1=e^{-\frac{1}{\tau_V}t} \tag{6·4a}$$

로 하여, 양변의 자연대수를 없애면,

$$\ln\left(\frac{\dot{\theta}_m}{V}-1\right)=-\frac{1}{\tau_V}t \tag{6·4b}$$

를 도출할 수 있다. 즉, 스텝 응답 데이터로부터의 $\ln(\dot{\theta}_m/V-1)$을 플롯하면 t와의 관계가 정점을 통하는 직선상이 된다. 여기에서 최소 2승곱을 이용하여 기울기를 구하면 τ_V를 얻을 수 있다. 모든 데이터를 이용한 통계적 방법이므로 정밀도가 우수하다.

③ 서보 아날라이저가 있으면 구동토크로부터 속도까지의 고파수 응답을 얻는 실험을 실시하고 구해진 게인 곡선을 1차지연 전달함수 모델에 피팅하여 M, D를 구한다.

④ M, D를 이용한 진동방정식은,

$$M\ddot{\theta}_m+D\dot{\theta}_m=u_m \tag{6·4c}$$

로 주어져, 라플라스 변환은

$$s^2M\theta_m+sD\theta_m=u_m \tag{6·4d}$$

이다. 위의 식의 양변에 3차 로우패스 필터(3중근)를 가하면,

$$\frac{s^2M\theta_m}{(1+Ts)^3}+\frac{sD\theta_m}{(1+Ts)^3}=\frac{u_m}{(1+Ts)^3} \tag{6·4e}$$

이 되어, 다음 식처럼 된다.

$$Ma + Dv = u \tag{6·4f}$$

여기에서 a, v, u는 필터 처리된 가속도, 속도, 구동입력 데이터이다. 미지의 파라메터 M, D를 의식해서 식을 변형하면,

$$[a \quad v][M \quad D]^T = u \tag{6·4g}$$

가 된다. 즉, a, v, u는 조합이 최저 2개일 경우 수식 (6·4g)에 최소자승법을 적용하면 M, D를 구할 수 있다[69]. 이 방법은 스텝이 아닌 임의의 구동입력이 주어졌을 때의 데이터를 사용할 수 있다는 점이 장점이라고 할 수 있다. 약간의 필터 처리는 필요하지만, a, v, u의 데이터 조합이 (다수) 있으면 된다.

2. 쿨롱 마찰이 있는 경우

다음 식에서와 같이 쿨롱 마찰력은 θ의 방향에서 부호가 결정되며, 진폭 f에서의 일정한 마찰력이다.

$$M\ddot{\theta}_m + D\dot{\theta}_m + f \cdot \mathrm{sgn}(\dot{\theta}_m) = u_m \tag{6·4h}$$

우선, M과 D를 동정하여 속도제어 루프를 설계·실제 장착한 후, 가능한 한 낮은 일정한 속도로 작동시킨다. 이때 관성력과 점성마찰력은 거의 0이 되므로 소요 토크 u_m에서 f 값을 뺀 수치를 이용하여 M과 D를 동정하여 수정하면 된다.

6-5 속도 FF-I-P 제어는 도해-7과 같이 되며, 수식 (6·5a)로 나타낼 수 있다.

$$u_m = K_{FV} \cdot e + \frac{K_{IV}}{s}(e - \dot{\theta}_m) - K_{PV}\dot{\theta}_m \tag{6·5a}$$

마찬가지로, PI 제어는 도해-8과 같이 되며 수식 (6·5b)로 나타낼 수 있다.

$$\left.\begin{aligned} u_m &= \frac{K_{IV}}{s}(e-\dot{\theta}_m)+K_{PV}(e-\dot{\theta}_m) \\ &= K_{PV}\cdot e+\frac{K_{IV}}{s}(e-\dot{\theta}_m)-K_{PV}\dot{\theta}_m \end{aligned}\right\} \quad (6\cdot5b)$$

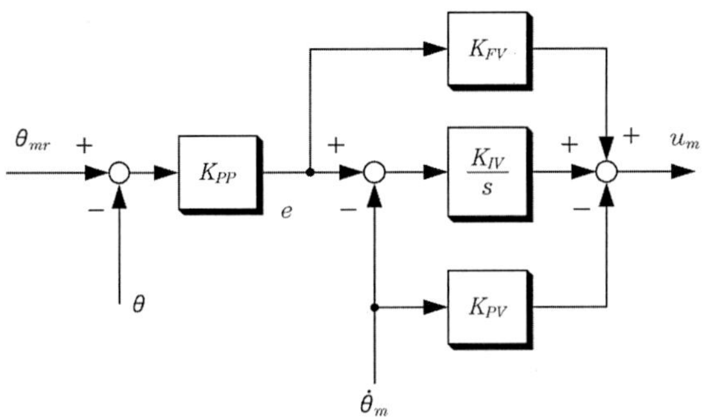

《 도해-7 》 FF-I-P 제어

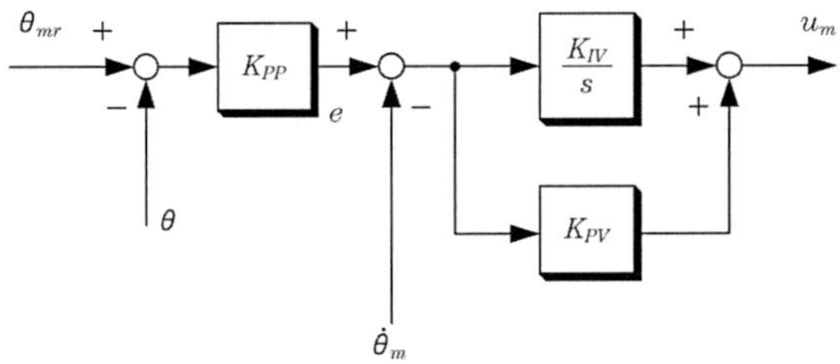

《 도해-8 》 PI 제어

수식 (6·5a)에서 $K_{FV}=K_{PV}$로 하면, 양식은 일치한다. 이와 같이 속도 FF-I-P 제어는 일반적인 형태로, $K_{FV}=0$으로 하면 I-P 제어가 되고, $K_{FV}=K_{PV}$로 하면 PI 제어가 된다. 따라서 I-P 제어에서 K_{FV}를 최대($=K_{PV}$)로 한 것이 PI 제어라고 할 수 있다.

6-6 본문에서 설명한 피드포워드는 강체모델 (2차모델)을 이용하고 있기 때문

에 관절강성을 고려한 4차 모델과의 미스매치가 일어나 진동을 야기하는 경우가 있다. 해결 방법 중 하나로 피드포워드에 4차 모델을 사용하는 것이다. 이를 위해서는 θ의 4회 미분이 가능한 궤도가 필요하다. 여기에서 3차, 2차, 1차의 시간다항식에 의한 S자 가감속을 2차 확장하여, 5차, 4차, 3차, 2차, 1차의 시간 다항식을 접속한 것으로 한다. 그리고 4차 모델을 이용하여 θ의 4~1회 미분에 의한 피드포워드를 실시하면 된다. 그러나 4차 모델을 동정해야 하므로 번거롭다. 따라서 간단히 하기 위해 피드포워드는 2차 모델 그대로에서 S자 감속을 확장한 궤도만을 사용하면 진동이 완화된다.

6-7 수식 (6·48), (6·49)로부터

$$\left(1-\frac{1}{1+T_d s}\right)u_m=\bar{u}_m-\frac{\hat{J}s}{1+T_d s}\dot{\theta}_m$$
$$=\hat{J}\left(\frac{\bar{u}_m}{\hat{J}}-\frac{s}{1+T_d s}\dot{\theta}_m\right) \tag{6·7a}$$

$$u_m=\frac{\hat{J}(1+T_d s)}{T_d s}\left(\frac{\bar{u}_m}{\hat{J}}-\frac{s}{1+T_d s}\dot{\theta}_m\right)$$
$$=\left(\hat{J}+\frac{\hat{J}/T_d}{s}\right)\left(\frac{\bar{u}_m}{\hat{J}}-\frac{s}{1+T_d s}\dot{\theta}_m\right) \tag{6·7b}$$

로 하여 PI 제어측을 도출하고, 가속도 목표치 $\ddot{\theta}_{mr}$와 가속도 추정치 $\hat{\ddot{\theta}}_m$을,

$$\theta_{mr}=\frac{\bar{u}_m}{\hat{J}}$$
$$\hat{\ddot{\theta}}_m=\frac{s}{1+T_d s}\dot{\theta}_m \tag{6·7c}$$

과 같이 정의하여 블록그림으로 나타내면 그림 6·21을 얻을 수 있다.

트라이얼 7

7-1 간단히 xy 평면에서 생각해 보자. 먼저 좌표계 O-X_0Y_0 상의 점 $P_0(x_0, y_0)$를 θ만큼 회전한 점을 $P_1(x_1, y_1)$이라고 하면, P_0, P_1은 r과 A를 사용하여 다음과 같이 나타낼 수 있다(도해-9).

$$\left.\begin{aligned} x_0 &= r\cos A \\ y_0 &= r\sin A \end{aligned}\right\} \tag{7·1a}$$

$$\begin{aligned} x_1 &= r\cos(A+\theta) = r\cos A\cos\theta - r\sin A\sin\theta \\ y_1 &= r\sin(A+\theta) = r\sin A\cos\theta + r\cos A\sin\theta \end{aligned} \tag{7·1b}$$

식 (7·1b)에 식 (7·1a)를 대입하여

$$\left.\begin{aligned} x_1 &= x_0\cos\theta - y_0\sin\theta \\ y_1 &= x_0\sin\theta + y_0\cos\theta \end{aligned}\right\} \tag{7·1c}$$

따라서,

$$\begin{bmatrix} x_1 \\ y_1 \end{bmatrix} = \begin{bmatrix} \cos\theta & -\sin\theta \\ \sin\theta & \cos\theta \end{bmatrix} \begin{bmatrix} x_0 \\ y_0 \end{bmatrix} \tag{7·1d}$$

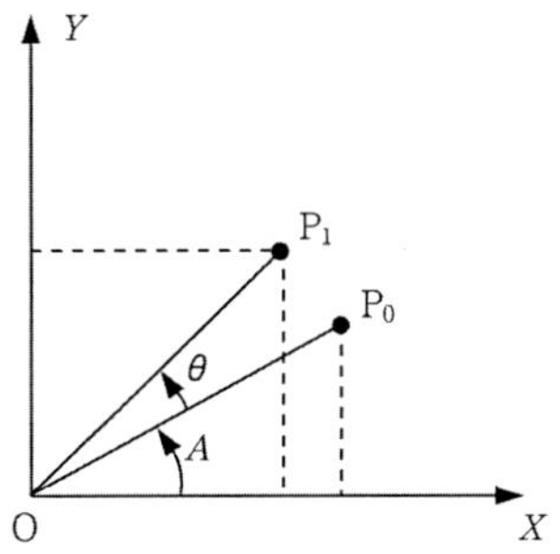

《 도해-9 》

가 된다. 이것은 3차원적으로 생각하면, z축으로 θ만큼 회전한 것과 같다.

$$\begin{bmatrix} x_1 \\ y_1 \\ z_1 \end{bmatrix} = \begin{bmatrix} \cos\theta & -\sin\theta & 0 \\ \sin\theta & \cos\theta & 0 \\ 0 & 0 & 1 \end{bmatrix} \begin{bmatrix} x_0 \\ y_0 \\ z_0 \end{bmatrix} \tag{7·1e}$$

결국, z축 회전 변환은 다음식과 같이 구할 수 있다.

$$\boldsymbol{R}_z = \boldsymbol{R}(z, \theta) = \begin{bmatrix} \cos\theta & -\sin\theta & 0 \\ \sin\theta & \cos\theta & 0 \\ 0 & 0 & 1 \end{bmatrix} \tag{7·1f}$$

R_x, R_y에 대해서도 마찬가지로 구할 수 있다.

7-2 순서대로 변환행렬을 하면 된다.

$$\begin{aligned} \boldsymbol{RPY} &= \begin{bmatrix} C_\phi & -S_\phi & 0 \\ S_\phi & C_\phi & 0 \\ 0 & 0 & 1 \end{bmatrix} \begin{bmatrix} C_\theta & 0 & S_\theta \\ 0 & 1 & 0 \\ -S_\theta & 0 & C_\theta \end{bmatrix} \begin{bmatrix} 1 & 0 & 0 \\ 0 & C_\psi & -S_\psi \\ 0 & S_\psi & C_\psi \end{bmatrix} \\ &= \begin{bmatrix} C_\phi C_\theta & -S_\phi & C_\phi S_\theta \\ S_\phi C_\theta & C_\phi & S_\phi S_\theta \\ -S_\theta & 0 & C_\theta \end{bmatrix} \begin{bmatrix} 1 & 0 & 0 \\ 0 & C_\psi & -S_\psi \\ 0 & S_\psi & C_\psi \end{bmatrix} \\ &= \begin{bmatrix} C_\phi C_\theta & -S_\phi C_\psi + C_\phi S_\theta S_\psi & S_\phi S_\psi + C_\phi S_\theta C_\psi \\ S_\phi C_\theta & C_\phi C_\psi + S_\phi S_\theta S_\psi & -C_\phi S_\psi + S_\phi S_\theta C_\psi \\ -S_\theta & C_\theta S_\psi & C_\theta C_\psi \end{bmatrix} \end{aligned}$$

7-3 수식 (7·18)과 (7·21)에서 ${}^R\boldsymbol{T}_E$을 구할 수 있다.

$${}^R\boldsymbol{T}_0 = \begin{bmatrix} 1 & 0 & 0 & 0 \\ 0 & 1 & 0 & 0 \\ 0 & 0 & 1 & l_a \\ 0 & 0 & 0 & 1 \end{bmatrix}, \quad {}^n\boldsymbol{T}_E = \begin{bmatrix} 1 & 0 & 0 & 0 \\ 0 & 1 & 0 & 0 \\ 0 & 0 & 1 & l_g \\ 0 & 0 & 0 & 1 \end{bmatrix}$$

$${}^R\boldsymbol{T}_E = \begin{bmatrix} R_{11} & R_{12} & R_{13} & p_x + R_{13} l_g \\ R_{21} & R_{22} & R_{23} & p_y + R_{23} l_g \\ R_{31} & R_{32} & R_{33} & p_z + l_a + R_{33} l_g \\ 0 & 0 & 0 & 1 \end{bmatrix}$$

$r_1 = p_x + R_{13} l_g$

$r_2 = p_y + R_{23} l_g$

$r_3 = p_z + l_a + R_{33} l_g$

$r_4 = \mathrm{atan2}(R_{23}, R_{13})$

$r_5 = \mathrm{atan2}(\sqrt{R_{13}^2 + R_{23}^2}, R_{33})$

$r_6 = \mathrm{atan2}(R_{32}, -R_{31})$ $\qquad (R_{13}^2 + R_{23}^2 \neq 0$ 일 때)

$\quad = \mathrm{atan2}(R_{21}, R_{22}) - R_{33} r_4$ $\qquad (R_{13}^2 + R_{23}^2 = 0$ 일 때)

또한, $q = q_a$일 때

$R_{11} = 0,\ \ R_{12} = 0,\ \ R_{13} = 1$

$R_{21} = -1,\ \ R_{22} = 0,\ \ R_{23} = 0$

$R_{31} = 0,\ \ R_{32} = -1,\ \ R_{33} = 0$

$p_x = (l_c + l_e + l_f)/\sqrt{2}$

$p_y = l_b - l_d$

$p_z = (l_c + l_e - l_f)/\sqrt{2}$

따라서

$$r = [(l_c + l_e + l_f)/\sqrt{2} + l_g,\ l_b - l_d,\ (l_c + l_e - l_f)/\sqrt{2} + l_a,\ 0°,\ 90°,\ -90°]^T$$

이 된다.

7-4 7·2절의 링크 파라메타 설명에 따라 구하면 된다. 우선 관절의 회전축을 Z축, 관절 사이의 거리방향을 X으로 하면, 이 관절배치의 로봇 팔은 그림 7·10과 같이 된다.

여기에서, Z_1축과 Z_0축은 일치하므로, $a_0 = 0$, $a_0 = 0°$, $d_1 = 0$, Z축이 회전축이므로, θ_1이 된다.

다음으로 X_0축, X_1축, X_2축은 일치하며, Z_2축은 Z_1축이 X_1축 회전으로 $-90°$로 회전한 것이기 때문에, $a_1 = 0$, $a_1 = -90°$, $d_2 = 0$, Z축이 회전축이 되므로 θ_2가 된다. 마지막으로 X_3축, Z_3축은 X_2축, X_2축이 X축 방향으로 I_a 평행 이동한 것이므로, $a_2 = I_a$, $a_2 = 0°$, $d_3 = 0$, Z축이 회전축이 되므로 θ_3가 된다. 이상으로 표 7·2와 같이 파라메타를 구할 수 있다.

7-5 7·5 수식 (7·50)에서 $\tau = \boldsymbol{J}^T \boldsymbol{f}$, $\boldsymbol{J}$는 수식 (7·38)을 이용하여,

$$\begin{bmatrix} \tau_1 \\ \tau_2 \end{bmatrix} = \begin{bmatrix} -l_1S_{12} - l_2S_{12} & -l_2S_{12} \\ l_1C_1 + l_2C_{12} & l_2C_{12} \end{bmatrix}^T \begin{bmatrix} f_x \\ f_y \end{bmatrix}$$
$$= \begin{bmatrix} -l_1S_{12} - l_2S_{12} & l_1C_1 + l_2C_{12} \\ -l_2S_{12} & l_2C_{12} \end{bmatrix} \begin{bmatrix} f_x \\ 0 \end{bmatrix} \tag{7·4a}$$

$f_y = 0$이므로,

$$\left. \begin{aligned} \tau_1 &= -(l_1S_{12} + l_2S_{12}) f_x \\ \tau_2 &= -l_2S_{12} f_x \end{aligned} \right\} \tag{7·4b}$$

가 된다. 여기서, $\theta_1 = 90°$, $\theta_2 = 0°$라고 하면,

$$\left. \begin{aligned} \tau_1 &= -(l_1 + l_2) f_x \\ \tau_2 &= -l_2 f_x \end{aligned} \right\} \tag{7·4c}$$

가 되어 정확하다는 것을 알 수 있다.

트라이얼 8

TRIAL

8-1 팔의 동력학을 나타내는 수식 (8·27)에 엑추에이터 다이나믹스를 더하여 보자. 단, 다음과 같은 가정을 해보자.

- 감속비 n은 충분히 크다.
- 제어 게인도 충분히 커질 수 있다.

식 (8·27)은 점성마찰계의 항을 고려하여 다음 식으로 타나낸다.

$$\boldsymbol{\tau} = \boldsymbol{M}\ddot{\boldsymbol{\theta}}_m + \boldsymbol{h}(\boldsymbol{\theta}_m, \dot{\boldsymbol{\theta}}_m) + \boldsymbol{D}\dot{\boldsymbol{\theta}}_m + \boldsymbol{g} \tag{8·1a}$$

여기에서 앞의 가정에 따르면 각 항은 다음과 같은 근사치가 된다.

$$\boldsymbol{h}=\begin{bmatrix} C_{11} & C_{12} \\ C_{21} & C_{22} \end{bmatrix}\begin{bmatrix} \dot{\theta}_1^2 \\ \dot{\theta}_2^2 \end{bmatrix}+\begin{bmatrix} C_{11}' & C_{12}' \\ C_{21}' & C_{22}' \end{bmatrix}\begin{bmatrix} \dot{\theta}_2\dot{\theta}_1 \\ \dot{\theta}_1\dot{\theta}_2 \end{bmatrix}\fallingdotseq 0 \tag{8·1b}$$

$$\boldsymbol{M}=\begin{bmatrix} I_{11}+n^2J_{m1} & I_{12} \\ I_{21} & I_{22}+n^2J_{m2} \end{bmatrix}\fallingdotseq\begin{bmatrix} n^2J_{m1} & 0 \\ 0 & n^2J_{m2} \end{bmatrix} \tag{8·1c}$$

$$\boldsymbol{D}=\begin{bmatrix} D_{11}+n^2D_{m1} & D_{12} \\ D_{21} & D_{22}+n^2D_{m2} \end{bmatrix}\fallingdotseq\begin{bmatrix} n^2D_{m1} & 0 \\ 0 & n^2D_{m2} \end{bmatrix} \tag{8·1d}$$

이 시스템에 대해 아래의 위치제어계 제어측 수식 (6·31)을 적용한다.

$$\begin{aligned} \boldsymbol{u}_m &= \frac{\boldsymbol{K}_{IV}}{s}\{\boldsymbol{K}_{PP}(\boldsymbol{\theta}_{mr}-\boldsymbol{\theta}_m)-\dot{\boldsymbol{\theta}}_m\}-\boldsymbol{K}_{PV}\dot{\boldsymbol{\theta}}_m \\ &= \frac{\boldsymbol{K}_{IV}\boldsymbol{K}_{PP}(\boldsymbol{\theta}_{mr}-\boldsymbol{\theta}_m)}{s}-\boldsymbol{K}_{PV}\dot{\boldsymbol{\theta}}_m-\boldsymbol{K}_{IV}\boldsymbol{\theta}_m \end{aligned} \tag{8·1e}$$

결국 다음 식과 같은 운동방정식을 얻을 수 있다.

$$\boldsymbol{M}\ddot{\boldsymbol{\theta}}_m+\left(\boldsymbol{D}+\boldsymbol{K}_{PV}+\frac{\boldsymbol{K}_{IV}}{s}\right)\dot{\boldsymbol{\theta}}_m+\left(\boldsymbol{g}+\frac{\boldsymbol{K}_{IV}\boldsymbol{K}_{PP}}{s}\boldsymbol{\theta}_m\right)=\frac{\boldsymbol{K}_{IV}\boldsymbol{K}_{PP}}{s}\boldsymbol{\theta}_{mr} \tag{8·1f}$$

여기에서 각 계수는 대각행렬로 볼 수 있으므로, 다른 축에서의 간섭 영향 등과 같은 비선형항을 무시할 수 있어 각 관절마다 독립적인 운동방정식을 얻을 수 있다. 따라서 각 관절마다의 제어를 하는 로봇 팔 제어가 가능하다.

8-2 운동에너지 K에 관성모멘트에 따른 회전의 운동에너지를 고려할 필요가 있다. 계산 방법은 동일하므로 확인하기 바란다.

$$\left.\begin{aligned} K_1 &= \frac{1}{2} m_1 l_1^2 \dot{\theta}_1^2 + \frac{1}{2} I_1^2 \dot{\theta}_1^2 \\ P_1 &= m_1 g l_1 S_1 \end{aligned}\right\} \tag{8·2a}$$

$$\left.\begin{aligned} K_2 &= \frac{1}{2} m_2 v_2^2 + \frac{1}{2} I_2^2 (\dot{\theta}_1 + \dot{\theta}_2)^2 \\ P_2 &= m_2 g (l_1 S_1 + l_2 S_{12}) \end{aligned}\right\} \tag{8·2b}$$

위의 식으로부터 $L = K_1 + K_2 - P_1 - P_2$를 구해, 마찬가지로 운동방정식을 구하면

$$\left.\begin{aligned} \tau_1 &= I_{11} \ddot{\theta}_1 + I_{12} \ddot{\theta}_2 + h_{122} \dot{\theta}_2^2 + 2 h_{112} \dot{\theta}_1 \dot{\theta}_2 + g_1 \\ \tau_2 &= I_{21} \ddot{\theta}_1 + I_{22} \ddot{\theta}_2 + h_{211} \dot{\theta}_1^2 + g_2 \end{aligned}\right\} \tag{8·2c}$$

단,

$$\left.\begin{aligned} I_{11} &= m_1 l_1^2 + I_1 + m_2 (l_1^2 + l_2^2 + 2 l_1 l_2 C_2) + I_2 \\ I_{12} &= I_{21} = m_2 (l_2^2 + l_1 l_2 C_2) + I_2 \\ I_{22} &= m_2 l_2^2 + I_2 \\ h_{122} &= h_{112} = -h_{211} = -m_2 l_1 l_2 S_2 \\ g_1 &= m_1 g l_1 C_1 + m_2 g (l_1 C_1 + l_2 C_{12}) \\ g_2 &= m_2 g l_2 C_{12} \end{aligned}\right\} \tag{8·2d}$$

또한, 운동방정식을 다음식과 같이 나타내는 경우도 있다.

$$\boldsymbol{\tau} = \boldsymbol{M}(\boldsymbol{\theta}) \ddot{\boldsymbol{\theta}} + \boldsymbol{h}(\boldsymbol{\theta}, \dot{\boldsymbol{\theta}}) + \boldsymbol{g}(\boldsymbol{\theta}) \tag{8·2e}$$

여기에서는 $h(\theta,\ \dot{\theta})$는 원심력 및 코리올리의 힘을 나타낸다.

8-3 간단하게 하기 위해 그림 8·16에서 피드포워드가 없는 경우를 생각해 보자. 컴플라이언스 선택행렬 S는 x성분만 값을 가진다. x방향은 힘 지령치

f_r과 로봇이 접촉하는 환경에서 받는 힘 f와의 차에서 변위지령 Δx_r을 생성하고 환경면을 주어진 x_r에 더한 목표치$(x+\Delta x_r)$에서 위치제어 된다. 환경면과 힘 센서의 다이나믹스가 스프링 K_e와 댐퍼 D_e로 구성된다고 가정하면 힘 f의 발생 메카니즘은 환경면의 변위 Δx를 이용하여,

$$\boldsymbol{f} = (\boldsymbol{K}_e + \boldsymbol{D}_e s)\Delta \boldsymbol{x} \tag{8·3a}$$

와 같이 모델화 된다. 수식 (8·3a)을 그림 8·16에 반영시키면 도해-10과 같이 정리할 수 있다. 여기에서 임피던스 모델 $(m_r s^2 + d_r s)^{-1}$, $k_r = 0$으로 한다.

그림 중 점선부분 $\Delta x_r \rightarrow \Delta x$의 위치제어는 충분한 응답속도를 달성하고 있다고 가정해 전달함수를 1로 두면 $f_{xr} \rightarrow f_x$의 폐루프 전달함수 G_f는 1형 서보 시스템이 되어 식 (8·3b)로 나타낼 수 있다.

$$G_f(s) = \frac{D_e s + K_e}{m_r s^2 + (d_r + D_e)s + K_e} \tag{8·3b}$$

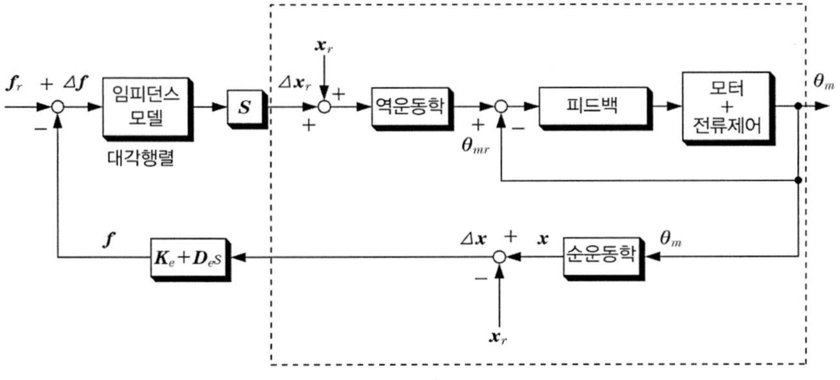

《 도해-10 》

또한 도해-11은 스프링-매스-댐퍼모델로 도해한 것이다. 임피던스 모델의 m_r과 d_r을 조정함에 따라 힘 제어 시스템의 안정화를 도모할 수 있다.

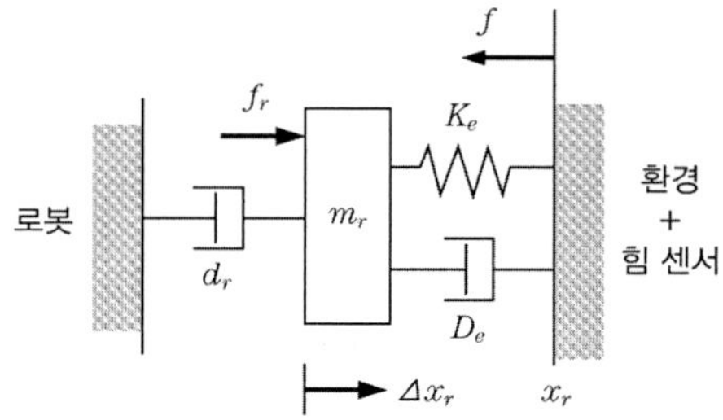

《 도해-11 》

8-4 **힘 제어**에는 직접적으로 힘을 제어량으로 취급하는 것과 힘을 계측하기는 하지만 위치를 제어함으로서 간접적으로 힘을 제어하는 방법이 있다. 전자는 힘 센서의 계측치나 모터 전류치에서 피드백 시스템을 구성하지만, 힘을 직접 제어하는 방식은 제어면 에서도 다루기 어렵다. 임피던스 제어에서 설명하였듯이 위치제어의 목표치를 힘 센서의 값으로 수정하는 방법이 안정적이며 실용적이다. 임피던스 모델은 질량 M, 점성 마찰계수 D, 스프링 정수 K가 되며, $M=0$일 때 **강성 제어**, $M=D=0$일 때 **댐핑 제어**라고 한다[54)].

8-5 구멍에 핀을 삽입하는 작업을 생각해 보자. 핀 투입 방향은 위치제어로 하고 좌우방향을 힘 제어로 하면, 위치오차가 있어도 구멍에 삽입할 수 있다. 부품 삽입도 동일하다. 또한 도해-12에 나타낸 그라인더 작업도 마찬가지이다. 진행방향에는 위치제어, 누름방향에는 힘 제어가 필요하다. 사람과 악수하기 위해서도 힘 제어가 필요한데, 상대방의 힘에 따라 부드럽게 로봇 팔을 움직일 수 있다. 대부분의 작업이 상대와의 접촉을 동반하는 것으로 힘 제어를 응용할 수 있는 작업은 매우 많다.

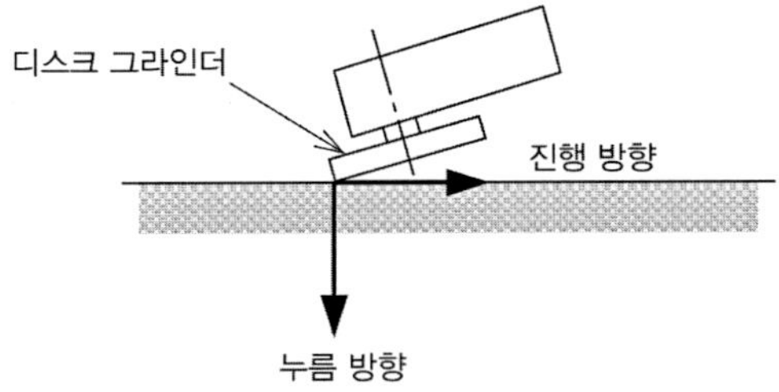

《 도해-12 》

트라이얼 9

9-1 **가상환경**은 이상적인 조건에서 모델화 되어 작성된 CG이다. 따라서 실제 환경이나 대상물과는 완전히 일치하지는 않는다. 모델 시 오차가 발생하기도 하고 사양이 바뀌어 형태가 변해 있는 경우도 있다. 예를 들면 플러그를 콘센트에 꽂으려 해도 콘센트 구멍이 없는 경우가 있다. 가상환경에서 로봇에게 교시해도 실제 위치와 어긋나 있는 경우도 발생한다. 도장 로봇에게 오프라인으로 교시하거나 CG 안에서는 탱크의 도장이 가능할지라도 실물의 위치가 어긋나 있으면, 전혀 다른 위치에 도장된다. 이와 같은 문제를 피하기 위해 가상환경과 실제 환경의 벗어난 위치를 보정하는 것(**캘리브레이션**)이 중요하다.

9-2 지상에서 궤도상의 로봇을 원격으로 조종하면 통신시차가 발생한다. 즉 지령하여 움직일 때까지 약 3초가 걸리고, 더욱이 그 영상이 보이는 데까지 다시 3초가 걸린다. 즉 지령에 대한 동작의 결과를 보기까지 6초가 걸린다. 이 사이에 로봇이 무언가에 부딪히면 상대에게 해를 입히게 되는 것이다. 또한 위치결정을 하기 위해 움직여서 그 결과를 보고 수정하는 조작을 하게 되는데, 이러한 조작은 효율이 매우 나쁘다(move-and-wait 동작). 따라서 지령이 주어지면 가상화면상에서 가상의 로봇 팔이 지령

위치에서 이동해야 할 위치를 예측 표시하게 되면 작업자는 위치 결정이 용이해진다. 이 경우에도 가상환경과 실제 환경이 우수한 정밀도로 일치해야 한다. 일반적으로 마커 등을 계측하여 벗어난 양을 보정하고 가상환경을 수정한다. 실제로 ETS-Ⅶ 로봇 팔의 원격조작에서는 이러한 작업이 이루어졌다.

9-3 **공장**에 있어서는 기능자(숙련공)가 향후 부족하게 될 것으로 예측되고 있다. 기능자의 기능을 갖춘 로봇에 의해 숙련공 부족이 해소될 것이다. **복지개호** 분야에서는 인력이 부족하며, 또한 개호는 중노동이기도 하다. 개호하는 사람 대신 안전하고 착한 로봇 팔이 있다면 개호자의 부담이 줄어 대화를 보다 많이 즐길 수 있게 될 것이다. **의료** 분야에서는 미세작업용 로봇에 의해 명의밖에 할 수 없었던 외과 수술이 가능해져 많은 환자들의 QOL(생활의 질)이 높아질 것이다. 이와 같이 로봇을 적용할 수 있는 분야는 매우 다양하다.

9-4 마이크로 서저리라고 불리는 수술은 1 mm 정도의 혈관이나 신경 등을 봉합하는 수술이다. 이와 같은 수술은 현미경하에서 이루어지며, 매우 신경이 쓰이는 작업이다. 또한 미세한 작업을 할 때는 손이 떨리게 된다. 그러나 로봇 팔을 이용하면 안정적으로 미세한 작업이 가능해져 명인밖에 할 수 없었던 수술도 할 수 있게 된다. 그 밖의 수술 에서도 로봇 팔은 위치결정 정밀도가 높아 절개부를 최소한으로 할 수 있다. 또한 상처나 흔적도 없이 깨끗하게 접합성도 높게 하고, 감염을 방지할 수도 있다. 한편 기술적으로는 안전성, 신뢰성이 최대의 과제이다.

트라이얼 10

TRIAL

10-1 펫 로봇은 지금까지의 작업 로봇과는 근본적으로 개념이 다르며, 이야기

상대나 놀이 상대가 되는 로봇이다. 이를 위해서는 상대와의 상호작용이 중요하다. 상대의 질문에 응해 주거나 대화가 가능해야 하며, 상대를 찾아 얼굴을 향하는 등 마치 살아 있는 것 같은 동작을 할 수 있어야 한다. 이와 같은 의미에서 학습과 성장 등의 요소가 중요하다. 장난감 중에는 단어를 암기하는 것도 있으며, 그림 10·2의 로봇의 경우와 같이 강아지의 몸동작을 연구하고 소형 CCD 카메라로 볼의 위치를 발견하고 볼을 따라갈 수도 있어야 한다. 고령자의 기분을 치유해 주는 로봇도 있는데, 이 경우에는 몸 상태 등도 모니터할 수 있도록 되어 있다. 이들 로봇은 새로운 분야로 기대를 모으고 있다.

10-2 예측의 전제조건이 중요하다. 특히 생활분야에서의 응용이 크게 기대되는데 이 경우 가사를 로봇 작업으로 대체했을 때의 기대치로 산정한다. 이에 적합한 로봇 개발이 이루어지지 않는 것이 원인이지만, 로봇 개발이 진행되면 현실성은 매우 높다. 이 밖에도 로봇의 범위를 확장시킨 시장조사도 있다[70).

10-3 경제산업성의 로드맵을 참고하면 경향을 파악할 수 있다. 도해-13 로드맵인데, 산업용 로봇이 보급된 것처럼 먼저 환경의 구조화, 인프라 정비, 그리고 비구조화 환경에 대한 응용 순으로 발달될 것으로 생각한다. 이에 맞추어 제도나 규제에 대해서도 논의가 이루어져 학계에서도 아카데믹 로드맵 등이 작성되었다. 동향을 파악하기 위해서는 이와 같은 자료를 살펴보다 보면 전체 방향성을 이해할 수 있게 된다. 또한 그림은 2004년 이후지만, 그 이전에도 국가 프로젝트로 극한작업 로봇 프로젝트, 마이크로 프로젝트, 인간 협조·공존 로봇 프로젝트 등이 실시되어 현재 기술에 대한 기초가 만들어졌다. 이와 같은 사실에 대해서도 조사해 볼 것을 권한다.

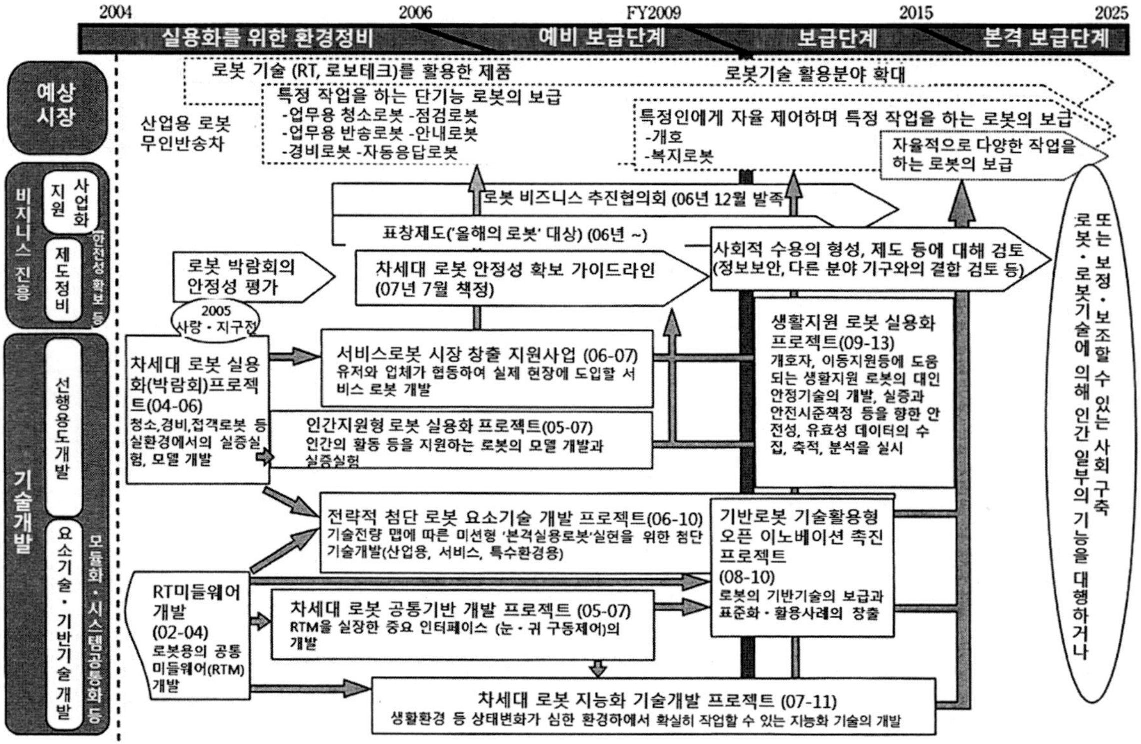

《도해-13》 경제산업부의 로봇 로드맵

10-4 로봇 용어의 정의, 의미, 규격이 각국에서 통일되면 공통으로 사용할 수 있게 된다. 가령, 계측한 로봇의 위치에 대해 표현 방법이 다르면 조합시켜도 잘 작동하지 않게 된다. 사람 곁에서 움직이는 로봇의 속도나 충돌 시의 힘에 대해 가이드라인이 있으면, 이것을 참고하여 설계하면 좋을 것이다. 물론 이에 맞추어 일본 내에는 JIS 규격이 있다. 서비스 로봇에 관한 국제표준화는 이제부터이다.

참고문헌

참고문헌(번역본)

1) 정밀공학회편: 메카트로닉스, オーム社(1989)
2) 吉川弘之: 로봇 르네상스, 三田出版社 (1994)
3) 川端晴久: 로봇 공학의 기초, 森北版社(1991)
4) 경제산업성: 차세대 로봇 정책연구회 보고서(2006)
5) 특허청: 헤이세이18년도 특허 출판원 기술동향 조사보고서(2007)
6) 특집 I: 우주 로보틱스-ETS-Ⅶ 운용평가, 東芝 리뷰, Vol 54, No.6(1999)
7) 특집: 우주로봇, 일본 로봇 학회지, Vol 14, No.7 (1996)
8) 久保田孝, 화성탐사기, 「Mars Pathfinder」, 일본 로봇 학회지, Vol 15, No.7, pp. 986-992 (1997)
9) 仁尾 理, 서비스 로봇 "헬프 메이트"의 슈퍼바이저리 콘트롤 시스템, 일본 로봇 학회지, Vol 12, No.6, pp.815 (1997)
10) 丸山佳長, 仁尾 理, 山田弘道, 善浦英治, 川井文明, 배전 작업 로봇의 개발, 로봇, No.80, pp.78-89(1991)
11) 매니퓰레이터, 로봇에 관한 기업실태 조사 보고서, (社) 일본 로봇 공학회 (2009)
12) 헤이세이 21년도 사업계획, 로봇, No. 189 (2009)
13) 특집: 고도화 사회에 있어 의료복지와 정밀공학, 정밀공학회지, Vol 15, No.7, pp.986-992(1997)
14) 국가 및 지방 자치체 등의 로봇 산업 진흥책, 로봇, No. 159 (2004)
15) 辰野恭市, 사람과 비치발리볼을 하는 로봇, 전기학회지, 118卷, 1号, pp.17-20, (1998)
16) 세계 로봇 시장 실적(2008년)과 예측(1009-2012년) 로봇, No.192, pp.89-90 (2010)
17) 有本 卓, 로봇의 역학과 제어, 朝倉書店 (1990)
18) 岡 潔, 多田榮介, 伊藤 彰, 田口 浩, 小川 正, 木村 盛一郎, 佐々木奈美, 竜口祐司, 냉각 배관용 원격수 툴의 개발, 제 12회 일본 로봇 학회 학술강연회 예비원고집, pp.239-240 (1996)
19) 構井一仁, 인간 협조 · 공존형 로봇 시스템 연구개발의 개요, 제 16회 일본 로봇

학회 학술 강연회 예비원고집, pp.31-32(1998)

20) 梶田秀司: 휴머노이드 로봇, オーム社 (2005)

21) John J.Craig, 三浦宏文· 山下 勳 역:로보틱스 -기구·역학·제어-, 共文出版 (1991)

22) Kuniji Asano, Masao Obama, Yoshiaki Arimura, Mitsunori Kondo, Yutaka Hitomi, Multijoint, Inspection Robot, IEEE Transaction on Industrial Electronics, Vol.IE-30, No.3, pp.277-281(1983)

23) 加藤茂男, 有川敬補, 보급형 집행로봇 TITAN-Ⅷ의 개발, 로보틱스 메카트로닉스 강연회 '96논문집, pp.275-278(1996)

24) 広瀬一郎, 大照 完, 白正克彦, 成田誠之助, 건반악기 연주 로봇 "WABOT2", 일본 로봇 학회지, Vol.3, No.4, pp.337-338(1985)

25) 横河 전기(주) 다이렉트 드라이브 모터 카달로그

26) (주) 하모닉 드라이브 시스템즈, 종합 카달로그

27) 注友중기계 공업(주), 정밀 제어용 사이크로 감속기 카달로그

28) 나브테스코(주), 정밀감속기 카달로그

29) 加茂精工(주), 볼 감속기 카달로그

30) 小原 歯車工業(주), 톱니바퀴 기술자료(PDF판)

31) THK(주), 볼 리테이너와 정밀 볼 스프링 카달로그,

32) 鈴森康一, 堀 光平, 宮川豊美, 古賀章浩: 마이크로 로봇을 위한 액츄에이터 기술, 콜로나그社(1998)

33) 川島教嗣, 丸茂 齊, 本田登志雄, 우주용 기구와 트라이폴로지, 東芝 리뷰, 44권 11호, pp.856-858 (1989)

34) Adept Technology, Inc Adept SCARA ROBOTS

35) Hieki Hashimoto, Fumio Ozaki, Kuniji Asano, Koichi Osuka, Development of a pingpong robot system using 7 degrees of freedom direct drive arm, Proceedings of IECON'87, pp. 608-625(1987)

36) G. Hirzinger, N. Sporer, A. Albu-Schafter, M.Hahnle, and A. Pascucci, "DLR's torque-controlled light weight robot Ⅲ-Are we reaching the technological limits now?" in Proc,Int Conf Robottics Automation, pp. 1710-1716(2002)

37) 大熊 繁 編: 로봇 제어, オーム社(1998)

38) 비·엘 오토테크(주), RCC 디바이스 카달로그

39) 山本欣市, 柿倉正義: 극한 작업 로봇, 공업조사회(1992)
40) 長谷川健介, 増田良郎,기초로봇 공학-제어편-, 昭晃堂(1994)
41) (주) 키엔스, 센서 카달로그
42) 오므론(주), 센서 카달로그
43) 橋本英昭, 小川秀樹, 小浜政夫, 梅田利也, 古川高雄, 辰野恭市, 손끝 감압 센서 붙음 다지 핸드 개발(1), 제2회 로봇 심포지움 예비원고집, pp.163-168(1992)
44) 시스템 제어정보 학회 編, 須田信英(저자 대표):PID제어, 朝倉書店 (1992)
45) 中野道雄, 美多 勉, 제어 기초 이론, 昭晃堂(1982)
46) 大明準治, 重政 隆, 강성을 고려한 스카라 로봇의 동정, 제7회 일본 로봇 학회 학술 강연회 예비원고집, pp. 663-664(1989)
47) 大明準治, 足立修一, 산업용 로봇의 디지털 서보 튜닝 시스템, 일본 로봇 학회지, Vol.9, No.1
48) 大明準治, 足立修一, 시리얼 2링 2관성계의 비간섭화 동정과 물리 파라메터 추정, 정기 학회 논문집 D, Vol.128, No.5, pp.669-677(2008)
49) 堀 洋一, 大西公平, 응용 제어 공학, 丸善(1998)
50) 島田 明: 모션 콘드롤, オーム社 (2004)
51) 吉川恒夫, 로봇 제어 기초론, コロナ社(1997)
52) 窪田八州洋: 川崎 유니 메이트 "PUMA" 시리즈, 로봇, 33, pp.37-44(1981)
53) 大須賀公一, 川村貞夫, 小野敏郎, 매니퓰레이터의 Inverse Kinematics에 대해서 계획자동 제어학회 제9회 Dynamical system Theory 심포지움, pp.35-38 (1986)
54) 계측 자동 제어 학회 編; 로봇 제어의 실제, コロナ社(1997)
55) 神野 誠, 古見 卓, 阿部 朗, 원격 그라인더 작업 로봇의 연구, 일본 로봇학회지, Vol.10, No.2, pp.244-253 (1992)
56) 松日樂信人, 朝倉 誠, 番場弘行, 이구조 마스터 슬레이브 매니퓰레이터에 있어서 멀티 조작 모드와 그 작업성, 일본 로봇 학회지, Vol.13, No.6, pp.860-865 (1995)
57) 미니 특집: 텔레 로보틱스에서 네트워크 로보틱스로 , 일본 로봇 학회지, Vol.17, No.4, (1999)
59) 神野 誠, 직경 3mm의 극세경 로봇 겸자, 일본 기계학회지, pp.700-701, Vol. 108, No.4, (2005)
60) 松日樂信人, 朝倉 誠, 四宮康雄, 町田和雄, 谷江和熊, 秋田健三, ETS-7 고성능 손에 있어 원격 와이어 조작 실험: 우주실험 결과, 로보틱스 메카드로닉스'99 강

연논문집 1A 1-06-048 (1999)
61) 松日樂信人, 小川秀樹, :선단 기술을 리드하는 롬 로봇의 개발 동향, 東芝리뷰, Vol.59, No.9, pp.2-8 (2004)
62) 예를 들면 로봇기술의 동향을 다음의 문헌에서 그 변화를 노려보면 굉장히 흥미 깊을 것이라 생각한다.
東芝리뷰, Vol.56, No.9, (2001), 東芝리뷰, Vol.60, No.7, (2005), Vol.64, No.1 (2009)
63) 佐藤知正, 松日樂信人, 大山英明, 차세대 로봇 공통 플랫폼 기술 계측 자동제어 학회지, Vol.44, No.12, pp.996-1005 (2008)
64) 土井美和子, 萩田紀博, 小林正啓, 네트워크 로봇-기술과 법적 문제-, オーム社 (2007)
65) 일본 로봇 공학회: 21세기에 있어서 로봇 사회창조를 위한 기술 전략 조사보고서 (2001)
66) 과학 기술 진흥 기구: 전자 정보통신 분야 과학기술 · 연구개발의 국제 비교 2009 년판(2009)
67) 広瀬茂男, 竹内裕喜, 롤러 워크, 새로운 한 바퀴다리 하이브리드 이동체의 제안, 일본 기계 학회지, (C編), 62-599, pp.242-248(1996)
68) 다이렉트 드라이브 전자동 세탁기, 東芝리뷰, pp.72-73, Vol.55, No.4, (2000)
69) 大明準治, 足立修一, 로봇 팔의 주파수 응답과 물리 파라메터의 동시 동정법, 계측자동제어학회 논문집, Vol.26-12, pp. 1461-1463 (2005)
70) 松日樂信人, 로봇 종합시장 조사 2005, 로봇, Vol.183, pp. 18-21 (2000)

참고문헌(일본어)

1) 精密工学会編: メカトロニクス、オーム社(1989)
2) 吉川弘之: ロボット・ルネサンス、三田出版社(1994)
3) 川端晴久: ロボット工学の基礎、森北版社(1991)
4) 経済産業性: 次世代ロボット政策研究会報告書(2006)
5) 特許庁: 平成18年度 特許出版院技術動向調査報告書(2007)
6) 特集 I: 宇宙ロボティックス-ETS-VII 運用評価、東芝 レビュー、Vol 54, No.6(1999)
7) 特集: 宇宙ロボット、日本ロボット学会誌、Vol 14, No.7 (1996)
8) 久保田孝、火星探査機、「Mars Pathfinder」、日本ロボット学会誌、Vol 15, No.7, pp. 986-992 (1997)
9) 仁尾 理、サービスロボット "ヘルプメート"のスーパーバイザリーコントロールシステム、日本ロボット学会誌、Vol 12, No.6, pp.815 (1997)
10) 丸山佳長、仁尾理、山田弘道、善浦英治、川井文明、配電作業ロボットの開発、ロボット、No. 80, pp.78-89(1991)
11) マニピュレーター、ロボットに関する企業実態の調査報告書、(社) 日本ロボット工学会 (2009)
12) 平成 21年度事業計画、ロボット、No. 189 (2009)
13) 特集:高度化社会にいて医療福祉と精密工学、精密工学会誌、Vol 15, No.7, pp.986-992 (1997)
14) 国家及び地方自治体などのロボット産業振興策、ロボット、No. 159 (2004)
15) 辰野恭市、人とビーチバレーボールを打つロボット、電気学会誌、118巻, 1号, pp.17-20, (1998)
16) 世界ロボット市場実績(2008年) 過予測 (1009-2012年) ロボット、No.192, pp.89-90 (2010)
17) 有本 卓、ロボットの力学科制御、朝倉書店 (1990)
18) 岡 潔、多田栄介、伊藤 彰、田口 浩、小川 正、木村 盛一郎、佐々木奈美、篭口祐司、冷却配管用遠隔数ツールの開発、第12回日本ロボット学会学術講演会予稿集、pp.239-240 (1996)
19) 構井一仁、人間協助·共存型ロボットシステム研究開発の概要、第 16回日本ロボット学会学術講演会予稿集、pp.31-32(1998)
20) 梶田秀司: ヒューマノイドロボット、オーム社 (2005)

21) John J.Craig、三浦宏文· 山下 勳 駅: ロボティックス -機構·力学·制御-、共文出版(1991)

22) Kuniji Asano, Masao Obama, Yoshiaki Arimura, Mitsunori Kondo, Yutaka Hitomi, Multijoint, Inspection Robot, IEEE Transaction on Industrial Electronics, Vol.IE-30, No.3, pp.277-281(1983)

23) 加藤茂男、有川敬補、補給型執行, ロボット TITAN -Ⅷ の開発、ロボティックス・メカトロニクス講演会 '96論文集、pp.275-278(1996)

24) 広瀬一郎、大照完、白正克彦、成田誠之助、鍵盤楽器演奏ロボット "WABOT2"、日本ロボット学会誌、Vol.3, No.4, pp.337-338(1985)

25) 横河 電気(株) ダイレクトドライブモーターカタログ

26) (株) ハモニックドライブシステムズ、総合カタログ

27) 注友中期係工業(株), 精密制御用サイクで減速期カタログ

28) ナブテスコ(株), 精密減速期カタログ

29) 加茂精工(株), ボール減速期カタログ

30) 小原 歯車工業(株), 歯車技術資料(PDF版)

31) THK(株), ボールリテーナらが精密ボールねじカタログ、

32) 鈴森康一、堀 光平、宮川豊美、古賀章浩: マイクロロボットのためのエクチュエータ技術、コロナ社(1998)

33) 川島教嗣、丸茂 斉、本田登志雄、宇宙用機器とトライポロジー、東芝レビュー、44冊 11号、pp.856-858 (1989)

34) Adept Technology, Inc Adept SCARA ROBOTS

35) Hieki Hashimoto, Fumio Ozaki, Kuniji Asano, Koichi Osuka, Development of a pingpong robot system using 7 degrees of freedom direct drive arm, Proceedings of IECON'87, pp. 608-625(1987)

36) G. Hirzinger, N. Sporer, A. Albu-Schafter, M.Hahnle, and A. Pascucci, "DLR's torque-controlled light weight robot Ⅲ-Are we reaching the technological limits now?" in Proc,Int Conf Robottics Automation, pp. 1710-1716(2002)

37) 大熊 繁 編: ロボット制御、オーム社(1998)

38) ビー·エル・オートテック(株), RCC デバイスカタログ

39) 山本欣市、柿倉正義: 極限作業ロボット、工業調査回(1992)

40) 長谷川健介、増田良郎、基礎ロボット工学-制御編-、昭晃堂(1994)

41) (株) キーエンス、センサーカタログ

42) オムロン(株), センサーカタログ

43) 橋本英昭、小川秀樹、小浜政夫、梅田利也、古川高雄、辰野恭市、手先減圧センサー付き多指ハンド開発(1)、第 2回ロボットシンポ予稿集、pp.163-168(1992)

44) システム制御情報学会 編、須田信英,(著者代表):PID制御、朝倉書店 (1992)

45) 中野道雄、美多 勉、制御基礎理論、昭晃堂(1982)

46) 大明準治、重政 隆、剛性を考慮したスカラロボットの同定、第 7回日本ロボット学会学術講演会予稿集、pp. pp.663-664(1989)

47) 大明準治、足立修一、産業用ロボットのデジタルサーボチューニングシステム、日本ロボット学会誌、Vol.9, No.1,

48) 大明準治、足立修一、シリアル 2リング 2慣性係の非干渉化と同定物理パラメータ推定、定期学会論文集 D, Vol.128, No.5, pp.669-677(2008)

49) 堀 洋一、大西公平、応用制御工学、丸善(1998)

50) 島田 明: モーションコンドロール、オーム社 (2004)

51) 吉川恒夫、ロボット制御基礎論、コロナ社(1997)

52) 窪田八州洋: 川崎 ユニメート "PUMA" シリーズ、ロボット、33, pp.37-44 (1981)

53) 大須賀公一、川村貞夫、小野敏郎、マニピュレーターの Inverse Kinematics に対して計画自動制御学会 第 9回 Dynamical system Theory シンポジウム、pp.35-38(1986)

54) 計測自動制御学会 編; ロボット制御の実際、コロナ社(1997)

55) 神野 誠、古見 卓、阿部 朗、遠隔グラインダー作業ロボットの研究、日本ロボット学会誌、Vol.10, No.2, pp.244-253 (1992)

56) 松日楽信人、朝倉 誠、番場弘行、泥丘組マスタースレーブマニピュレーターにおいてマルチ操作モードとその作業性、日本ロボット学会誌、Vol.13, No.6, pp. 860-865 (1995)

57) ミニ特集: テレロボティックスからネットワークロボティックスで 、日本ロボット学会誌、Vol.17, No.4, (1999)

59) 神野 誠、直径 3mmの極細頃ロボット鉗子、日本機械学会誌、pp.700-701, Vol.108, No.4, (2005)

60) 松日楽信人、朝倉 誠, 、四宮康雄、町田和雄、谷江和熊、秋田健三, ETS-7 高性能手において遠隔ワイヤ操作実験: 宇宙実験結果、ロボティックス・メッカド

ローニックス'99 講演論文集 1A 1-06-048 (1999)

61) 松日楽信人、小川秀樹, : 先端技術をリードするロムロボットの開発動向、東芝レビュー、Vol.59, No.9,pp.2-8 (2004)

62) 예를 들면 로봇기술의 동향을 다음의 문헌에서 그 변화를 주시해 보면 굉장히 흥미 깊을 것이라 생각한다.
東芝レビュー、Vol.56, No.9, (2001)、東芝レビュー、Vol.60, No.7, (2005), Vol.64, No.1, (2009)

63) 佐藤知正、松日楽信人、大山英明、次世代ロボット共通プラットフォーム技術 計測自動制御学会誌、Vol.44, No.12, pp.996-1005 (2008)

64) 土井美和子、萩田紀博、小林正啓、ネットワークロボット-技術と法的問題-、オーム社 (2007)

65) 日本ロボット工学会: 21世紀においてロボット社会創造のための技術戦略調査報告書(2001)

66) 科学技術振興機構: 電子情報通信分野科学技術・研究開発の国際比較 2009年版(2009)

67) 広瀬茂男、竹内裕喜、ローラーワーク、新しい脚一車輪ハイブリッド移動体の提案、日本機械学会誌、(C編), 62-599, pp.242-248(1996)

68) ダイレクトドライブ全自動洗濯機、東芝レビュー、pp.72-73, Vol.55, No.4, (2000)

69) 大明準治、足立修一、ロボット腕の周波数回答と物理パラメータの同時同定法、計測自動制御学会論文集、Vol.26-12, pp. 1461-1463 (2005)

70) 松日楽信人、ロボット総合市場の調査 2005、ロボット、Vol.183, pp. 18-21 (2000)

찾아보기

기타

ㄱ

ㄴ

ㅁ

ㅂ

ㅅ

ㅊ

ㅋ

ㅌ

ㅎ

A

Q

R

S

T, Y

정가 20,000원

알기 쉬운 로봇 시스템 입문

2016년 2월 20일 초판 인쇄
2016년 2월 29일 초판 발행
저 자 : 마쓰히라 노부토 · 오아키 준지
역 자 : 허 유 · 장승호
발행자 : 우명찬 · 송 준
발행처 : 홍릉과학출판사
주 소 : 서울시 강북구 인수봉로 50길 10
01093
등 록 : 1976년 10월 21일 제5-66호
전 화 : (02) 999-2274~5, 903-7037
팩 스 : (02) 905-6729
e-mail: hongpub@hongpub.co.kr
http://www.hongpub.co.kr
ISBN: 979-11-5600-434-9

역자와의 협의하에 인지생략